深入浅出DPDK

朱河清 梁存铭 胡雪焜 曹水 等编著

机械工业出版社
China Machine Press

图书在版编目（CIP）数据

深入浅出 DPDK / 朱河清等编著 . —北京：机械工业出版社，2016.5（2022.8 重印）

ISBN 978-7-111-53783-0

I. 深… II. 朱… III. 应用软件 – 软件包 IV. TP317

中国版本图书馆 CIP 数据核字（2016）第 097359 号

　　近年来，随着半导体和多核计算机体系结构技术的不断创新和市场的发展，越来越多的网络设备基础架构开始向基于通用处理器平台的架构方向融合，期望用更低的成本和更短的产品开发周期来提供多样的网络单元和丰富的功能，如应用处理、控制处理、包处理、信号处理等。为了适应这一新的产业趋势，英特尔公司十年磨一剑，联合第三方软件开发公司及时推出了基于 Intel® x86 的架构 DPDK（Data Plane Development Kit，数据平面开发套件），实现了高效灵活的包处理解决方案。经过近 3 年的开源与飞速发展，DPDK 已经发展成业界公认的高性能网卡和多通用处理器平台的开源软件工具包，并已成为通用处理器平台上影响力最大的数据平面解决方案。主流的 Linux 发行版都已经将 DPDK 纳入，DPDK 引发了基于 Linux 的高速网络技术的创新热潮，除了在传统的通信网络、安全设施领域应用之外，还被广泛应用于云计算、虚拟交换、存储网络甚至数据库、金融交易系统。

　　本书汇聚了最资深的 DPDK 技术专家的精辟见解和实战体验，详细介绍了 DPDK 技术的发展趋势、数据包处理、硬件加速技术、虚拟化以及 DPDK 技术在 SDN、NFV、网络存储等领域的实际应用。书中还使用大量的篇幅讲解各种核心软件算法、数据优化思想，并包括大量详尽的实战心得和使用指南。

　　作为国内第一本全面阐述网络数据面的核心技术的书籍，本书主要面向 IT、网络通信行业的从业人员，以及大专院校的师生，用通俗易懂的文字打开了一扇通向新一代网络处理架构的大门。DPDK 完全依赖软件，对 Linux 的报文处理能力做了重大革新，它的发展历程是一个不可多得的理论联系实际的教科书般的实例。

深入浅出 DPDK

出版发行：机械工业出版社（北京市西城区百万庄大街 22 号　邮政编码：100037）

责任编辑：姚　蕾　　　　　　　　　　　　　　　　责任校对：殷　虹

印　　刷：北京捷迅佳彩印刷有限公司　　　　　　　版　　次：2022 年 8 月第 1 版第 9 次印刷

开　　本：186mm×240mm　1/16　　　　　　　　印　　张：18

书　　号：ISBN 978-7-111-53783-0　　　　　　　　定　　价：69.00 元

凡购本书，如有缺页、倒页、脱页，由本社发行部调换

客服热线：（010）88379426　88361066　　　　　投稿热线：（010）88379604

购书热线：（010）68326294　88379649　68995259　　读者信箱：hzjsj@hzbook.com

　　2015 年的春天，在北京参加 DPDK 研讨大会时，有幸结识了本书的部分作者和众多 DPDK 研发的专业人士。这使我对这个专题的感召力深感诧异。DPDK 就像一块磁铁，可以把这么多不同行业的专业人士吸引在一起。同时，大家会上也相约来年的春天，国内的同仁们能在 DPDK 技术进步中展现出自己独到的贡献。

　　作为运营商研发队伍的一员，我们无时不刻都能感受到 NFV 这个话题的灼热度。作为网络演进的大趋势，NFV 将在未来为运营商实现网络重构扮演重要的角色。然而，大家都知道，NFV 技术的发展之路存在各种屏障，性能问题是一道迈不过去的坎。这个问题的复杂性在于，它涉及 I/O、操作系统内核、协议栈和虚拟化等多个层面对网络报文的优化处理技术。虽然 IT 界已发展出多类小众技术来应对，但这些技术对于普通应用技术人员而言比较陌生，即使对于传统网络的开发者而言，全面掌握这些技术也存在巨大的挑战。长久以来，用户更希望在这个领域有系统性的解决方案，能把相关的技术融会贯通，并系统性地组织在一起，同时也需要更为深入的细节技术支持工作。

　　DPDK 的到来正逢其时，它之所以能脱颖而出，并迅速发展为业界在 NFV 加速领域的一种标杆技术，在于它不仅是上述技术的集大成者，更重要的是它的开放性和持续迭代能力，这些都得益于 DPDK 背后这支强大的专业研发团队，而本书的专业功力也可见一斑。

　　作为运营商的网络研发队伍，我们已关注 DPDK 近 3 年，尽管学习过 DPDK 部分源码和大量社区文档，也组织通过大量的 DPDK 相关 NFV 测试验证，但我们仍然觉得迫切需要系统性地介绍现代服务器体系架构，以及虚拟化环境下 I/O 优化的最新技术。令人倍感欣慰的是，本书作者对 DPDK 的讲解游刃有余，系统全面的同时又不乏敏锐的产业视角。可以说，深入浅出是本书最大的特点。

　　形而上者谓之道，形而下者谓之器。书中一方面透彻地讲解了现代处理器体系架构、网络 I/O、内核优化和 I/O 虚拟化的原理与技术发展史，在这个"道用"的基础上，另一方面也清晰地介绍了 DPDK 细节性的"器用"知识，包括并行处理、队列调度、I/O 调优、VNF 加速等大量方法与应用，两方面相得益彰。结合 DPDK 社区的开源代码和动手实践，相信读者仔细学习完本书，必能加快对 NFV 性能关键技术的领悟。本书的受益对象首先是那些立志跨界转型的 NFV 研发工程师，也面向高等院校计算机专业希望在体系架构方面有更深发展的在校生，更包括像我们这样关注 DPDK 应用场景、NFVI 集成和测试技术的最终用户。我们衷心感谢作者为业界带来的全新技术指引。这本书就像一粒种子，其中蕴含的知识未来定会在 NFV 这片沃土上枝繁叶茂，开花结果。

严格地讲，我们的团队只是 DPDK 用户的用户，我们研究 DPDK 的目的并非针对 DPDK 本身，而是为 NFV 的集成和开发提供一个准确的、可供评估的 NFVI 性能基准，减少各类网络功能组件在私有的优化过程中存在的不稳定风险。从对 DPDK 的初步评测来看，结果令人满意甚至超出预期，但我们仍应清醒地认识到，DPDK 作为 NFV 加速技术架构仍有很长的路要走，打造成熟、规范和完善的产业链是近期要解决的重要课题。我们呼吁也乐见有更多的朋友加入 DPDK 应用推广的行列，众志成城，汇聚成一股 SDN 时代的创新洪流。

欧亮博士　中国电信广州研究院

动机

2015 年 4 月，第一届 DPDK 中国峰会在北京成功召开。来自中国移动、中国电信、阿里巴巴、IBM、Intel、华为以及中兴的专家朋友登台演讲，一起分享了以 DPDK 为中心的技术主题。表 1 列出了 2015 DPDK 中国峰会的主题及演讲者。

表 1　2015 DPDK 中国峰会主题及演讲者

主　题	演讲者	公　司
利用 DPDK 加速 NFV	邓辉	中国移动
利用 DPDK 优化云基础设施	孙成浩	阿里巴巴
构建 core 以及高能效应用的最佳实践	梁存铭	Intel
基于英特尔 ONP 构建虚拟化的 IP 接入方案	欧亮	中国电信
DPDK 加速无线数据核心网络	陈东华	中兴
电信业务场景下的数据面挑战	刘郡	华为
运行于 Power 架构下的 DPDK 和数据转发	祝超	IBM

这次会议吸引了来自各行业、科研单位与高校的 200 多名开发人员、专家和企业代表参会。会上问答交流非常热烈，会后我们就想，也许是时间写一本介绍 DPDK、探讨 NFV 数据面的技术书籍。现在，很多公司在招聘网络和系统软件人才时，甚至会将 DPDK 作为一项技能罗列在招聘要求中。DPDK 从一个最初的小众技术，经过 10 年的孕育，慢慢走来，直至今日已经逐渐被越来越多的通信、云基础架构厂商接受。同时，互联网上也出现不少介绍 DPDK 基础理论的文章和博客，从不同的角度对 DPDK 技术进行剖析和应用，其中很多观点非常新颖。作为 DPDK 的中国开发团队人员，我们意识到如果能够提供一本 DPDK 的书籍，进行一些系统性的梳理，将核心的原理进行深入分析，可以更好地加速 DPDK 技术的普及，触发更多的软件创新，促进行业的新技术发展。于是，就萌发了写这本书的初衷。当然，我

们心里既有创作的激动骄傲，也有些犹豫忐忑，写书不是一件简单的事情，但经过讨论和考量，我们逐渐变得坚定，这是一本集结团队智慧的尝试。我们希望能够把 DPDK 的技术深入浅出地解释清楚，让更多的从业人员和高校师生了解并使用 DPDK，促进 DPDK 发展日新月异，兴起百家争鸣的局面，这是我们最大的愿景。

多核

2005 年的夏天，刚加入 Intel 的我们畅想着 CPU 多核时代的到来给软件业带来的挑战与机会。如果要充分利用多核处理器，需要软件针对并行化做大量改进，传统软件的并行化程度不高，在多核以前，软件依靠 CPU 频率提升自动获得更高性能。并行化改进不是一件简单的工作，许多软件需要重新设计，基本很难在短期实现，整个计算机行业都对此纠结了很久。2005 年以前，整个 CPU 的发展历史，是不断提升芯片运算频率核心的做法，软件性能会随着处理器的频率升高，即使软件不做改动，性能也会跟着上一个台阶。但这样的逻辑进入多核时代已无法实现。首先我们来看看表 2 所示的 Intel® 多核处理器演进。

表 2　Intel® 多核处理器演进的历史图表

Xeon 处理器代码	制造工艺	最大核心数量	发布时间	超线程	双路服务器可使用核心数量
WoodCrest	65nm	2	2006 年 6 月	否	4
Nehalem-EP	45nm	4	2009 年 7 月	是	16
Westmere-EP	32nm	6	2010 年 2 月	是	24
SandyBridge-EP	32nm	8	2012 年 3 月	是	32
IvyBridge-EP	22nm	12	2013 年 9 月	是	48
Haswell-EP	22nm	18	2014 年 9 月	是	72

在过去 10 年里，服务器平台的处理器核心数目扩展了很多。表 2 参考了英特尔至强系列的处理器的核心技术演进历史，这个系列的处理器主要面向双通道（双路）服务器和相应的硬件平台。与此同时，基于 MIPS、Power、ARM 架构的处理器也经历着类似或者更加激进的并行化计算的路线图。在处理器飞速发展的同时，服务器平台在硬件技术上提供了支撑。基于 PCI Express 的高速 IO 设备、内存访问与带宽的上升相辅相成。此外，价格和经济性优势越发突出，今天一台双路服务器的价格可能和 10 年前一台高端笔记本电脑的价格类似，但计算能力达到甚至超越了当年的超级计算机。强大的硬件平台为软件优化技术创新蕴蓄了温床。

以太网接口技术也经历了飞速发展。从早期主流的 10Mbit/s 与 100Mbit/s，发展到千兆网（1Gbit/s）。到如今，万兆（10Gbit/s）网卡技术成为数据中心服务器的主流接口技术，近年来，Intel 等公司还推出了 40Gbit/s、100Gbit/s 的超高速网络接口技术。而 CPU 的运行频率基本停留在 10 年前的水平，为了迎接超高速网络技术的挑战，软件也需要大幅度创新。

结合硬件技术的发展，DPDK（Data Plane Development Kit），一个以软件优化为主的数据面技术应时而生，它为今天 NFV 技术的发展提供了绝佳的平台可行性。

IXP

提到硬件平台和数据面技术，网络处理器是无法绕过的话题。电信行业通常使用网络处理器或类似芯片技术作为数据面开发平台首选。Intel 此前也曾专注此领域，2002 年收购了 DEC 下属的研究部门，在美国马萨诸塞州哈德逊开发了这一系列芯片，诞生了行业闻名的 Intel Exchange Architecture Network Processor（IXP4xx、IXP12xx、IXP24xx、IXP28xx）产品线，曾取得行业市场占有率第一的成绩。即使今日，相信很多通信业的朋友，还对这些处理器芯片有些熟悉或者非常了解。IXP 内部拥有大量的微引擎（MicroEngine），同时结合了 XSCALE 作为控制面处理器，众所周知，XSCALE 是以 ARM 芯片为核心技术的一种扩展。

2006 年，AMD 向 Intel 发起了一场大战，时至今日结局已然明了，Intel 依赖麾下的以色列团队，打出了新一代 Core 架构，迅速在能效比上完成超车。公司高层同时确立了 Tick-Tock 的研发节奏，每隔两年推出新一代体系结构，每隔两年推出基于新一代制造工艺的芯片。这一战略基本保证了每年都会推出新产品。当时 AMD 的处理器技术一度具有领先地位，并触发了 Intel 在内部研发架构城门失火的状况下不得不进行重组，就在那时 Intel 的网络处理器业务被进行重估，由于 IXP 芯片系列的市场容量不够大，Intel 的架构师也开始预测，通用处理器多核路线有取代 IXP 专用处理芯片的潜力。自此，IXP 的研发体系开始调整，逐步转向使用 Intel CPU 多核的硬件平台，客观上讲，这一转型为 DPDK 的产生创造了机会。时至今日，Intel 还保留并发展了基于硬件加速的 QuickAssist 技术，这和之前的 IXP 息息相关。由此看来，DPDK 算是生于乱世。

DPDK 的历史

网络处理器能够迅速将数据报文接收入系统，比如将 64 字节的报文以 10Gbit/s 的线速也就是 14.88Mp/s（百万报文每秒）收入系统，并且交由 CPU 处理，这在早期 Linux 和服务器平台上无法实现。以 Venky Venkastraen、Walter Gilmore、Mike Lynch 为核心的 Intel 团队开始了可行性研究，并希望借助软件技术来实现，很快他们取得了一定的技术突破，设计了运行在 Linux 用户态的网卡程序架构。传统上，网卡驱动程序运行在 Linux 的内核态，以中断方式来唤醒系统处理，这和历史形成有关。早期 CPU 运行速度远高于外设访问，所以中断处理方式十分有效，但随着芯片技术与高速网络接口技术的一日千里式发展，报文吞吐需要高达

10Gbit/s 的端口处理能力，市面上已经出现大量的 25Gbit/s、40Gbit/s 甚至 100Gbit/s 高速端口，主流处理器的主频仍停留在 3GHz 以下。高端游戏玩家可以将 CPU 超频到 5GHz，但网络和通信节点的设计基于能效比经济性的考量，网络设备需要日以继夜地运行，运行成本（包含耗电量）在总成本中需要重点考量，系统选型时大多选取 2.5GHz 以下的芯片，保证合适的性价比。I/O 超越 CPU 的运行速率，是横在行业面前的技术挑战。用轮询来处理高速端口开始成为必然，这构成了 DPDK 运行的基础。

在理论框架和核心技术取得一定突破后，Intel 与 6wind 进行了合作，交由在法国的软件公司进行部分软件开发和测试，6wind 向 Intel 交付了早期的 DPDK 软件开发包。2011 年开始，6wind、Windriver、Tieto、Radisys 先后宣布了对 Intel DPDK 的商业服务支持。Intel 起初只是将 DPDK 以源代码方式分享给少量客户，作为评估 IA 平台和硬件性能的软件服务模块，随着时间推移与行业的大幅度接受，2013 年 Intel 将 DPDK 这一软件以 BSD 开源方式分享在 Intel 的网站上，供开发者免费下载。2013 年 4 月，6wind 联合其他开发者成立 www.dpdk.org 的开源社区，DPDK 开始走上开源的大道。

开源

DPDK 在代码开源后，任何开发者都被允许通过 www.dpdk.org 提交代码。随着开发者社区进一步扩大，Intel 持续加大了在开源社区的投入，同时在 NFV 浪潮下，越来越多的公司和个人开发者加入这一社区，比如 Brocade、Cisco、RedHat、VMware、IBM，他们不再只是 DPDK 的消费者，角色向生产者转变，开始提供代码，对 DPDK 的代码进行优化和整理。起初 DPDK 完全专注于 Intel 的服务器平台技术，专注于利用处理器与芯片组高级特性，支持 Intel 的网卡产品线系列。

DPDK 2.1 版本在 2015 年 8 月发布，几乎所有行业主流的网卡设备商都已经加入 DPDK 社区，提供源代码级别支持。另外，除了支持通用网卡之外，能否将 DPDK 应用在特别的加速芯片上是一个有趣的话题，有很多工作在进行中，Intel 最新提交了用于 Crypto 设备的接口设计，可以利用类似 Intel 的 QuickAssit 的硬件加速单元，实现一个针对数据包加解密与压缩处理的软件接口。

在多架构支持方面，DPDK 社区也取得了很大的进展，IBM 中国研究院的祝超博士启动了将 DPDK 移植到 Power 体系架构的工作，Freescale 的中国开发者也参与修改，Tilera 与 Ezchip 的工程师也花了不少精力将 DPDK 运行在 Tile 架构下。很快，DPDK 从单一的基于 Intel 平台的软件，逐步演变成一个相对完整的生态系统，覆盖了多个处理器、以太网和硬件加速技术。

在 Linux 社区融合方面，DPDK 也开始和一些主流的 Linux 社区合作，并得到了越来越多的响应。作为 Linux 社区最主要的贡献者之一的 RedHat 尝试在 Fedora Linux 集成 DPDK；接着 RedHat Enterprise Linux 在安装库里也加入 DPDK 支持，用户可以自动下载安装 DPDK 扩展库。RedHat 工程师还尝试将 DPDK 与 Container 集成测试，并公开发布了运行结果。传统虚拟化的领导者 VMware 的工程师也加入 DPDK 社区，负责 VMXNET3-PMD 模块的维护。Canonical 在 Ubuntu 15 中加入了 DPDK 的支持。

延伸

由于 DPDK 主体运行在用户态，这种设计理念给 Linux 或者 FreeBSD 这类操作系统带来很多创新思路，也在 Linux 社区引发一些讨论。

DPDK 的出现使人们开始思考，Linux 的用户态和内核态，谁更适合进行高速网络数据报文处理。从简单数据对比来看，在 Intel 的通用服务器上，使用单核处理小包收发，纯粹的报文收发，理想模型下能达到大约 57Mp/s（每秒百万包）。尽管在真实应用中，不会只收发报文不处理，但这样的性能相对 Linux 的普通网卡驱动来说已经是遥不可及的高性能。OpenVSwitch 是一个很好的例子，作为主流的虚拟交换开源软件，也尝试用 DPDK 来构建和加速虚拟交换技术，DPDK 的支持在 OVS2.4 中被发布，开辟了在内核态数据通道之外一条新的用户态数据通道。目前，经过 20 多年的发展，Linux 已经累积大量的开源软件，具备丰富的协议和应用支持，无所不能，而数据报文进出 Linux 系统，基本都是在 Linux 内核态来完成处理。因为 Linux 系统丰富强大的功能，相当多的生产系统（现有软件）运行在 Linux 内核态，这样的好处是大量软件可以重用，研发成本低。但也正因为内核功能强大丰富，其处理效率和性能就必然要做出一些牺牲。

使用

在专业的通信网络系统中，高速数据进出速率是衡量系统性能的关键指标之一。大多通信系统是基于 Linux 的定制系统，在保证实时性的嵌入式开发环境中开发出用户态下的程序完成系统功能。利用 DPDK 的高速报文吞吐优势，对接运行在 Linux 用户态的程序，对成本降低和硬件通用化有很大的好处，使得以软件为主体的网络设备成为可能。对 Intel® x86 通用处理器而言，这是一个巨大的市场机会。

对于通信设备厂商，通用平台和软件驱动的开发方式具有易采购、易升级、稳定性、节约成本的优点。

- **易采购**：通用服务器作为主流的基础硬件，拥有丰富的采购渠道和供应商，供货量巨大。

- **易升级**：软件开发模式简单，工具丰富，最大程度上避免系统升级中对硬件的依赖和更新，实现低成本的及时升级。
- **稳定性**：通用服务器平台已经通过大量功能的验证，产品稳定性毋庸置疑。而且，对于专用的设计平台，系统稳定需要时间累积和大量测试，尤其是当采用新一代平台设计时可能需要硬件更新，这就会带来稳定性的风险。
- **节约研发成本和降低复杂性**：传统的网络设备因为功能复杂和高可靠性需求，系统切分为多个子系统，每个子系统需要单独设计和选型，独立开发，甚至选用单独的芯片。这样的系统需要构建复杂的开发团队、完善的系统规划、有效的项目管理和组织协调，来确保系统开发进度。而且，由于开发的范围大，各项目之间会产生路径依赖。而基于通用服务器搭建的网络设备可以很好地避免这些问题。

版权

DPDK 全称是 Data Plane Development Kit，从字面解释上看，这是专注于数据面软件开发的套件。本质上，它由一些底层的软件库组成。目前，DPDK 使用 BSD license，绝大多数软件代码都运行在用户态。少量代码运行在内核态，涉及 UIO、VFIO 以及 XenDom0，KNI 这类内核模块只能以 GPL 发布。BSD 给了 DPDK 的开发者和消费者很大的自由，大家可以自由地修改源代码，并且广泛应用于商业场景。这和 GPL 对商业应用的限制有很大区别。作为开发者，向 DPDK 社区提交贡献代码时，需要特别注意 license 的定义，开发者需要明确 license 并且申明来源的合法性。

社区

参与 DPDK 社区（www.dpdk.org）就需要理解它的运行机制。目前，DPDK 的发布节奏大体上每年发布 3 次软件版本（announce@dpdk.org），发布计划与具体时间会提前公布在社区里。DPDK 的开发特性也会在路标中公布，一般是通过电子邮件列表讨论 dev@dpdk.org，任何参与者都可以自由提交新特性或者错误修正，具体规则可以参见 www.dpdk.org/dev，本书不做详细解读。对于使用 DPDK 的技术问题，可以参与 user@dpdk.org 进入讨论。

子模块的维护者名单也会发布到开源社区，便于查阅。在提交代码时，源代码以 patch 方式发送给 dev@dpdk.org。通常情况下，代码维护者会对提交的代码进行仔细检查，包括代码规范、兼容性等，并提供反馈。这个过程全部通过电子邮件组的方式来完成，由于邮件量可能巨大，如果作者没有得到及时回复，请尝试主动联系，提醒代码维护人员关注，这是参与社区非常有效的方式。开发者也可以在第一次提交代码时明确抄送相关的活跃成员和专家，以得到更加及时的反馈和关注。

目前，开源社区的大量工作由很多自愿开发者共同完成，因此需要耐心等待其他开发者来及时参与问答。通过提前研究社区运行方式，可以事半功倍。这对在校学生来说更是一个很好的锻炼机会。及早参与开源社区的软件开发，会在未来选择工作时使你具有更敏锐的产业视角和技术深度。作为长期浸润在通信行业的专业人士，我们强烈推荐那些对软件有强烈兴趣的同学积极参与开源社区的软件开发。

贡献

本书由目前 DPDK 社区中一些比较资深的开发者共同编写，很多作者是第一次将 DPDK 的核心思想付诸书面文字。尽管大家已尽最大的努力，但由于水平和能力所限，难免存在一些瑕疵和不足，也由于时间和版面的要求，很多好的想法无法在本书中详细描述。但我们希望通过本书能够帮助读者理解 DPDK 的核心思想，引领大家进入一个丰富多彩的开源软件的世界。在本书编纂过程中我们得到很多朋友的帮助，必须感谢上海交通大学的金耀辉老师、中国科学技术大学的华蓓和张凯老师、清华大学的陈渝教授、中国电信的欧亮博士，他们给了我们很多中肯的建议；另外还要感谢李训和刘勇，他们提供了大量的资料和素材，帮助我们验证了大量的 DPDK 实例；还要感谢我们的同事杨涛、喻德、陈志辉、谢华伟、戴琪华、常存银、刘长鹏、Jim St Leger、MJay、Patrick Lu，他们热心地帮助勘定稿件；最后还要特别感谢英特尔公司网络产品事业部的领导周晓梅和周林给整个写作团队提供的极大支持。正是这些热心朋友、同事和领导的支持，坚定了我们的信心，并帮助我们顺利完成此书。最后我们衷心希望本书读者能够有所收获。

作者介绍（按姓名排序）*About the Authors*

曹水：黑龙江省佳木斯人，2001 年毕业于复旦大学计算机系，硕士。现为华为 2012 实验室网络技术专家，具有 15 年软件开发经验，主要研究虚拟网络、容器网络等相关技术，曾在英特尔参与 DPDK 软件测试工作。

陈静：湖北省沙市人，2006 年毕业于华中科技大学，硕士。现为英特尔软件开发工程师，主要从事 DPDK 网卡驱动的开发和性能调优工作。

何少鹏：江西省萍乡人，毕业于上海交通大学，硕士。现为英特尔 DPDK 软件工程师，开发网络设备相关软件超过十年，也有数年从事互联网应用和 SDN 硬件设计工作。

胡雪焜：江西省南昌人，毕业于中国科学技术大学计算机系，硕士。现为英特尔网络通信平台部门应用工程师，主要研究底层虚拟化技术和基于 IA 架构的数据面性能优化，以及对网络演进的影响，具有丰富的 SDN/NFV 商业实践经验。

梁存铭：英特尔资深软件工程师，在计算机网络领域具有丰富的实践开发经验，提交过多项美国专利。作为 DPDK 早期贡献者之一，在 PCIe 高性能加速、I/O 虚拟化、IA 指令优化、改善闲时效率、协议栈优化等方面有较深入的研究。

刘继江：黑龙江省七台河人，毕业于青岛海洋大学自动化系，现主要从事 DPDK 网卡驱动程序和虚拟化研发，和 overlay 网络的性能优化工作。

陆文卓：安徽省淮南人，2004 年毕业于南京大学计算机系，硕士。现为英特尔中国研发中心软件工程师。在无线通信、有线网络方面均有超过十年的从业经验。

欧阳长春：2006 年毕业于华中科技大学计算机系，硕士。目前在阿里云任开发专家，从事网络虚拟化开发及优化，在数据报文加速、深度报文检测、网络虚拟化方面具有丰富开发经验。

仇大玉：江苏省南京人，2012 年毕业于东南大学，硕士。现为英特尔亚太研发有限公司软件工程师，主要从事 DPDK 软件开发和测试工作。

陶喆：上海交通大学学士，上海大学硕士。先后在思科和英特尔从事网络相关的设备、协议栈和虚拟化的开发工作。曾获 CCIE R&S 认证。

万群：江西省南昌人，毕业于西安交通大学计算机系，硕士。现为英特尔上海研发中心研发工程师。从事测试领域的研究及实践近十年，对测试方法及项目管理有相当丰富的经验。

王志宏：四川省绵阳人，2011 年毕业于华东师范大学，硕士。现为英特尔亚太研发中心高级软件工程师，主要工作方向为 DPDK 虚拟化中的性能分析与优化。

吴菁菁：江苏省扬州人，2007 年毕业于西安交通大学电信系，硕士。现为英特尔软件工程师，主要从事 DPDK 软件开发工作。

许茜：浙江省杭州市人，毕业于浙江大学信电系，硕士，现为英特尔网络处理事业部软件测试人员，主要负责 DPDK 相关的虚拟化测试和性能测试。

杨子夜：2009 年毕业于复旦大学软件学院，硕士。现为英特尔高级软件工程师，从事存储软件开发和优化工作，在虚拟化、存储、云安全等领域拥有 5 个相关专利以及 20 项申请。

张合林：湖南省湘潭人，2004 年毕业于东华大学，工学硕士。现主要从事 DPDK 网卡驱动程序研发及性能优化工作。

张帆：湖南省长沙人，爱尔兰利莫里克大学计算机网络信息学博士。现为英特尔公司爱尔兰分部网络软件工程师，湖南省湘潭大学兼职教授。近年专著有《 Comparative Performance and Energy Consumption Analysis of Different AES Implementations on a Wireless Sensor Network Node 》等。发表 SCI/EI 检索国际期刊及会议论文 3 篇。目前主要从事英特尔 DPDK 在 SDN 应用方面的扩展研究工作。

朱河清：江苏省靖江人，毕业于电子科技大学数据通信与计算机网络专业，硕士，现为英特尔 DPDK 与 Hyperscan 软件经理，在英特尔、阿尔卡特、华为、朗讯有 15 年通信网络设备研发与开源软件开发经验。

Venky Venkatesan：毕业于印度孟买大学，现为英特尔网络产品集团高级主任工程师（Sr PE），DPDK 初始架构师，在美国 Oregon 负责报文处理与加速的系统架构与软件创新工作。

目　录 *Contents*

序　言
引　言
作者介绍

第一部分　DPDK 基础篇

第 1 章　认识 DPDK ·········· 3

1.1　主流包处理硬件平台 ·········· 3
 1.1.1　硬件加速器 ·········· 4
 1.1.2　网络处理器 ·········· 4
 1.1.3　多核处理器 ·········· 5
1.2　初识 DPDK ·········· 7
 1.2.1　IA 不适合进行数据包处理吗 ····· 7
 1.2.2　DPDK 最佳实践 ·········· 9
 1.2.3　DPDK 框架简介 ·········· 10
 1.2.4　寻找性能优化的天花板 ·········· 11
1.3　解读数据包处理能力 ·········· 12
1.4　探索 IA 处理器上最艰巨的任务 ····· 13
1.5　软件包处理的潜力——再识
 DPDK ·········· 14
 1.5.1　DPDK 加速网络节点 ·········· 14
 1.5.2　DPDK 加速计算节点 ·········· 15

1.5.3　DPDK 加速存储节点 ·········· 15
1.5.4　DPDK 的方法论 ·········· 16
1.6　从融合的角度看 DPDK ·········· 16
1.7　实例 ·········· 17
 1.7.1　HelloWorld ·········· 17
 1.7.2　Skeleton ·········· 19
 1.7.3　L3fwd ·········· 22
1.8　小结 ·········· 25

第 2 章　Cache 和内存 ·········· 26

2.1　存储系统简介 ·········· 26
 2.1.1　系统架构的演进 ·········· 26
 2.1.2　内存子系统 ·········· 28
2.2　Cache 系统简介 ·········· 29
 2.2.1　Cache 的种类 ·········· 29
 2.2.2　TLB Cache ·········· 30
2.3　Cache 地址映射和变换 ·········· 31
 2.3.1　全关联型 Cache ·········· 32
 2.3.2　直接关联型 Cache ·········· 32
 2.3.3　组关联型 Cache ·········· 33
2.4　Cache 的写策略 ·········· 34
2.5　Cache 预取 ·········· 35

2.5.1 Cache 的预取原理 ……………… 35
2.5.2 NetBurst 架构处理器上的
预取 ………………………… 36
2.5.3 两个执行效率迥异的程序 …… 37
2.5.4 软件预取 …………………… 38
2.6 Cache 一致性 …………………… 41
2.6.1 Cache Line 对齐 …………… 41
2.6.2 Cache 一致性问题的由来 …… 42
2.6.3 一致性协议 ………………… 43
2.6.4 MESI 协议 ………………… 44
2.6.5 DPDK 如何保证 Cache
一致性 ………………… 45
2.7 TLB 和大页 …………………… 47
2.7.1 逻辑地址到物理地址的转换 … 47
2.7.2 TLB …………………… 48
2.7.3 使用大页 …………………… 49
2.7.4 如何激活大页 …………… 49
2.8 DDIO …………………………… 50
2.8.1 时代背景 …………………… 50
2.8.2 网卡的读数据操作 ………… 51
2.8.3 网卡的写数据操作 ………… 53
2.9 NUMA 系统 …………………… 54

第 3 章 并行计算 ………………… 57
3.1 多核性能和可扩展性 …………… 57
3.1.1 追求性能水平扩展 ………… 57
3.1.2 多核处理器 ………………… 58
3.1.3 亲和性 ……………………… 61
3.1.4 DPDK 的多线程 …………… 63
3.2 指令并发与数据并行 …………… 66
3.2.1 指令并发 …………………… 67

3.2.2 单指令多数据 ……………… 68
3.3 小结 …………………………… 70

第 4 章 同步互斥机制 ………… 71
4.1 原子操作 ……………………… 71
4.1.1 处理器上的原子操作 ……… 71
4.1.2 Linux 内核原子操作 ……… 72
4.1.3 DPDK 原子操作实现和应用 … 74
4.2 读写锁 ………………………… 76
4.2.1 Linux 读写锁主要 API ……… 77
4.2.2 DPDK 读写锁实现和应用 …… 78
4.3 自旋锁 ………………………… 79
4.3.1 自旋锁的缺点 ……………… 79
4.3.2 Linux 自旋锁 API ………… 79
4.3.3 DPDK 自旋锁实现和应用 …… 80
4.4 无锁机制 ……………………… 81
4.4.1 Linux 内核无锁环形缓冲 …… 81
4.4.2 DPDK 无锁环形缓冲 ……… 82
4.5 小结 …………………………… 89

第 5 章 报文转发 ……………… 90
5.1 网络处理模块划分 …………… 90
5.2 转发框架介绍 ………………… 91
5.2.1 DPDK run to completion 模型 … 94
5.2.2 DPDK pipeline 模型 ……… 95
5.3 转发算法 ……………………… 97
5.3.1 精确匹配算法 ……………… 97
5.3.2 最长前缀匹配算法 ………… 100
5.3.3 ACL 算法 ………………… 102
5.3.4 报文分发 …………………… 103
5.4 小结 …………………………… 104

第 6 章　PCIe 与包处理 I/O ·············· 105

6.1　从 PCIe 事务的角度看包处理 ····· 105

　　6.1.1　PCIe 概览 ····················· 105

　　6.1.2　PCIe 事务传输 ·············· 105

　　6.1.3　PCIe 带宽 ····················· 107

6.2　PCIe 上的数据传输能力 ··········· 108

6.3　网卡 DMA 描述符环形队列 ······· 109

6.4　数据包收发——CPU 和 I/O 的

　　　协奏 ······························ 111

　　6.4.1　全景分析 ····················· 111

　　6.4.2　优化的考虑 ·················· 113

6.5　PCIe 的净荷转发带宽 ············· 113

6.6　Mbuf 与 Mempool ·················· 114

　　6.6.1　Mbuf ·························· 114

　　6.6.2　Mempool ····················· 117

6.7　小结 ································· 117

第 7 章　网卡性能优化 ············· 118

7.1　DPDK 的轮询模式 ················· 118

　　7.1.1　异步中断模式 ·············· 118

　　7.1.2　轮询模式 ····················· 119

　　7.1.3　混和中断轮询模式 ········· 120

7.2　网卡 I/O 性能优化 ················ 121

　　7.2.1　Burst 收发包的优点 ········· 121

　　7.2.2　批处理和时延隐藏 ········· 124

　　7.2.3　利用 Intel SIMD 指令进一步

　　　　　并行化包收发 ············· 127

7.3　平台优化及其配置调优 ········· 128

　　7.3.1　硬件平台对包处理性能的

　　　　　影响 ·························· 129

　　7.3.2　软件平台对包处理性能的

　　　　　影响 ·························· 133

7.4　队列长度及各种阈值的设置 ······· 136

　　7.4.1　收包队列长度 ·············· 136

　　7.4.2　发包队列长度 ·············· 137

　　7.4.3　收包队列可释放描述符数量

　　　　　阈值（rx_free_thresh）·········· 137

　　7.4.4　发包队列发送结果报告阈值

　　　　　（tx_rs_thresh）··········· 137

　　7.4.5　发包描述符释放阈值

　　　　　（tx_free_thresh）··········· 138

7.5　小结 ································· 138

第 8 章　流分类与多队列 ········· 139

8.1　多队列 ····························· 139

　　8.1.1　网卡多队列的由来 ········· 139

　　8.1.2　Linux 内核对多队列的支持 ···· 140

　　8.1.3　DPDK 与多队列 ············· 142

　　8.1.4　队列分配 ····················· 144

8.2　流分类 ····························· 144

　　8.2.1　包的类型 ····················· 144

　　8.2.2　RSS ···························· 145

　　8.2.3　Flow Director ················ 146

　　8.2.4　服务质量 ····················· 148

　　8.2.5　虚拟化流分类方式 ········· 150

　　8.2.6　流过滤 ························ 150

8.3　流分类技术的使用 ················ 151

　　8.3.1　DPDK 结合网卡 Flow Director

　　　　　功能 ·························· 152

　　8.3.2　DPDK 结合网卡虚拟化及

　　　　　Cloud Filter 功能 ············· 155

8.4 可重构匹配表 ·················· 156

8.5 小结 ························· 157

第9章 硬件加速与功能卸载 ········· 158

9.1 硬件卸载简介 ················ 158

9.2 网卡硬件卸载功能 ············· 159

9.3 DPDK 软件接口 ·············· 160

9.4 硬件与软件功能实现 ··········· 161

9.5 计算及更新功能卸载 ··········· 162

9.5.1 VLAN 硬件卸载 ········ 162

9.5.2 IEEE1588 硬件卸载功能 ·· 165

9.5.3 IP TCP/UDP/SCTP checksum
硬件卸载功能 ·········· 167

9.5.4 Tunnel 硬件卸载功能 ····· 168

9.6 分片功能卸载 ················ 169

9.7 组包功能卸载 ················ 170

9.8 小结 ························· 172

第二部分 DPDK 虚拟化技术篇

第10章 X86 平台上的 I/O 虚拟化 ··· 175

10.1 X86 平台虚拟化概述 ·········· 176

10.1.1 CPU 虚拟化 ·········· 176

10.1.2 内存虚拟化 ·········· 177

10.1.3 I/O 虚拟化 ·········· 178

10.2 I/O 透传虚拟化 ············· 180

10.2.1 Intel® VT-d 简介 ······· 180

10.2.2 PCIe SR-IOV 概述 ····· 181

10.3 PCIe 网卡透传下的收发包
流程 ······················· 183

10.4 I/O 透传虚拟化配置的常见
问题 ······················· 184

10.5 小结 ······················· 184

第11章 半虚拟化 Virtio ············· 185

11.1 Virtio 使用场景 ············· 185

11.2 Virtio 规范和原理 ··········· 186

11.2.1 设备的配置 ·········· 187

11.2.2 虚拟队列的配置 ······· 190

11.2.3 设备的使用 ·········· 192

11.3 Virtio 网络设备驱动设计 ······· 193

11.3.1 Virtio 网络设备 Linux 内核
驱动设计 ············ 193

11.3.2 基于 DPDK 用户空间的
Virtio 网络设备驱动设计
以及性能优化 ········· 196

11.4 小结 ······················· 198

第12章 加速包处理的 vhost 优化
方案 ······················· 199

12.1 vhost 的演进和原理 ··········· 199

12.1.1 Qemu 与 virtio-net ······ 199

12.1.2 Linux 内核态 vhost-net ···· 200

12.1.3 用户态 vhost ········· 201

12.2 基于 DPDK 的用户态 vhost
设计 ······················· 201

12.2.1 消息机制 ············ 202

12.2.2 地址转换和映射虚拟机
内存 ·············· 203

12.2.3 vhost 特性协商 ········ 204

12.2.4 virtio-net 设备管理 ····· 205

12.2.5 vhost 中的 Checksum 和
TSO 功能卸载 ·············· 205
12.3 DPDK vhost 编程实例 ·········· 206
12.3.1 报文收发接口介绍 ········ 206
12.3.2 使用 DPDK vhost lib 进行
编程 ·················· 207
12.3.3 使用 DPDK vhost PMD
进行编程 ·············· 209
12.4 小结 ························ 210

第三部分 DPDK 应用篇

第 13 章 DPDK 与网络功能虚拟化 ··· 213

13.1 网络功能虚拟化 ·············· 213
13.1.1 起源 ·················· 213
13.1.2 发展 ·················· 215
13.2 OPNFV 与 DPDK ·············· 217
13.3 NFV 的部署 ················ 219
13.4 VNF 部署的形态 ·············· 221
13.5 VNF 自身特性的评估 ·········· 222
13.5.1 性能分析方法论 ········ 223
13.5.2 性能优化思路 ·········· 224
13.6 VNF 的设计 ················ 225
13.6.1 VNF 虚拟网络接口的选择 ··· 225
13.6.2 IVSHMEM 共享内存的
PCI 设备 ·············· 226
13.6.3 网卡轮询和混合中断轮询
模式的选择 ············ 228
13.6.4 硬件加速功能的考虑 ······ 228
13.6.5 服务质量的保证 ·········· 229

13.7 实例解析和商业案例 ·········· 231
13.7.1 Virtual BRAS ············ 231
13.7.2 Brocade vRouter 5600 ······ 235
13.8 小结 ···················· 235

第 14 章 Open vSwitch（OVS）中的 DPDK 性能加速 ··········· 236

14.1 虚拟交换机简介 ·············· 236
14.2 OVS 简介 ·················· 237
14.3 DPDK 加速的 OVS ············ 239
14.3.1 OVS 的数据通路 ········ 239
14.3.2 DPDK 加速的数据通路 ····· 240
14.3.3 DPDK 加速的 OVS 性能
比较 ·················· 242
14.4 小结 ···················· 244

第 15 章 基于 DPDK 的存储软件 优化 ···················· 245

15.1 基于以太网的存储系统 ·········· 246
15.2 以太网存储系统的优化 ·········· 247
15.3 SPDK 介绍 ················ 249
15.3.1 基于 DPDK 的用户态
TCP/IP 栈 ············ 249
15.3.2 用户态存储驱动 ·········· 254
15.3.3 SPDK 中 iSCSI target 实现
与性能 ················ 257
15.4 小结 ···················· 261

附录 A 缩略词 ················ 262

附录 B 推荐阅读 ·············· 265

DPDK 基础篇

- 第 1 章　认识 DPDK
- 第 2 章　Cache 和内存
- 第 3 章　并行计算
- 第 4 章　同步互斥机制
- 第 5 章　报文转发
- 第 6 章　PCIe 与包处理 I/O
- 第 7 章　网卡性能优化
- 第 8 章　流分类与多队列
- 第 9 章　硬件加速与功能卸载

软件正在统治整个世界。

——马克·安德森

本书的开始部分会重点介绍 DPDK 诞生的背景、基本概念、核心算法，并结合实例讲解各种基于 IA 平台的数据面优化技术，包括相关的网卡加速技术。希望可以帮助初次接触 DPDK 的读者全面了解 DPDK，为后面的阅读打下基础。

DPDK 基础篇共包括 9 章，其中前 5 章主要从软件优化的角度阐述如何利用 DPDK 来提升性能，包括 cache 优化、并行计算、同步互斥、转发算法等。后面 4 章则针对 PCIe 设备和高速网卡详细介绍如何优化网卡性能，提高网络带宽吞吐率。

第 1 章介绍了 DPDK 的技术演进历程，面临及需要解决的问题，以及如何从系统的角度看待 DPDK 的技术，最后结合几个编程实例帮助读者了解 DPDK 基本的编程模式。

第 2 章则系统地介绍内存和 cache 的相关基本知识，分析了各种 IA 平台上的 cache 技术的特点和优势，并介绍了一个 DPDK 的重要技术"大页"的使用。

第 3 章和第 4 章则围绕多核的使用，着重介绍如何使用多线程，最大限度地进行指令和数据的并行执行。为了解决多线程访问竞争的问题，还引入了几种常见的 DPDK 锁机制。

第 5 章详细讲述了 DPDK 的数据报文转发模型，帮助读者了解 DPDK 的工作模式。

从第 6 章开始，本书内容逐步从 CPU 转移到网卡 I/O。其中，第 6 章将会从 CPU 与 PCIe 总线架构的角度，带领读者领略 CPU 与网卡 DMA 协同工作的整个交互过程。

第 7 章则专注于网卡的性能优化，详细介绍了 DPDK 如何在软件设计、硬件平台选择和配置上实现高效的网络报文处理。

第 8 章介绍了目前高速网卡中一个非常通用的技术"多队列与流分类"，解释了 DPDK 如果利用这个技术实现更高效的 IO 处理。

第 9 章介绍了目前以网卡为主的硬件卸载与智能化发展趋势，帮助读者了解如何将 DPDK 与网卡的硬件卸载技术结合，减少 CPU 的开销，实现高协同化的软硬件设计。

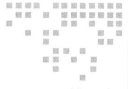

认识 DPDK

什么是 DPDK？对于用户来说，它可能是一个性能出色的包数据处理加速软件库；对于开发者来说，它可能是一个实践包处理新想法的创新工场；对于性能调优者来说，它可能又是一个绝佳的成果分享平台。当下火热的网络功能虚拟化，则将 DPDK 放在一个重要的基石位置。虽然很难用短短几语就勾勒出 DPDK 的完整轮廓，但随着认识的深入，我们相信你一定能够认可它传播的那些最佳实践方法，从而将这些理念带到更广泛的多核数据包处理的生产实践中去。

DPDK 最初的动机很简单，就是证明 IA 多核处理器能够支撑高性能数据包处理。随着早期目标的达成和更多通用处理器体系的加入，DPDK 逐渐成为通用多核处理器高性能数据包处理的业界标杆。

1.1　主流包处理硬件平台

DPDK 用软件的方式在通用多核处理器上演绎着数据包处理的新篇章，而对于数据包处理，多核处理器显然不是唯一的平台。支撑包处理的主流硬件平台大致可分为三个方向。

- ❑ 硬件加速器
- ❑ 网络处理器
- ❑ 多核处理器

根据处理内容、复杂度、成本、量产规模等因素的不同，这些平台在各自特定的领域都有一定的优势。硬件加速器对于本身规模化的固化功能具有高性能低成本的特点，网络处理器提供了包处理逻辑软件可编程的能力，在获得灵活性的同时兼顾了高性能的硬件包处理，多核处理器在更为复杂多变的高层包处理上拥有优势，随着包处理的开源生态系统逐渐丰富，以及近年来性能的不断提升，其为软件定义的包处理提供了快速迭代的平台。参见 [Ref1-2]。

随着现代处理器的创新与发展（如异构化），开始集成新的加速处理与高速 IO 单元，它们互相之间不断地融合。在一些多核处理器中，已能看到硬件加速单元的身影。从软件包处理的角度，可以卸载部分功能到那些硬件加速单元进一步提升性能瓶颈；从硬件包处理的流水线来看，多核上运行的软件完成了难以固化的上层多变逻辑的任务；二者相得益彰。

1.1.1　硬件加速器

硬件加速器被广泛应用于包处理领域，ASIC 和 FPGA 是其中最广为采用的器件。

ASIC（Application-Specific Integrated Circuit）是一种应特定用户要求和特定电子系统的需要而设计、制造的集成电路。ASIC 的优点是面向特定用户的需求，在批量生产时与通用集成电路相比体积更小、功耗更低、可靠性提高、性能提高、保密性增强、成本降低等。但 ASIC 的缺点也很明显，它的灵活性和扩展性不够、开发费用高、开发周期长。

为了弥补本身的一些缺点，ASIC 越来越多地按照加速引擎的思路来构建，结合通用处理器的特点，融合成片上系统（SoC）提供异构处理能力，使得 ASIC 带上了智能（Smart）的标签。

FPGA（Field-Programmable Gate Array）即现场可编程门阵列。它作为 ASIC 领域中的一种半定制电路而出现，与 ASIC 的区别是用户不需要介入芯片的布局布线和工艺问题，而且可以随时改变其逻辑功能，使用灵活。FPGA 以并行运算为主，其开发相对于传统 PC、单片机的开发有很大不同，以硬件描述语言（Verilog 或 VHDL）来实现。相比于 PC 或单片机（无论是冯·诺依曼结构还是哈佛结构）的顺序操作有很大区别。

全可编程 FPGA 概念的提出，使 FPGA 朝着进一步软化的方向持续发展，其并行化整数运算的能力将进一步在通用计算定制化领域得到挖掘，近年来在数据中心中取得了很大进展，比如应用于机器学习场合。我们预计 FPGA 在包处理的应用场景将会从通信领域（CT）越来越多地走向数据中心和云计算领域。

1.1.2　网络处理器

网络处理器（Network Processer Unit，NPU）是专门为处理数据包而设计的可编程通用处理器，采用多内核并行处理结构，其常被应用于通信领域的各种任务，比如包处理、协议分析、路由查找、声音 / 数据的汇聚、防火墙、QoS 等。其通用性表现在执行逻辑由运行时加载的软件决定，用户使用专用指令集即微码（microcode）进行开发。其硬件体系结构大多采用高速的接口技术和总线规范，具有较高的 I/O 能力，使得包处理能力得到很大提升。除了这些特点外，NPU 一般还包含多种不同性能的存储结构，对数据进行分类存储以适应不同的应用目的。NPU 中也越来越多地集成进了一些专用硬件协处理器，可进一步提高片内系统性能。

图 1-1 是 NP-5 处理器架构框图，以 EZCHIP 公司的 NP-5 处理器架构为例，TOP 部分为可编程部分，根据需要通过编写微码快速实现业务相关的包处理逻辑。NPU 拥有高性能和高可编程性等诸多优点，但其成本和特定领域的特性限制了它的市场规模（一般应用于专用通

信设备）。而不同厂商不同架构的 NPU 遵循的微码规范不尽相同，开发人员的成长以及生态系统的构建都比较困难。虽然一些 NPU 的微码也开始支持由高级语言（例如 C）编译生成，但由于结构化语言本身原语并未面向包处理，使得转换后的效率并不理想。

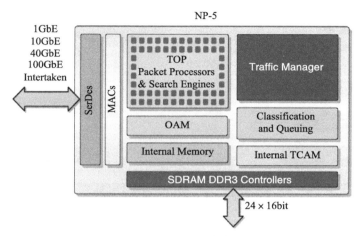

图 1-1　NP-5 处理器架构框图

随着 SDN 对于可编程网络，特别是可编程数据面的要求，网络处理器也可能会迎来新的发展机遇，但依然需要解决好不同架构的底层抽象以及上层业务的语义抽象。

1.1.3　多核处理器

现代 CPU 性能的扩展主要通过多核的方式进行演进。这样利用通用处理器同样可以在一定程度上并行地处理网络负载。由于多核处理器在逻辑复杂的协议及应用层面上的处理优势，以及越来越强劲的数据面的支持能力，它在多种业务领域得到广泛的采用。再加上多年来围绕 CPU 已经建立起的大量成熟软件生态，多核处理器发展的活力和热度也是其他形态很难比拟的。图 1-2 是 Intel 双路服务器平台框图，描述了一个典型的双路服务器平台的多个模块，CPU、芯片组 C612、内存和以太网控制器 XL710 构成了主要的数据处理通道。基于 PCIe 总线的 I/O 接口提供了大量的系统接口，为服务器平台引入了差异化的设计。

当前的多核处理器也正在走向 SoC 化，针对网络的 SoC 往往集成内存控制器、网络控制器，甚至是一些硬件加速处理引擎。

这里列出了一些主流厂商的多核处理器的 SoC 平台。

❑ IA multi-core Xeon

❑ Tilear-TILE-Gx

❑ Cavium Network-OCTEON & OCTEON II

❑ Freescale-QorIQ

❑ NetLogic Microsystem-XLP

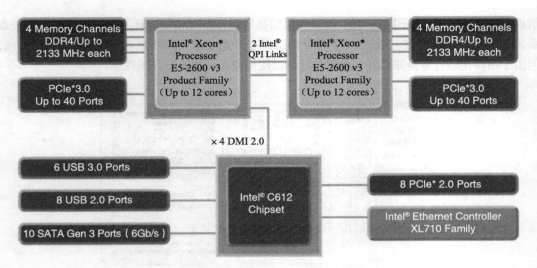

图 1-2 Intel 双路服务器平台框图

图 1-3 的 Cavium OCTEON 处理器框图以 Cavium OCTEON 多核处理器为例，它集成多个

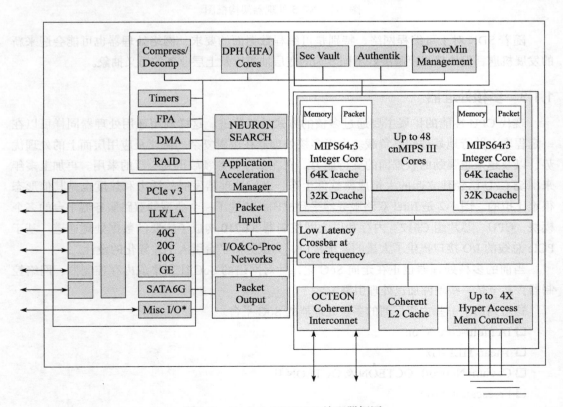

图 1-3 Cavium OCTEON 处理器框图

CPU 核以及众多加速单元和网络接口，组成了一个片上系统（SoC）。在这些 SoC 上，对于可固化的处理（例如，流分类，QoS）交由加速单元完成，而对于灵活的业务逻辑则由众多的通用处理器完成，这种方式有效地融合了软硬件各自的优势。随着软件（例如，DPDK）在 I/O 性能提升上的不断创新，将多核处理器的竞争力提升到一个前所未有的高度，网络负载与虚拟化的融合又催生了 NFV 的潮流。

更多内容请参考相关 Cavium 和 Ezchip 的信息（[Ref1-3] 和 [Ref1-4]）。

1.2　初识 DPDK

本书介绍 DPDK，主要以 IA（Intel Architecture）多核处理器为目标平台。在 IA 上，网络数据包处理远早于 DPDK 而存在。从商业版的 Windows 到开源的 Linux 操作系统，所有跨主机通信几乎都会涉及网络协议栈以及底层网卡驱动对于数据包的处理。然而，低速网络与高速网络处理对系统的要求完全不一样。

1.2.1　IA 不适合进行数据包处理吗

以 Linux 为例，传统网络设备驱动包处理的动作可以概括如下：
- 数据包到达网卡设备。
- 网卡设备依据配置进行 DMA 操作。
- 网卡发送中断，唤醒处理器。
- 驱动软件填充读写缓冲区数据结构。
- 数据报文达到内核协议栈，进行高层处理。
- 如果最终应用在用户态，数据从内核搬移到用户态。
- 如果最终应用在内核态，在内核继续进行。

随着网络接口带宽从千兆向万兆迈进，原先每个报文就会触发一个中断，中断带来的开销变得突出，大量数据到来会触发频繁的中断开销，导致系统无法承受，因此有人在 Linux 内核中引入了 NAPI 机制，其策略是系统被中断唤醒后，尽量使用轮询的方式一次处理多个数据包，直到网络再次空闲重新转入中断等待。NAPI 策略用于高吞吐的场景，效率提升明显。

一个二层以太网包经过网络设备驱动的处理后，最终大多要交给用户态的应用，图 1-4 的典型网络协议层次 OSI 与 TCP/IP 模型，是一个基础的网络模型与层次，左侧是 OSI 定义的 7 层模型，右侧是 TCP/IP 的具体实现。网络包进入计算机大多需要经过协议处理，在 Linux 系统中 TCP/IP 由 Linux 内核处理。即使在不需要协议处理的场景下，大多数场景下也需要把包从内核的缓冲区复制到用户缓冲区，系统调用以及数据包复制的开销，会直接影响用户态应用从设备直接获得包的能力。而对于多样的网络功能节点来说，TCP/IP 协议栈并不是数据转发节点所必需的。

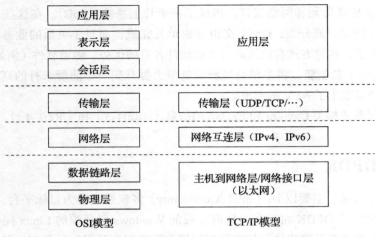

图 1-4 典型网络协议层次 OSI 与 TCP/IP 模型

以无线网为例,图 1-5 的无线 4G/LTE 数据面网络协议展示了从基站、基站控制器到无线核心网关的协议层次,可以看到大量处理是在网络二、三、四层进行的。如何让 Linux 这样的面向控制面原生设计的操作系统在包处理上减少不必要的开销一直是一大热点。有个著名的高性能网络 I/O 框架 Netmap,它就是采用共享数据包池的方式,减少内核到用户空间的包复制。

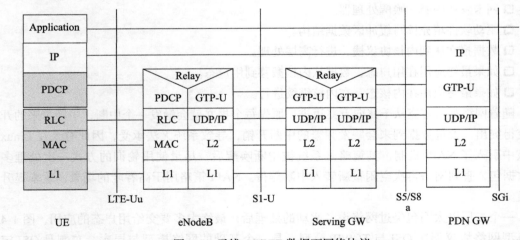

图 1-5 无线 4G/LTE 数据面网络协议

NAPI 与 Netmap 两方面的努力其实已经明显改善了传统 Linux 系统上的包处理能力,那是否还有空间去做得更好呢?作为分时操作系统,Linux 要将 CPU 的执行时间合理地调度给需要运行的任务。相对于公平分时,不可避免的就是适时调度。早些年 CPU 核数比较少,为了每个任务都得到响应处理,进行分时,用效率换响应,是一个理想的策略。现今

CPU 核数越来越多，性能越来越强，为了追求极端的高性能高效率，分时就不一定总是上佳的策略。以 Netmap 为例，即便其减少了内核到用户空间的内存复制，但内核驱动的收发包处理和用户态线程依旧由操作系统调度执行，除去任务切换本身的开销，由切换导致的后续 cache 替换（不同任务内存热点不同），对性能也会产生负面的影响。

如果再往实时性方面考虑，传统上，事件从中断发生到应用感知，也是要经过长长的软件处理路径。所以，在 2010 年前采用 IA 处理器的用户会得出这样一个结论，那就是 IA 不适合做包处理。

真的是这样么？在 IA 硬件基础上，包处理能力到底能做到多好，有没有更好的方法评估和优化包处理性能，怎样的软件设计方法能最充分地释放多核 IA 的包处理能力，这些问题都是在 DPDK 出现之前，实实在在地摆在 Intel 工程师面前的原始挑战。

1.2.2　DPDK 最佳实践

如今，DPDK 应该已经很好地回答了 IA 多核处理器是否可以应对高性能数据包处理这个问题。而解决好这样一个问题，也不是用了什么凭空产生的特殊技术，更多的是从工程优化角度的迭代和最佳实践的融合。如果要简单地盘点一下这些技术，大致可以归纳如下。

轮询，这一点很直接，可避免中断上下文切换的开销。之前提到 Linux 也采用该方法改进对大吞吐数据的处理，效果很好。在第 7 章，我们会详细讨论轮询与中断的权衡。

用户态驱动，在这种工作方式下，既规避了不必要的内存拷贝又避免了系统调用。一个间接的影响在于，用户态驱动不受限于内核现有的数据格式和行为定义。对 mbuf 头格式的重定义、对网卡 DMA 操作的重新优化可以获得更好的性能。而用户态驱动也便于快速地迭代优化，甚至对不同场景进行不同的优化组合。在第 6 章中，我们将探讨用户态网卡收发包优化。

亲和性与独占，DPDK 工作在用户态，线程的调度仍然依赖内核。利用线程的 CPU 亲和绑定的方式，特定任务可以被指定只在某个核上工作。好处是可避免线程在不同核间频繁切换，核间线程切换容易导致因 cache miss 和 cache write back 造成的大量性能损失。如果更进一步地限定某些核不参与 Linux 系统调度，就可能使线程独占该核，保证更多 cache hit 的同时，也避免了同一个核内的多任务切换开销。在第 3 章，我们会再展开讨论。

降低访存开销，网络数据包处理是一种典型的 I/O 密集型（I/O bound）工作负载。无论是 CPU 指令还是 DMA，对于内存子系统（Cache+DRAM）都会访问频繁。利用一些已知的高效方法来减少访存的开销能够有效地提升性能。比如利用内存大页能有效降低 TLB miss，比如利用内存多通道的交错访问能有效提高内存访问的有效带宽，再比如利用对于内存非对称性的感知可以避免额外的访存延迟。而 cache 更是几乎所有优化的核心地带，这些有意思而且对性能有直接影响的部分，将在第 2 章进行更细致的介绍。

软件调优，调优本身并不能说是最佳实践。这里其实指代的是一系列调优实践，比如结构的 cache line 对齐，比如数据在多核间访问避免跨 cache line 共享，比如适时地预取数据，再如多元数据批量操作。这些具体的优化策略散布在 DPDK 各个角落。在第 2 章、第 6 章、第 7 章都会具体涉及。

利用 IA 新硬件技术，IA 的最新指令集以及其他新功能一直是 DPDK 致力挖掘数据包处理性能的源泉。拿 Intel® DDIO 技术来讲，这个 cache 子系统对 DMA 访存的硬件创新直接助推了性能跨越式的增长。有效利用 SIMD（Single Instruction Multiple Data）并结合超标量技术（Superscalar）对数据层面或者对指令层面进行深度并行化，在性能的进一步提升上也行之有效。另外一些指令（比如 cmpxchg），本身就是 lockless 数据结构的基石，而 crc32 指令对与 4 Byte Key 的哈希计算也是改善明显。这些内容，在第 2 章、第 4 章、第 5 章、第 6 章都会有涉及。

充分挖掘网卡的潜能，经过 DPDK I/O 加速的数据包通过 PCIe 网卡进入系统内存，PCIe 外设到系统内存之间的带宽利用效率、数据传送方式（coalesce 操作）等都是直接影响 I/O 性能的因素。在现代网卡中，往往还支持一些分流（如 RSS，FDIR 等）和卸载（如 Chksum，TSO 等）功能。DPDK 充分利用这些硬件加速特性，帮助应用更好地获得直接的性能提升。这些内容将从第 6 章～第 9 章一一展开。

除了这些基础的最佳实践，本书还会用比较多的篇幅带领大家进入 DPDK I/O 虚拟化的世界。在那里，我们依然从 I/O 的视角，介绍业界广泛使用的两种主流方式，SR-IOV 和 Virtio，帮助大家理解 I/O 硬件虚拟化的支撑技术以及 I/O 软件半虚拟化的技术演进和革新。从第 10 章到第 14 章，我们会围绕着这一主题逐步展开。

随着 DPDK 不断丰满成熟，也将自身逐步拓展到更多的平台和场景。从 Linux 到 FreeBSD，从物理机到虚拟机，从加速网络 I/O 到加速存储 I/O，DPDK 在不同纬度发芽生长。在 NFV 大潮下，无论是 NFVI（例如，virtual switch）还是 VNF，DPDK 都用坚实有力的性能来提供基础设施保障。这些内容将在第 10 章～第 15 章一一介绍。

当然，在开始后续所有章节之前，让我们概览一下 DPDK 的软件整体框架。

1.2.3 DPDK 框架简介

DPDK 为 IA 上的高速包处理而设计。图 1-6 所示的 DPDK 主要模块分解展示了以基础软件库的形式，为上层应用的开发提供一个高性能的基础 I/O 开发包。它大量利用了有助于包处理的软硬件特性，如大页、缓存行对齐、线程绑定、预取、NUMA、IA 最新指令的利用、Intel® DDIO、内存交叉访问等。

核心库 Core Libs，提供系统抽象、大页内存、缓存池、定时器及无锁环等基础组件。

PMD 库，提供全用户态的驱动，以便通过轮询和线程绑定得到极高的网络吞吐，支持各种本地和虚拟的网卡。

Classify 库，支持精确匹配（Exact Match）、最长匹配（LPM）和通配符匹配（ACL），提供常用包处理的查表操作。

QoS 库，提供网络服务质量相关组件，如限速（Meter）和调度（Sched）。

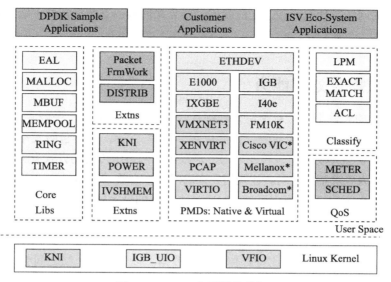

图 1-6　DPDK 主要模块分解

除了这些组件，DPDK 还提供了几个平台特性，比如节能考虑的运行时频率调整（POWER），与 Linux kernel stack 建立快速通道的 KNI（Kernel Network Interface）。而 Packet Framework 和 DISTRIB 为搭建更复杂的多核流水线处理模型提供了基础的组件。

1.2.4　寻找性能优化的天花板

性能优化不是无止境的，所谓天花板可以认为是理论极限，性能优化能做到的就是无限接近这个理论极限。而理论极限也不是单纬度的，当某个纬度接近极限时，可能在另一个纬度会有其他的发现。

我们讨论数据包处理，那首先就看看数据包转发速率是否有天花板。其实包转发的天花板就是理论物理线路上能够传送的最大速率，即线速。那数据包经过网络接口进入内存，会经过 I/O 总线（例如，PCIe bus），I/O 总线也有天花板，实际事务传输不可能超过总线最大带宽。CPU 从 cache 里加载 / 存储 cache line 有没有天花板呢，当然也有，比如 Haswell 处理器能在一个周期加载 64 字节和保存 32 字节。同样内存控制器也有内存读写带宽。这些不同纬度的边界把工作负载包裹起来，而优化就是在这个边界里吹皮球，不断地去接近甚至触碰这样的边界。

由于天花板是理论上的，因此对于前面介绍的一些可量化的天花板，总是能够指导并反映性能优化的优劣。而有些天花板可能很难量化，比如在某个特定频率的 CPU 下每个包所消耗的周期最小能做到多少。对于这样的天花板，可能只能用不断尝试实践的方式，当然不同的方法可能带来不同程度的突破，总的增益越来越少时，就可能是接近天花板的时候。

那 DPDK 在 IA 上提供网络处理能力有多优秀呢？它是否已经能触及一些系统的天花板？在这些天花板中，最难触碰的是哪一个呢？要真正理解这一点，首先要明白在 IA 上包处理终极挑战的问题是什么，在这之前我们需要先来回顾一下衡量包处理能力的一些常见能力指标。

1.3 解读数据包处理能力

不管什么样的硬件平台，对于包处理都有最基本的性能诉求。一般常被提到的有吞吐、延迟、丢包率、抖动等。对于转发，常会以包转发率（pps，每秒包转发率）而不是比特率（bit/s，每秒比特转发率）来衡量转发能力，这跟包在网络中传输的方式有关。不同大小的包对存储转发的能力要求不尽相同。让我们先来温习一下有效带宽和包转发率概念。

线速（Wire Speed）是线缆中流过的帧理论上支持的最大帧数。

我们用以太网（Ethernet）为例，一般所说的接口带宽，1Gbit/s、10Gbit/s、25Gbit/s、40Gbit/s、100Gbit/s，代表以太接口线路上所能承载的最高传输比特率，其单位是 bit/s（bit per second，位 / 秒）。实际上，不可能每个比特都传输有效数据。以太网每个帧之间会有帧间距（Inter-Packet Gap，IPG），默认帧间距大小为 12 字节。每个帧还有 7 个字节的前导（Preamble），和 1 个字节的帧首定界符（Start Frame Delimiter，SFD）。具体帧格式如图 1-7 所示，有效内容主要是以太网的目的地址、源地址、以太网类型、负载。报文尾部是校验码。

前导	帧首定界符	以太网的目的地址	以太网的源地址	以太网类型	负载	校验码

图 1-7　以太帧格式

所以，通常意义上的满速带宽能跑有效数据的吞吐可以由如下公式得到理论帧转发率：

$$帧转发率 = \frac{BitRate/8}{IPG+Preamble+SFD+PktSize}$$

而这个最大理论帧转发率的倒数表示了线速情况下先后两个包到达的时间间隔。

按照这个公式，将不同包长按照特定的速率计算可得到一个以太帧转发率，如表 1-1 所示。如果仔细观察，可以发现在相同带宽速率下，包长越小的包，转发率越高，帧间延迟也越小。

表 1-1　帧转发率

吞吐率	10Gbit/s		25Gbit/s		40Gbit/s	
包长	Mpps	arrival（ns）	Mpps	arrival（ns）	Mpps	arrival（ns）
64	14.88	67.20	37.20	26.88	59.52	16.80
128	8.45	118.40	21.11	47.36	33.78	29.60
256	4.53	220.80	11.32	88.32	18.12	55.20
512	2.35	425.60	5.87	170.24	9.40	106.40
1024	1.20	835.20	2.99	334.08	4.79	208.80

满足什么条件才能达到无阻塞转发的理论上限呢？如果我们把处理一个数据包的整个生命周期看做是工厂的生产流水线，那么就要保证在这个流水线上，不能有任何一级流水处理的延迟超过此时间间隔。理解了这一点，对照表 1-1，就很容易发现，对任何一个数据包处理流水线来说，越小的数据包，挑战总是越大。这样的红线对任何一个硬件平台，对任何一个在硬件平台上设计整体流水线的设计师来说都是无法逃避并需要积极面对的。

1.4　探索 IA 处理器上最艰巨的任务

在通用处理器上处理包的最大挑战是什么？为什么以往通用处理器很少在数据面中扮演重要的角色？如果我们带着这些问题来看数据面上的负载，就会有一个比较直观的理解。这里拿 40Gbit/s 的速率作为考察包转发能力的样本。如图 1-8 所示，曲线为不同大小的包的最大理论转发能力。

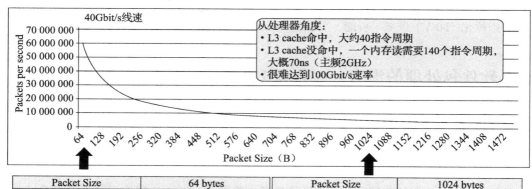

图 1-8　线速情况下的报文的指令成本

分别截取 64B 和 1024B 数据包长，图 1-8 所示的线速情况下的报文的指令成本能明显地说明不同报文大小给系统带来的巨大差异。就如我们在包转发率那一节中理解的，对于越小的包，相邻包到达的时间间隔就越小，16.8ns vs 208.8ns。假设 CPU 的主频率是 2GHz，要达到理论最大的转发能力，对于 64B 和 1024B 软件分别允许消耗 33 和 417 个时钟周期。在存储转发（store-forward）模型下，报文收发以及查表都需要访存。那就对比一下访存的时钟周期，一次 LLC 命中需要大约 40 个时钟周期，如果 LLC 未命中，一次内存的读就需要 70ns。换句话说，对于 64B 大小的包，即使每次都能命中 LLC，40 个时钟周期依然离 33 有距离。显然，小包处理时延对于通用 CPU 系统架构的挑战是巨大的。

那是否说明 IA 就完全不适合高性能的网络负载呢？答案是否定的。证明这样的结论我们从两个方面入手，一个是 IA 平台实际能提供的最大能力，另一个是这个能力是否足以应对一定领域的高性能网络负载。

DPDK 的出现充分释放了 IA 平台对包处理的吞吐能力。我们知道，随着吞吐率的上升，中断触发的开销是不能忍受的，DPDK 通过一系列软件优化方法（大页利用，cache 对齐，线程绑定，NUMA 感知，内存通道交叉访问，无锁化数据结构，预取，SIMD 指令利用等）利用 IA 平台硬件特性，提供完整的底层开发支持库。使得单核三层转发可以轻松地突破小包 30Mpps，随着 CPU 封装的核数越来越多，支持的 PCIe 通道数越来越多，整系统的三层转发吞吐在 2 路 CPU 的 Xeon E5-2658 v3 上可以达到 300Mpps。这已经是一个相当可观的转发吞吐能力了。

虽然这个能力不足以覆盖网络中所有端到端的设备场景，但无论在核心网接入侧，还是在数据中心网络中，都已经可以覆盖相当多的场景。

随着数据面可软化的发生，数据面的设计、开发、验证乃至部署会发生一系列的变化。首先，可以采用通用服务器平台，降低专门硬件设计成本；其次，基于 C 语言的开发，就程序员数量以及整个生态都要比专门硬件开发更丰富；另外，灵活可编程的数据面部署也给网络功能虚拟化（NFV）带来了可能，更会进一步推进软件定义网络（SDN）的全面展开。

1.5 软件包处理的潜力——再识 DPDK

DPDK 很好地将 IA 上包处理的性能提升到一个高度，这个高度已经达到很多网络应用场景的最低要求，使得满足要求的场景下对于网络业务软化产生积极的作用。

1.5.1 DPDK 加速网络节点

在理解了 IA 上包处理面临的根本性挑战后，我们会对 DPDK 所取得的性能提升感到异常兴奋。更令人兴奋的是，按照 DPDK 所倡导的方法，随着处理器的每一代更新，在 IA 上的性能提升以很高的斜率不断发酵。当千兆、万兆接口全速转发已不再是问题时，DPDK 已将目标伸向百万兆的接口。

DPDK 软件包内有一个最基本的三层转发实例（l3fwd），可用于测试双路服务器整系统的吞吐能力，实验表明可以达到 220Gbit/s 的数据报文吞吐能力。值得注意的是，除了通过硬件或者软件提升性能之外，如今 DPDK 整系统报文吞吐能力上限已经不再受限于 CPU 的核数，当前瓶颈在于 PCIe（IO 总线）的 LANE 数。换句话说，系统性能的整体 I/O 天花板不再是 CPU，而是系统所提供的所有 PCIe LANE 的带宽，能插入多少个高速以太网接口卡。

在这样的性能基础上，网络节点的软化就成为可能。对于网络节点上运转的不同形态的网络功能，一旦软化并适配到一个通用的硬件平台，随之一个自然的诉求可能就是软硬件解耦。解耦正是网络功能虚拟化（NFV）的一个核心思想，而硬件解耦的多个网络功能在单一通用节点上的隔离共生问题，是另一个核心思想虚拟化诠释的。当然这个虚拟化是广义的，在不同层面可以有不同的支撑技术。

　　NFV 有很多诉求，业务面高性能，控制面高可用、高可靠、易运维、易管理等。但没有业务面的高性能，后续的便无从谈起。DPDK 始终为高性能业务面提供坚实的支撑，除此以外，DPDK 立足 IA 的 CPU 虚拟化技术和 IO 的虚拟化技术，对各种通道做持续优化改进的同时，也对虚拟交换（vswitch）的转发面进化做出积极贡献。应对绝对高吞吐能力的要求，DPDK 支持各种 I/O 的 SR-IOV 接口；应对高性能虚拟主机网络的要求，DPDK 支持标准 virtio 接口；对虚拟化平台的支撑，DPDK 从 KVM、VMWARE、XEN 的 hypervisor 到容器技术，可谓全平台覆盖。

　　可以说，在如火如荼的网络变革的大背景下，DPDK 以强劲的驱动力加速各种虚拟化的网络功能部署到现实的网络节点上。

1.5.2　DPDK 加速计算节点

　　DPDK 之于网络节点，主要集中在数据面转发方面，这个很容易理解；对于计算节点，DPDK 也拥有很多潜在的机会。

　　C10K 是 IT 界的一个著名命题，甚至后续衍生出了关于 C1M 和 C10M 的讨论。其阐述的一个核心问题就是，随着互联网发展，随着数据中心接口带宽不断提升，计算节点上各种互联网服务对于高并发下的高吞吐有着越来越高的要求。详见［Ref1-5］。

　　但是单一接口带宽的提高并不能直接导致高并发、高吞吐服务的发生，即使用到了一系列系统方法（异步非阻塞，线程等），但网络服务受限于内核协议栈多核水平扩展上的不足以及建立拆除连接的高开销，开始逐渐阻碍进一步高并发下高带宽的要求。另一方面，内核协议栈需要考虑更广泛的支持，并不能为特定的应用做特殊优化，一般只能使用系统参数进行调优。

　　当然，内核协议栈也在不断改进，而以应用为中心的趋势也会不断推动用户态协议栈的涌现。有基于 BSD 协议栈移植的，有基于多核模型重写的原型设计，也有将整个 Linux 内核包装成库的。它们大多支持以 DPDK 作为 I/O 引擎，有些也将 DPDK 的一些优化想法加入到协议栈的优化中，取得了比较好的效果。

　　可以说，由 DPDK 加速的用户态协议栈将会越来越多地支撑起计算节点上的网络服务。

1.5.3　DPDK 加速存储节点

　　除了在网络、计算节点的应用机会之外，DPDK 的足迹还渗透到存储领域。Intel® 最近开源了 SPDK（Storage Performance Development Kit），一款存储加速开发套件，其主要的应用场景是 iSCSI 性能加速。目前 iSCSI 系统包括前端和后端两个部分，在前端，DPDK 提供网络 I/O 加速，加上一套用户态 TCP/IP 协议栈（目前还不包含在开源包中），以流水线的工作方式支撑起基于 iSCSI 的应用；在后端，将 DPDK 用户态轮询驱动的方式实践在 NVMe 上，PMD 的 NVMe 驱动加速了后端存储访问。这样一个端到端的整体方案，用数据证明了卓有成效的 IOPS 性能提升。SPDK 的详细介绍见：https://01.org/spdk。

　　可以说，理解 DPDK 的核心方法，并加以恰当地实践，可以将 I/O 在 IA 多核的性能提升有效地拓展到更多的应用领域，并产生积极的意义。

1.5.4 DPDK 的方法论

DPDK 采用了很多具体优化方法来达到性能的提升，有一些是利用 IA 软件优化的最佳实践方法，还有一些是利用了 IA 的处理器特性。这里希望脱离这一个个技术细节，尝试着去还原一些核心的指导思想，试图从方法论的角度去探寻 DPDK 成功背后的原因，但愿这样的方法论总结，可以在开拓未知领域的过程中对大家有所助益。

1. 专用负载下的针对性软件优化

专用处理器通过硬件架构专用优化来达到高性能，DPDK 则利用通用处理器，通过优化的专用化底层软件来达到期望的高性能。这要求 DPDK 尽可能利用一切平台（CPU，芯片组，PCIe 以及网卡）特性，并针对网络负载的特点，做针对性的优化，以发掘通用平台在某一专用领域的最大能力。

2. 追求可水平扩展的性能

利用多核并行计算技术，提高性能和水平扩展能力。对于产生的并发干扰，遵循临界区越薄越好、临界区碰撞越少越好的指导原则。数据尽可能本地化和无锁化，追求吞吐率随核数增加而线性增长。

3. 向 Cache 索求极致的实现优化性能

相比于系统优化和算法优化，实现优化往往较少被提及。实现优化对开发者的要求体现在需要对处理器体系结构有所了解。DPDK 可谓集大量的实现优化之大成，而这些方法多数围绕着 Cache 进行，可以说能娴熟地驾驭好 Cache，在追求极致性能的路上就已经成功了一半。

4. 理论分析结合实践推导

性能的天花板在哪，调优是否还有空间，是否值得花更多的功夫继续深入，这些问题有时很难直接找到答案。分析、推测、做原型、跑数据、再分析，通过这样的螺旋式上升，慢慢逼近最优解，往往是实践道路上的导航明灯。条件允许下，有依据的理论量化计算，可以更可靠地明确优化目标。

1.6 从融合的角度看 DPDK

这是一个最好的时代，也是一个最坏的时代。不可否认的是，这就是一个融合的时代。

随着云计算的推进，ICT 这个词逐渐在各类技术研讨会上被提及。云计算的定义虽然有各种版本，但大体都包含了对网络基础设施以及对大数据处理的基本要求，这也是 IT 与 CT 技术融合的推动力。

那这和 DPDK 有关系吗？还真有！我们知道云计算的对象是数据，数据在云上加工，可还是要通过各种载体落到地上。在各种载体中最广泛使用的当属 IP，它是整个互联网蓬勃发展的基石。高效的数据处理总是离不开高效的数据承载网络。

教科书说到网络总会讲到那经典的 7 层模型，最低层是物理层，最高层是应用层。名副其实的是，纵观各类能联网的设备，从终端设备到网络设备再到数据中心服务器，还真是越靠近物理层的处理以硬件为主，越靠近应用层的处理以软件为主。这当然不是巧合，其中深谙了一个原则，越是能标准化的，越要追求极简极速，所以硬件当仁不让，一旦进入多样性可变性强的领域，软件往往能发挥作用。但没有绝对和一成不变，因为很多中间地带更多的是权衡。

DPDK 是一个软件优化库，目标是在通用处理器上发挥极致的包能力，以媲美硬件级的性能。当然软件是跑在硬件上的，如果看整个包处理的硬件平台，软硬件融合的趋势也相当明显。各类硬件加速引擎逐渐融入 CPU 构成异构 SoC（System On-Chip），随着 Intel® 对 Altera® 收购的完成，CPU+FPGA 这一对组合也给足了我们想象的空间，可以说包处理正处在一个快速变革的时代。

1.7　实例

在对 DPDK 的原理和代码展开进一步解析之前，先看一些小而简单的例子，建立一个形象上的认知。

1）helloworld，启动基础运行环境，DPDK 构建了一个基于操作系统的，但适合包处理的软件运行环境，你可以认为这是个 mini-OS。最早期 DPDK，可以完全运行在没有操作系统的物理核（bare-metal）上，这部分代码现在不在主流的开源包中。

2）skeleton，最精简的单核报文收发骨架，也许这是当前世界上运行最快的报文进出测试程序。

3）l3fwd，三层转发是 DPDK 用于发布性能测试指标的主要应用。

1.7.1　HelloWorld

DPDK 里的 HelloWorld 是最基础的入门程序，代码简短，功能也不复杂。它建立了一个多核（线程）运行的基础环境，每个线程会打印" hello from core #"，core # 是由操作系统管理的。如无特别说明，本文里的 DPDK 线程与硬件线程是一一对应的关系。从代码角度，rte 是指 runtime environment，eal 是指 environment abstraction layer。DPDK 的主要对外函数接口都以 rte_ 作为前缀，抽象化函数接口是典型软件设计思路，可以帮助 DPDK 运行在多个操作系统上，DPDK 官方支持 Linux 与 FreeBSD。和多数并行处理系统类似，DPDK 也有主线程、从线程的差异。

```
int
main(int argc, char **argv)
```

```
{
    int ret;
    unsigned lcore_id;

    ret = rte_eal_init(argc, argv);
    if (ret < 0)
        rte_panic("Cannot init EAL\n");

    /* call lcore_hello() on every slave lcore */
    RTE_LCORE_FOREACH_SLAVE(lcore_id) {
        rte_eal_remote_launch(lcore_hello, NULL, lcore_id);
    }

    /* call it on master lcore too */
    lcore_hello(NULL);

    rte_eal_mp_wait_lcore();
    return 0;
}
```

1. 初始化基础运行环境

主线程运行入口是 main 函数，调用了 rte_eal_init 入口函数，启动基础运行环境。

```
int rte_eal_init(int argc, char **argv);
```

入口参数是启动 DPDK 的命令行，可以是长长的一串很复杂的设置，需要深入了解的读者可以查看 DPDK 相关的文档与源代码 \lib\librte_eal\common\eal_common_options.c。对于 HelloWorld 这个实例，最需要的参数是 " -c <core mask>"，线程掩码（core mask）指定了需要参与运行的线程（核）集合。rte_eal_init 本身所完成的工作很复杂，它读取入口参数，解析并保存作为 DPDK 运行的系统信息，依赖这些信息，构建一个针对包处理设计的运行环境。主要动作分解如下

- ❑ 配置初始化
- ❑ 内存初始化
- ❑ 内存池初始化
- ❑ 队列初始化
- ❑ 告警初始化
- ❑ 中断初始化
- ❑ PCI 初始化
- ❑ 定时器初始化
- ❑ 检测内存本地化（NUMA）
- ❑ 插件初始化
- ❑ 主线程初始化
- ❑ 轮询设备初始化

- 建立主从线程通道
- 将从线程设置在等待模式
- PCI 设备的探测与初始化

对于 DPDK 库的使用者，这些操作已经被 EAL 封装起来，接口清晰。如果需要对 DPDK 进行深度定制，二次开发，需要仔细研究内部操作，这里不做详解。

2. 多核运行初始化

DPDK 面向多核设计，程序会试图独占运行在逻辑核（lcore）上。main 函数里重要的是启动多核运行环境，RTE_LCORE_FOREACH_SLAVE（lcore_id）如名所示，遍历所有 EAL 指定可以使用的 lcore，然后通过 rte_eal_remote_launch 在每个 lcore 上，启动被指定的线程。

```
int rte_eal_remote_launch(int (*f)(void *),
    void *arg, unsigned slave_id);
```

第一个参数是从线程，是被征召的线程；

第二个参数是传给从线程的参数；

第三个参数是指定的逻辑核，从线程会执行在这个 core 上。

具体来说，int rte_eal_remote_launch(lcore_hello, NULL, lcore_id);

参数 lcore_id 指定了从线程 ID，运行入口函数 lcore_hello。

运行函数 lcore_hello，它读取自己的逻辑核编号（lcore_id），打印出"hello from core #"

```
static int
lcore_hello(__attribute__((unused)) void *arg)
{
    unsigned lcore_id;
    lcore_id = rte_lcore_id();
    printf("hello from core %u\n", lcore_id);
    return 0;
}
```

这是个简单示例，从线程很快就完成了指定工作，在更真实的场景里，这个从线程会是一个循环运行的处理过程。

1.7.2　Skeleton

DPDK 为多核设计，但这是单核实例，设计初衷是实现一个最简单的报文收发示例，对收入报文不做任何处理直接发送。整个代码非常精简，可以用于平台的单核报文出入性能测试。

主要处理函数 main 的处理逻辑如下（伪码），调用 rte_eal_init 初始化运行环境，检查网络接口数，据此分配内存池 rte_pktmbuf_pool_create，入口参数是指定 rte_socket_id()，考虑了本地内存使用的范例。调用 port_init(portid, mbuf_pool) 初始化网口的配置，最后调用 lcore_main() 进行主处理流程。

```
int main(int argc, char *argv[])
{
    struct rte_mempool *mbuf_pool;
    unsigned nb_ports;
    uint8_t portid;

    /* Initialize the Environment Abstraction Layer (EAL). */
    int ret = rte_eal_init(argc, argv);

    /* Check that there is an even number of ports t send/receive on. */
    nb_ports = rte_eth_dev_count();
    if (nb_ports < 2 || (nb_ports & 1))
        rte_exit(EXIT_FAILURE, "Error: number of ports must be even\n");

    /* Creates a new mempool in memory to hold the mbufs. */
    mbuf_pool = rte_pktmbuf_pool_create("MBUF_POOL", NUM_MBUFS * nb_ports,
        MBUF_CACHE_SIZE, 0, RTE_MBUF_DEFAULT_BUF_SIZE, rte_socket_id());

    /* Initialize all ports. */
    for (portid = 0; portid < nb_ports; portid++)
        if (port_init(portid, mbuf_pool) != 0)
            rte_exit(EXIT_FAILURE, "Cannot init port %"PRIu8 "\n",
                portid);

    /* Call lcore_main on the master core only. */
    lcore_main();
    return 0;
}
```

网口初始化流程:

```
port_init(uint8_t port, struct rte_mempool *mbuf_pool)
```

首先对指定端口设置队列数,基于简单原则,本例只指定单队列。在收发两个方向上,基于端口与队列进行配置设置,缓冲区进行关联设置。如不指定配置信息,则使用默认配置。

网口设置:对指定端口设置接收、发送方向的队列数目,依据配置信息来指定端口功能

```
int rte_eth_dev_con©gure(uint8_t port_id, uint16_t nb_rx_q,
            uint16_t nb_tx_q, const struct rte_eth_conf *dev_conf)
```

队列初始化:对指定端口的某个队列,指定内存、描述符数量、报文缓冲区,并且对队列进行配置

```
int rte_eth_rx_queue_setup(uint8_t port_id, uint16_t rx_queue_id,
            uint16_t nb_rx_desc, unsigned int socket_id,
            const struct rte_eth_rxconf *rx_conf,
            struct rte_mempool *mp)
int rte_eth_tx_queue_setup(uint8_t port_id, uint16_t tx_queue_id,
```

```
                uint16_t nb_tx_desc, unsigned int socket_id,
                const struct rte_eth_txconf *tx_conf)
```

网口设置：初始化配置结束后，启动端口 int rte_eth_dev_start(uint8_t port_id)；
完成后，读取 MAC 地址，打开网卡的混杂模式设置，允许所有报文进入。

```
static inline int
port_init(uint8_t port, struct rte_mempool *mbuf_pool)
{
    struct rte_eth_conf port_conf = port_conf_default;
    const uint16_t rx_rings = 1, tx_rings = 1;

    /* Con©gure the Ethernet device. */
    retval = rte_eth_dev_con©gure(port, rx_rings, tx_rings, &port_conf);

    /* Allocate and set up 1 RX queue per Ethernet port. */
    for (q = 0; q < rx_rings; q++) {
        retval = rte_eth_rx_queue_setup(port, q, RX_RING_SIZE,
                rte_eth_dev_socket_id(port), NULL, mbuf_pool);
    }

    /* Allocate and set up 1 TX queue per Ethernet port. */
    for (q = 0; q < tx_rings; q++) {
        retval = rte_eth_tx_queue_setup(port, q, TX_RING_SIZE,
                rte_eth_dev_socket_id(port), NULL);
    }

    /* Start the Ethernet port. */
    retval = rte_eth_dev_start(port);

    /* Display the port MAC address. */
    struct ether_addr addr;
    rte_eth_macaddr_get(port, &addr);

    /* Enable RX in promiscuous mode for the Ethernet device. */
    rte_eth_promiscuous_enable(port);
    return 0;
}
```

网口收发报文循环收发在 lcore_main 中有个简单实现，因为是示例，为保证性能，首先
检测 CPU 与网卡的 Socket 是否最优适配，建议使用本地 CPU 就近操作网卡，后续章节有详
细说明。数据收发循环非常简单，为高速报文进出定义了 burst 的收发函数如下，4 个参数意
义非常直观：端口，队列，报文缓冲区以及收发包数。

基于端口队列的报文收发函数：

```
static inline uint16_t rte_eth_rx_burst(uint8_t port_id, uint16_t queue_id,
struct rte_mbuf **rx_pkts, const uint16_t nb_pkts)
static inline uint16_t rte_eth_tx_burst(uint8_t port_id, uint16_t queue_id,
struct rte_mbuf **tx_pkts, uint16_t nb_pkts)
```

这就构成了最基本的 DPDK 报文收发展示。可以看到，此处不涉及任何具体网卡形态，软件接口对硬件没有依赖。

```
static __attribute__((noreturn)) void lcore_main(void)
{
    const uint8_t nb_ports = rte_eth_dev_count();
    uint8_t port;
    for (port = 0; port < nb_ports; port++)
        if (rte_eth_dev_socket_id(port) > 0 &&
                rte_eth_dev_socket_id(port) !=
                        (int)rte_socket_id())
            printf("WARNING, port %u is on remote NUMA node to "
                    "polling thread.\n\tPerformance will "
                    "not be optimal.\n", port);

    /* Run until the application is quit or killed. */
    for (;;) {
        /*
         * Receive packets on a port and forward them on the paired
         * port. The mapping is 0 -> 1, 1 -> 0, 2 -> 3, 3 -> 2, etc.
         */
        for (port = 0; port < nb_ports; port++) {

            /* Get burst of RX packes, from ©rst port of pair. */
            struct rte_mbuf *bufs[BURST_SIZE];
            const uint16_t nb_rx = rte_eth_rx_burst(port, 0,
                    bufs, BURST_SIZE);

            if (unlikely(nb_rx == 0))
                continue;

            /* Send burst of TX packets, to second port of pair. */
            const uint16_t nb_tx = rte_eth_tx_burst(port ^ 1, 0,
                    bufs, nb_rx);

            /* Free any unsent packets. */
            if (unlikely(nb_tx < nb_rx)) {
                uint16_t buf;
                for (buf = nb_tx; buf < nb_rx; buf++)
                    rte_pktmbuf_free(bufs[buf]);
            }
        }
    }
}
```

1.7.3　L3fwd

这是 DPDK 中最流行的例子，也是发布 DPDK 性能测试的例子。如果将 PCIE 插槽上填满高速网卡，将网口与大流量测试仪表连接，它能展示在双路服务器平台具备 200Gbit/s 的转发能力。数据包被收入系统后，会查询 IP 报文头部，依据目标地址进行路由查找，发现目的端口，修改 IP 头部后，将报文从目的端口送出。路由查找有两种方式，一种方式是基于目标 IP 地址的完全匹配（exact match），另一种方式是基于路由表的最长掩码匹配（Longest Prefix Match，LPM）。三层转发的实例代码文件有 2700 多行（含空行与注释行），整体逻辑其实很简单，是前续 HelloWorld 与 Skeleton 的结合体。

启动这个例子，指定命令参数格式如下：

```
./build/l3fwd [EAL options] -- -p PORTMASK [-P]
--con©g(port,queue,lcore)[,(port,queue,lcore)]
```

命令参数分为两个部分，以 "--" 为分界线，分界线右边的参数是三层转发的私有命令选项。左边则是 DPDK 的 EAL Options。

❑ [EAL Options] 是 DPDK 运行环境的输入配置选项，输入命令会交给 rte_eal_init 处理；

❑ PORTMASK 依据掩码选择端口，DPDK 启动时会搜索系统认识的 PCIe 设备，依据黑白名单原则来决定是否接管，早期版本可能会接管所有端口，断开网络连接。现在可以通过脚本绑定端口，具体可以参见 http://www.dpdk.org/browse/dpdk/tree/tools/dpdk_nic_bind.py

❑ config 选项指定 (port,queue,lcore)，用指定线程处理对应的端口的队列。要实现 200Gbit/s 的转发，需要大量线程（核）参与，并行转发。

端口	队列	线程	描述
0	0	0	线程 0 处理端口 0 的队列 0
0	1	2	线程 2 处理端口 0 的队列 1
1	0	1	线程 1 处理端口 1 的队列 0
1	1	3	线程 3 处理端口 1 的队列 1

先来看主线程流程 main 的处理流程，因为和 HelloWorld 与 Skeleton 类似，不详细叙述。

```
初始化运行环境：rte_eal_init(argc, argv);
分析入参：parse_args(argc, argv)
初始化 lcore 与 port 配置
端口与队列初始化，类似 Skeleton 处理
端口启动，使能混杂模式
启动从线程，令其运行 main_loop()
```

从线程执行 main_loop() 的主要步骤如下：

```
读取自己的 lcore 信息完成配置；
读取关联的接收与发送队列信息；
进入循环处理：
{
    向指定队列批量发送报文；
    从指定队列批量接收报文；
```

```
    批量转发接收到报文；
}
```

向指定队列批量发送报文，从指定队列批量接收报文，此前已经介绍了 DPDK 的收发函数。批量转发接收到的报文是处理的主体，提供了基于 Hash 的完全匹配转发，也可以基于最长匹配原则（LPM）进行转发。转发路由查找方式可以由编译配置选择。除了路由转发算法的差异，下面的例子还包括基于 multi buffer 原理的代码实现。在 #if (ENABLE_MULTI_BUFFER_OPTIMIZE == 1) 的路径下，一次处理 8 个报文。和普通的软件编程不同，初次见到的程序员会觉得奇怪。它的实现有效利用了处理器内部的乱序执行和并行处理能力，能显著提高转发性能。

```
for (j = 0; j < n; j += 8) {
    uint32_t pkt_type =
        pkts_burst[j]->packet_type &
        pkts_burst[j+1]->packet_type &
        pkts_burst[j+2]->packet_type &
        pkts_burst[j+3]->packet_type &
        pkts_burst[j+4]->packet_type &
        pkts_burst[j+5]->packet_type &
        pkts_burst[j+6]->packet_type &
        pkts_burst[j+7]->packet_type;
    if (pkt_type & RTE_PTYPE_L3_IPV4) {
        simple_ipv4_fwd_8pkts(&pkts_burst[j], portid, qconf);
    } else if (pkt_type & RTE_PTYPE_L3_IPV6) {
        simple_ipv6_fwd_8pkts(&pkts_burst[j], portid, qconf);
    } else {
        l3fwd_simple_forward(pkts_burst[j],portid, qconf);
        l3fwd_simple_forward(pkts_burst[j+1],portid, qconf);
        l3fwd_simple_forward(pkts_burst[j+2],portid, qconf);
        l3fwd_simple_forward(pkts_burst[j+3],portid, qconf);
        l3fwd_simple_forward(pkts_burst[j+4],portid, qconf);
        l3fwd_simple_forward(pkts_burst[j+5],portid, qconf);
        l3fwd_simple_forward(pkts_burst[j+6],portid, qconf);
        l3fwd_simple_forward(pkts_burst[j+7],portid, qconf);
    }
}
for (; j < nb_rx ; j++) {
    l3fwd_simple_forward(pkts_burst[j],portid, qconf);
}
```

依据 IP 头部的五元组信息，利用 rte_hash_lookup 来查询目标端口。

```
mask0 = _mm_set_epi32(ALL_32_BITS, ALL_32_BITS, ALL_32_BITS, BIT_8_TO_15);
ipv4_hdr = (uint8_t *)ipv4_hdr + offsetof(struct ipv4_hdr, time_to_live);
__m128i data = _mm_loadu_si128((__m128i*)(ipv4_hdr));
/* Get 5 tuple: dst port, src port, dst IP address, src IP address and protocol */
key.xmm = _mm_and_si128(data, mask0);
/* Find destination port */
```

```
ret = rte_hash_lookup(ipv4_l3fwd_lookup_struct, (const void *)&key);
return (uint8_t)((ret < 0)? portid : ipv4_l3fwd_out_if[ret]);
```

这段代码在读取报文头部信息时，将整个头部导入了基于 SSE 的矢量寄存器（128 位宽），并对内部进行了掩码 mask0 运算，得到 key，然后把 key 作为入口参数送入 rte_hash_lookup 运算。同样的操作运算还展示在对 IPv6 的处理上，可以在代码中参考。

我们并不计划在本节将读者带入代码陷阱中，实际上本书总体上也没有偏重代码讲解，而是在原理上进行解析。如果读者希望了解详细完整的编程指南，可以参考 DPDK 的网站。

1.8　小结

什么是 DPDK？相信读完本章，读者应该对它有了一个整体的认识。DPDK 立足通用多核处理器，经过软件优化的不断摸索，实践出一套行之有效的方法，在 IA 数据包处理上取得重大性能突破。随着软硬件解耦的趋势，DPDK 已经成为 NFV 事实上的数据面基石。着眼未来，无论是网络节点，还是计算节点，或是存储节点，这些云服务的基础设施都有机会因 DPDK 而得到加速。在 IT 和 CT 不断融合的过程中，在运营商网络和数据中心网络持续 SDN 化的过程中，在云基础设施对数据网络性能孜孜不倦的追求中，DPDK 将扮演越来越重要的作用。

Cache 和内存

2.1 存储系统简介

一般而言，存储系统不仅仅指用于存储数据的磁盘、磁带和光盘存储器等，还包括内存和 CPU 内部的 Cache。当处理完毕之后，系统还要提供数据存储的服务。存储系统的性能和系统的处理能力息息相关，如果 CPU 性能很好，处理速度很快，但是配备的存储系统吞吐率不够或者性能不够好，那 CPU 也只能处于忙等待，从而导致处理数据的能力下降。接下来本章会讨论 Cache 和内存，对于磁盘和磁带等永久性存储系统，在此不作讨论。

2.1.1 系统架构的演进

在当今时代，一个处理器通常包含多个核心（Core），集成 Cache 子系统，内存子系统通过内部或外部总线与其通信。

在经典计算机系统中一般都有两个标准化的部分：北桥（North Bridge）和南桥（South Bridge）。它们是处理器和内存以及其他外设沟通的渠道。处理器和内存系统通过前端总线（Front Side Bus，FSB）相连，当处理器需要读取或者写回数据时，就通过前端总线和内存控制器通信。图 2-1 给出了处理器、内存、南北桥以及其他总线之间的关系。

我们可以看到，该架构所有的处理器共用一

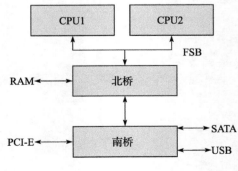

图 2-1　计算机系统中的南北桥示意图

条前端总线与北桥相连。北桥也称为主桥（Host Bridge），主要用来处理高速信号，通常负责与处理器的联系，并控制内存 AGP、PCI 数据在北桥内部传输。而北桥中往往集成了一个内存控制器（最近几年英特尔的处理器已经把内存控制器集成到了处理器内部），根据不同的内存，比如 SRAM、DRAM、SDRAM，集成的内存控制器也不一样。南桥也称为 IO 桥（IO bridge），负责 I/O 总线之间的通信，比如 PCI 总线、SATA、USB 等，可以连接光驱、硬盘、键盘灯设备交换数据。在这种系统中，所有的数据交换都需要通过北桥：

1）处理器访问内存需要通过北桥。

2）处理器访问所有的外设都需要通过北桥。

3）处理器之间的数据交换也需要通过北桥。

4）挂在南桥的所有设备访问内存也需要通过北桥。

可以看出，这种系统的瓶颈就在北桥中。当北桥出现拥塞时，所有的设备和处理器都要瘫痪。这种系统设计的另外一个瓶颈体现在对内存的访问上。不管是处理器或者显卡，还是南桥的硬盘、网卡或者光驱，都需要频繁访问内存，当这些设备都争相访问内存时，增大了对北桥带宽的竞争，而且北桥到内存之间也只有一条总线。

为了改善对内存的访问瓶颈，出现了另外一种系统设计，内存控制器并没有被集成在北桥中，而是被单独隔离出来以协调北桥与某个相应的内存之间的交互，如图 2-2 所示。这样的话，北桥可以和多个内存相连。

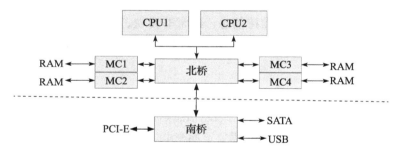

图 2-2　更为复杂的南北桥示意图

图 2-2 所示的这种架构增加了内存的访问带宽，缓解了不同设备对同一内存访问的拥塞问题，但是却没有改进单一北桥芯片的瓶颈的问题。

为了解决这个瓶颈，产生了如图 2-3 所示的 NUMA（Non-Uniform Memory Architecture，非一致性内存架构）系统。

在这种架构下，在一个配有四核的机器中，不需要一个复杂的北桥就能将内存带宽增加到以前的四倍。当然，这样的架构也存在缺点。该系统中，访问内存所花的时间和处理器相关。之所

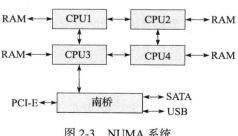

图 2-3　NUMA 系统

以和处理器相关是因为该系统每个处理器都有本地内存（Local memory），访问本地内存的时间很短，而访问远程内存（remote memory），即其他处理器的本地内存，需要通过额外的总线！对于某个处理器来说，当其要访问其他的内存时，轻者要经过另外一个处理器，重者要经过 2 个处理器，才能达到访问非本地内存的目的，因此内存与处理器的"距离"不同，访问的时间也有所差异，对于 NUMA，后续章节会给出更详细的介绍。

2.1.2 内存子系统

为了了解内存子系统，首先需要解释一下和内存相关的常用用语。

1）RAM（Random Access Memory）：随机访问存储器

2）SRAM（Static RAM）：静态随机访问存储器

3）DRAM（Dynamic RAM）：动态随机访问存储器。

4）SDRAM（Synchronous DRAM）：同步动态随机访问存储器。

5）DDR（Double Data Rate SDRAM）：双数据速率 SDRAM。

6）DDR2：第二代 DDR。

7）DDR3：第三代 DDR。

8）DDR4：第四代 DDR。

1. SRAM

SRAM 内部有一块芯片结构维持信息，通常非常快，但是成本相对 DRAM 很高，应用时容量不会很大，因而不能作用系统的主要内存。一般处理器内部的 Cache 就是采用 SRAM。

2. DRAM

DRAM 通常是系统的主要内存，动态表示信息是存储在集成电路的电容器内的，由于电容器会自动放电，为了避免数据丢失，需要定期充电。通常，内存控制器会负责定期充电的操作。不过随着更好技术的提出，该技术已经被淘汰。

3. SDRAM

一般 DRAM 都是采用异步时钟进行同步，而 SDRAM 则是采用同步时钟进行同步。通常，采用 SDRAM 结构的系统会使处理器和内存通过一个相同的时钟锁在一起，从而使处理器和内存能够共享一个时钟周期，以相同的速度同步工作。该时钟会驱动一个内部的有限状态机，能够采用流水线的方式处理多个读写请求。

SDRAM 采用分布式架构，内含多个存储块（Bank），在一个时钟周期内，它能够独立地访问每个存储块，从而可以多次进行读写操作，增加了内存系统的吞吐率。

SDRAM 技术广泛用在计算机行业中，随着该技术的提出，又出现了 DDR（也称为 DDR1），DDR2，DDR3。最新的 DDR4 技术标准也在 2014 年下半年发布。

2.2　Cache 系统简介

随着计算机行业的飞速发展，CPU 的速度和内存的大小都发生了翻天覆地的变化。英特尔公司在 1982 年推出 80286 芯片的时候，处理器内部含有 13.4 万个晶体管，时钟频率只有 6MHz，内部和外部数据总线只有 16 位，地址总线 24 位，可寻址内存大小 16MB。

而英特尔公司在 2014 年推出的 Haswell 处理器的时候，处理器内部仅处理器本身就包含了 17 亿个晶体管，还不包括 Cache 和 GPU 这种复杂部件。时钟频率达到 3.8GHz，数据总线和地址总线也都扩展到了 64 位，可以寻址的内存大小也已经开始以 TB（1T=1024GB）计算。

在处理器速度不断增加的形势下，处理器处理数据的能力也得到大大提升。但是，数据是存储在内存中的，虽然随着 DDR2、DDR3、DDR4 的新技术不断推出，内存的吞吐率得到了大大提升，但是相对于处理器来讲，仍然非常慢。一般来讲，处理器要从内存中直接读取数据都要花大概几百个时钟周期，在这几百个时钟周期内，处理器除了等待什么也不能做。在这种环境下，才提出了 Cache 的概念，其目的就是为了匹配处理器和内存之间存在的巨大的速度鸿沟。

2.2.1　Cache 的种类

一般来讲，Cache 由三级组成，之所以对 Cache 进行分级，也是从成本和生产工艺的角度考虑的。一级（L1）最快，但是容量最小；三级（LLC，Last Level Cache）最慢，但是容量最大，在早期计算机系统中，这一级 Cache 也可以省略。不过在当今时代，大多数处理器都会包含这一级 Cache。

Cache 是一种 SRAM，在早期计算机系统中，一般一级和二级 Cache 集成在处理器内部，三级 Cache 集成在主板上，这样做的主要原因是生产工艺的问题，处理器内部能够集成的晶体管数目有限，而三级 Cache 又比较大，从而占用的晶体管数量较多。以英特尔最新的 Haswell i7-5960X 为例，一级 Cache 有 32K，二级有 512K，但是三级却有 20M，在早期计算机系统中集成如此大的 SRAM 实在是很难做到。不过随着 90nm、45nm、32nm 以及 22nm 工艺的推出，处理器内部能够容纳更多的晶体管，所以三级 Cache 也慢慢集成到处理器内部了。

图 2-4 是一个简单的 Cache 系统逻辑示意图。

一级 Cache，一般分为数据 Cache 和指令 Cache，数据 Cache 用来存储数据，而指令 Cache 用于存放指令。这种 Cache 速度最快，一般处理器只需要 3 ~ 5 个指令周期就能访问到数据，因此成本高，容量小，一般都只有几十 KB。在多核处理器内部，每个处理器核心都拥有仅属于自己的一级 Cache。

二级 Cache，和一级 Cache 分为数据 Cache 和指令 Cache 不同，数据和指令都无差别地存放在一起。速度相比一级 Cache 慢一些，处理器大约需要十几个处理器周期才能访问到数据，容量也相对来说大一些，一般有几百 KB 到几 MB 不等。在多核处理器内部，每个处理器核心都拥有仅属于自己的二级 Cache。

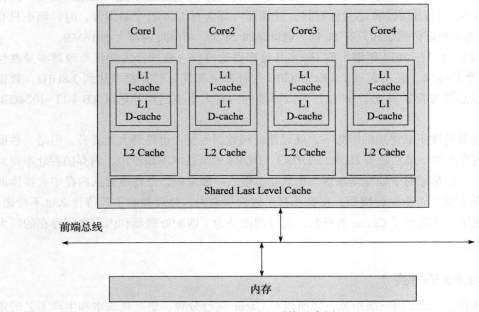

图 2-4 Cache 系统示意图

三级 Cache，速度更慢，处理器需要几十个处理器周期才能访问到数据，容量更大，一般都有几 MB 到几十个 MB。在多核处理器内部，三级 Cache 由所有的核心所共有。这样的共享方式，其实也带来一个问题，有的处理器可能会极大地占用三级 Cache，导致其他处理器只能占用极小的容量，从而导致 Cache 不命中，性能下降。因此，英特尔公司推出了 Intel® CAT 技术，确保有一个公平，或者说软件可配置的算法来控制每个核心可以用到的 Cache 大小。在此，本书就不再赘述。

对于各级 Cache 的访问时间，在英特尔的处理器上一直都保持着非常稳定，一级 Cache 访问是 4 个指令周期，二级 Cache 是 12 个指令周期，三级 Cache 则是 26 ~ 31 个指令周期。这里所谓的稳定，是指在不同频率、不同型号的英特尔处理器上，处理器访问这三级 Cache 所花费的指令周期数是相同的。请参照 [Ref2-2]。

除了上述的 Cache 种类之外，还包含一些其他类型，接下来的章节会接着介绍。

2.2.2 TLB Cache

在早期计算机系统中，程序员都是直接访问物理地址进行编程，当程序出现错误时，整个系统都瘫痪掉；或者在多进程系统中，当一个进程出现问题，对属于另外一个进程的数据或者指令区域进行写操作，会导致另外一个进程崩溃。因此，随着计算机技术的进步，虚拟地址和分段分页技术被提出来用来保护脆弱的软件系统。软件使用虚拟地址访问内存，而处理器负责虚拟地址到物理地址的映射工作。为了完成映射工作，处理器采用多级页表来进行多次查找最终找到真正的物理地址。当处理器发现页表中找不到真正对应的物理地址时，就会发出一个异常，挂起寻址错误的进程，但是其他进程仍然可以正常工作。

　　页表也存储在内存中，处理器虽然可以利用三级 Cache 系统来缓存页表内容，但是基于两点原因不能这样做。我们先解释第一个原因。处理器每当进行寻址操作都要进行一次映射工作，这使得处理器访问页表的频率非常得高，有可能一秒钟需要访问几万次。因此，即使 Cache 的命中率能够达到 99% 以上，也就是说不命中率有 1%，那么不命中的概率每秒也有几百次，这会导致处理器在单位时间内访问内存（因为 Cache 没有命中，只能访问内存）的次数增多，降低了系统的性能。

　　因此，TLB（Translation Look-aside Buffer）Cache 应运而生，专门用于缓存内存中的页表项。TLB 一般都采用相连存储器或者按内容访问存储器（CAM，Content Addressable Memory）。相连存储器使用虚拟地址进行搜索，直接返回对应的物理地址，相对于内存中的多级页表需要多次访问才能得到最终的物理地址，TLB 查找无疑大大减少了处理器的开销，这也是上文提到的第二个原因。如果需要的地址在 TLB Cache 中，相连存储器迅速返回结果，然后处理器用该物理地址访问内存，这样的查找操作也称为 TLB 命中；如果需要的地址不在 TLB Cache 中，也就是不命中，处理器就需要到内存中访问多级页表，才能最终得到物理地址。

2.3　Cache 地址映射和变换

　　Cache 的容量一般都很小，即使是最大的三级 Cache（L3）也只有 20MB ～ 30MB。而当今内存的容量都是以 GB 作为单位，在一些服务器平台上，则都是以 TB（1TB=1024GB）作为单位。在这种情况下，如何把内存中的内容存放到 Cache 中去呢？这就需要一个映射算法和一个分块机制。

　　分块机制就是说，Cache 和内存以块为单位进行数据交换，块的大小通常以在内存的一个存储周期中能够访问到的数据长度为限。当今主流块的大小都是 64 字节，因此一个 Cache line 就是指 64 个字节大小的数据块。

　　而映射算法是指把内存地址空间映射到 Cache 地址空间。具体来说，就是把存放在内存中的内容按照某种规则装入到 Cache 中，并建立内存地址与 Cache 地址之间的对应关系。当内容已经装入到 Cache 之后，在实际运行过程中，当处理器需要访问这个数据块内容时，则需要把内存地址转换成 Cache 地址，从而在 Cache 中找到该数据块，最终返回给处理器。

　　根据 Cache 和内存之间的映射关系的不同，Cache 可以分为三类：第一类是全关联型 Cache（full associative cache），第二类是直接关联型 Cache（direct mapped cache），第三类是组关联型 Cache（N-ways associative cache）。

2.3.1 全关联型 Cache

全关联型 Cache 是指主存中的任何一块内存都可以映射到 Cache 中的任意一块位置上。在 Cache 中，需要建立一个目录表，目录表的每个表项都有三部分组成：内存地址、Cache 块号和一个有效位。当处理器需要访问某个内存地址时，首先通过该目录表查询是否该内容缓存在 Cache 中，具体过程如图 2-5 所示。

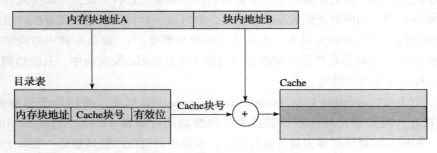

图 2-5　全关联 Cache 查找过程

首先，用内存的块地址 A 在 Cache 的目录表中进行查询，如果找到等值的内存块地址，检查有效位是否有效，只有有效的情况下，才能通过 Cache 块号在 Cache 中找到缓存的内存，并且加上块内地址 B，找到相应数据，这时则称为 Cache 命中，处理器拿到数据返回；否则称为不命中，处理器则需要在内存中读取相应的数据。

可以看出，使用全关联型 Cache，块的冲突最小（没有冲突），Cache 的利用率也高，但是需要一个访问速度很快的相联存储器。随着 Cache 容量的增加，其电路设计变得十分复杂，因此只有容量很小的 Cache 才会设计成全关联型的（如一些英特尔处理器中的 TLB Cache）。

2.3.2 直接关联型 Cache

直接关联型 Cache 是指主存中的一块内存只能映射到 Cache 的一个特定的块中。假设一个 Cache 中总共存在 N 个 Cache line，那么内存被分成 N 等分，其中每一等分对应一个 Cache line。举个简单的例子，假设 Cache 的大小是 2K，而一个 Cache line 的大小是 64B，那么就一共有 2K/64B=32 个 Cache line，那么对应我们的内存，第 1 块（地址 0 ~ 63），第 33 块（地址 64*32 ~ 64*33−1），以及第（N*32+1）块（地址 64*（N−1）~ 64*N−1）都被映射到 Cache 第一块中；同理，第 2 块，第 34 块，以及第（N*32+2）块都被映射到 Cache 第二块中；可以依次类推其他内存块。

直接关联型 Cache 的目录表只有两部分组成：区号和有效位。其查找过程如图 2-6 所示。首先，内存地址被分成三部分：区号 A、块号 B 和块内地址 C。根据区号 A 在目录表中找到完全相等的区号，并且在有效位有效的情况下，说明该数据在 Cache 中，然后通过内存地址的块号 B 获得在 Cache 中的块地址，加上块内地址 C，最终找到数据。如果在目录表中找不到相等的区号，或者有效位无效的情况下，则说明该内容不在 Cache 中，需要到内存中读取。

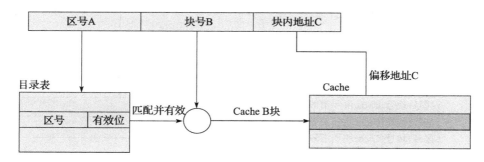

图 2-6　直接相联 Cache 查找过程

可以看出，直接关联是一种很"死"的映射方法，当映射到同一个 Cache 块的多个内存块同时需要缓存在 Cache 中时，只有一个内存块能够缓存，其他块需要被"淘汰"掉。因此，直接关联型命中率是最低的，但是其实现方式最为简单，匹配速度也最快。

2.3.3　组关联型 Cache

组关联型 Cache 是目前 Cache 中用的比较广泛的一种方式，是前两种 Cache 的折中形式。在这种方式下，内存被分为很多组，一个组的大小为多个 Cache line 的大小，一个组映射到对应的多个连续的 Cache line，也就是一个 Cache 组，并且该组内的任意一块可以映射到对应 Cache 组的任意一个。可以看出，在组外，其采用直接关联型 Cache 的映射方式，而在组内，则采用全关联型 Cache 的映射方式。

假设有一个 4 路组关联型 Cache，其大小为 1M，一个 Cache line 的大小为 64B，那么总共有 16K 个 Cache line，但是在 4 路组关联的情况下，我们并不是简简单单拥有 16K 个 Cache line，而是拥有了 4K 个组，每个组有 4 个 Cache line。一个内存单元可以缓存到它所对应的组中的任意一个 Cache line 中去。

图 2-7 以 4 路组关联型 Cache 为例介绍其在 Cache 中的查找过程。目录表由三部分组成，分别是"区号 + 块号"、Cache 块号和有效位。当收到一个内存地址时，该地址被分成四部分：区号 A、组号 B、块号 C 和块内地址 D。首先，根据组号 B 按地址查找到一组目录表项，在 4 路组关联中，则有四个表项，每个表项都有可能存放该内存块；然后，根据区号 A 和块号 C 在该组表项中进行关联查找（即并行查找，为了提高效率），如果匹配且有效位有效，则表明该数据块缓存在 Cache 中，得到 Cache 块号，加上块内地址 D，可以得到该内存地址在 Cache 中映射的地址，得到数据；如果没有找到匹配项或者有效位无效，则表示该内存块不在 Cache 中，需要处理器到内存中读取。

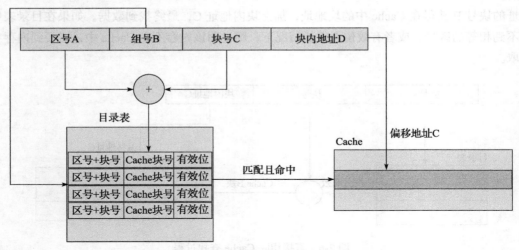

图 2-7   4 路组关联型 Cache 查找过程

实际上，直接关联型 Cache 和全关联型 Cache 只是组关联型 Cache 的特殊情况，当组内 Cache Line 数目为 1 时，即为直接关联型 Cache。而当组内 Cache Line 数目和 Cache 大小相等时，即整个 Cache 只有一个组，这成为全关联型 Cache。

2.4   Cache 的写策略

内存的数据被加载到 Cache 后，在某个时刻其要被写回内存，对于这个时刻的选取，有如下几个不同的策略。

直写（write-through）：所谓直写，就是指在处理器对 Cache 写入的同时，将数据写入到内存中。这种策略保证了在任何时刻，内存的数据和 Cache 中的数据都是同步的，这种方式简单、可靠。但由于处理器每次对 Cache 更新时都要对内存进行写操作，因此总线工作繁忙，内存的带宽被大大占用，因此运行速度会受到影响。假设一段程序在频繁地修改一个局部变量，尽管这个局部变量的生命周期很短，而且其他进程 / 线程也用不到它，CPU 依然会频繁地在 Cache 和内存之间交换数据，造成不必要的带宽损失。

回写（write-back）：回写相对于直写而言是一种高效的方法。直写不仅浪费时间，而且有时是不必要的，比如上文提到的局部变量的例子。回写系统通过将 Cache line 的标志位字段添加一个 Dirty 标志位，当处理器在改写了某个 Cache line 后，并不是马上把其写回内存，而是将该 Cache line 的 Dirty 标志设置为 1。当处理器再次修改该 Cache line 并且写回到 Cache 中，查表发现该 Dirty 位已经为 1，则先将 Cache line 内容写回到内存中相应的位置，再将新数据写到 Cache 中。其实，回写策略在多核系统中会引起 Cache 一致性的问题。设想有两个处理器核心都需要对某个内存块进行读写，其中一个核心已经修改了该数据块，并且写回到 Cache 中，设置了 Dirty 位；这时另外一个核心也完成了该内存块的修改，并且准备写入到 Cache 中，这时才发现该 Cache line 是 "脏" 的，在这种情况下，Cache 如何处理呢？之后的章节我们会继续这个话题。

除了上述这两种写策略，还有 WC（write-combining）和 UC（uncacheable）。这两种策略都是针对特殊的地址空间来使用的。

write-combining 策略是针对具体设备内存（如显卡的 RAM）的一种优化处理策略。对于这些设备来说，数据从 Cache 到内存转移的开销比直接访问相应的内存的开销还要高得多，所以应该尽量避免过多的数据转移。试想，如果一个 Cache line 里的字被改写了，处理器将其写回内存，紧接着又一个字被改写了，处理器又将该 Cache line 写回内存，这样就显得低效，符合这种情况的一个例子就是显示屏上水平相连的像素点数据。write-combining 策略的引入就是为了解决这种问题，顾名思义，这种策略就是当一个 Cache line 里的数据一个字一个字地都被改写完了之后，才将该 Cache line 写回到内存中。

uncacheable 内存是一部分特殊的内存，比如 PCI 设备的 I/O 空间通过 MMIO 方式被映射成内存来访问。这种内存是不能缓存在 Cache 中的，因为设备驱动在修改这种内存时，总是期望这种改变能够尽快通过总线写回到设备内部，从而驱动设备做出相应的动作。如果放在 Cache 中，硬件就无法收到指令。

2.5　Cache 预取

以上章节讲到了多种和 Cache 相关的技术，但是事实上，Cache 对于绝大多数程序员来说都是透明不可见的。程序员在编写程序时不需要关心是否有 Cache 的存在，有几级 Cache，每级 Cache 的大小是多少；不需要关心 Cache 采取何种策略将指令和数据从内存中加载到 Cache 中；也不需要关心 Cache 何时将处理完毕的数据写回到内存中。这一切，都是硬件自动完成的。但是，硬件也不是完全智能的，能够完美无缺地处理各种各样的情况，保证程序能够以最优的效率执行。因此，一些体系架构引入了能够对 Cache 进行预取的指令，从而使一些对程序执行效率有很高要求的程序员能够一定程度上控制 Cache，加快程序的执行。

接下来，将简单介绍一下硬件预取的原理，通过英特尔 NetBurst 架构具体介绍其预取的原则，最后介绍软件可以使用的 Cache 预取指令。

2.5.1　Cache 的预取原理

Cache 之所以能够提高系统性能，主要是程序执行存在局部性现象，即时间局部性和空间局部性。

1）时间局部性：是指程序即将用到的指令 / 数据可能就是目前正在使用的指令 / 数据。因此，当前用到的指令 / 数据在使用完毕之后可以暂时存放在 Cache 中，可以在将来的时候再被处理器用到。一个简单的例子就是一个循环语句的指令，当循环终止的条件满足之前，处理器需要反复执行循环语句中的指令。

2）空间局部性：是指程序即将用到的指令 / 数据可能与目前正在使用的指令 / 数据在空间上相邻或者相近。因此，在处理器处理当前指令 / 数据时，可以从内存中把相邻区域的指令 / 数据读取到 Cache 中，这样，当处理器需要处理相邻内存区域的指令 / 数据时，可以直接从 Cache 中读取，节省访问内存的时间。一个简单的例子就是一个需要顺序处理的数组。

所谓的 Cache 预取，也就是预测数据并取入到 Cache 中，是根据空间局部性和时间局部性，以及当前执行状态、历史执行过程、软件提示等信息，然后以一定的合理方法，在数据 / 指令被使用前取入 Cache。这样，当数据 / 指令需要被使用时，就能快速从 Cache 中加载到处理器内部进行运算和执行。

以上介绍的只是基本的预取原理，在不同体系架构，甚至不同处理器上，具体采取的预取方法都可能是不同的。以下以英特尔 NetBurst 架构的处理器为例介绍其预取的原则。详细内容请参见［Ref2-1］。

2.5.2　NetBurst 架构处理器上的预取

在 NetBurst 架构上，每一级 Cache 都有相应的硬件预取单元，根据相应原则来预取数据 / 指令。由于篇幅原因，仅以一级数据 Cache 进行介绍。

1. 一级数据 Cache 的预取单元

NetBurst 架构的处理器上有两个硬件预取单元，用来加快程序，这样可以更快速地将所需要的数据送到一级数据 Cache 中。

1）数据 Cache 预取单元：也叫基于流的预取单元（Streaming prefetcher）。当程序以地址递增的方式访问数据时，该单元会被激活，自动预取下一个 Cache 行的数据。

2）基于指令寄存器（Instruction Pointer，IP）的预取单元：该单元会监测指令寄存器的读取（Load）指令，当该单元发现读取数据块的大小总是相对固定的情况下，会自动预取下一块数据。假设当前读取地址是 0xA000，读取数据块大小为 256 个字节，那地址是 0xA100-0xA200 的数据就会自动被预取到一级数据 Cache 中。该预取单元能够追踪的最大数据块大小是 2K 字节。

不过需要指出的是，只有以下的条件全部满足的情况下，数据预取的机制才会被激活。

1）读取的数据是回写（Writeback）的内存类型。

2）预取的请求必须在一个 4K 物理页的内部。这是因为对于程序员来说，虽然指令和数据的虚拟地址都是连续的，但是分配的物理页很有可能是不连续的。而预取是根据物理地址进行判断的，因此跨界预取的指令和数据很有可能是属于其他进程的，或者没有被分配的物理页。

3）处理器的流水线作业中没有 fence 或者 lock 这样的指令。

4）当前读取（Load）指令没有出现很多 Cache 不命中。

5）前端总线不是很繁忙。

6）没有连续的存储（Store）指令。

在该硬件预取单元激活的情况下，也不一定能够提高程序的执行效率。这取决于程序是如何执行的。

当程序需要多次访问某种大的数据结构，并且访问的顺序是有规律的，硬件单元能够捕捉到这种规律，进而能够提前预取需要处理的数据，那么就能提高程序的执行效率；当访问的顺序没有规律，或者硬件不能捕捉这种规律，这种预取不但会降低程序的性能，而且会占用更多的带宽，浪费一级 Cache 有限的空间；甚至在某些极端情况下，程序本身就占用了很多一级数据 Cache 的空间，而预取单元为了预取它认为程序需要的数据，不适当地淘汰了程序本身存放在一级 Cache 的数据，从而导致程序的性能严重下降。

2. 硬件预取所遵循的原则

在 Netburst 架构的处理器中，硬件遵循以下原则来决定是否开启自动预取。

1）只有连续两次 Cache 不命中才能激活预取机制。并且，这两次不命中的内存地址的位置偏差不能超过 256 或者 512 字节（NetBurst 架构的不同处理器定义的阈值不一样），否则也不会激活预取。这样做的目的是因为预取也会有开销，会占用内部总线的带宽，当程序执行没有规律时，盲目预取只会带来更多的开销，并且并不一定能够提高程序执行的效率。

2）一个 4K 字节的页（Page）内，只定义一条流（Stream，可以是指令，也可以是数据）。因为处理器同时能够追踪的流是有限的。

3）能够同时、独立地追踪 8 条流。每条流必须在一个 4K 字节的页内。

4）对 4K 字节的边界之外不进行预取。也就是说，预取只会在一个物理页（4K 字节）内发生。这和一级数据 Cache 预取遵循相同的原则。

5）预取的数据存放在二级或者三级 Cache 中。

6）对于 UC（Strong Uncacheable）和 WC（Write Combining）内存类型不进行预取。

2.5.3　两个执行效率迥异的程序

虽然绝大多数 Cache 预取对程序员来说都是透明的，但是了解预取的基本原理还是很有必要的，这样可以帮助我们编写高效的程序。以下就是两个相似的程序片段，但是执行效率却相差极大。这两个程序片段都定义了一个二维数组 arr[1024][1024]，对数组中每个元素都进行赋值操作。在内循环内，程序 1 是依次对 a[i][0], a[i][1], a[i][2]… a[i][1023] 进行赋值；程序 2 是依次对 a[0][i], a[1][i], a[2][i] … a[1023] [i] 进行赋值。

```
程序 1:
for(int i = 0; i < 1024; i++) {
    for(int j = 0; j < 1024; j++) {
        arr[i][j] = num++;
    }
}

程序 2:
for(int i = 0; i < 1024; i++) {
```

```
for(int j = 0; j < 1024; j++) {
    arr[j][i] = num++;
}
}
```

通过图 2-8 可以清晰地看到程序 1 和程序 2 的执行顺序。程序 1 是按照数组在内存中的保存方式顺序访问，而程序 2 则是跳跃式访问。对于程序 1，硬件预取单元能够自动预取接下来需要访问的数据到 Cache，节省访问内存的时间，从而提高程序 1 的执行效率；对于程序 2，硬件不能够识别数据访问的规律，因而不会预取，从而使程序 2 总是需要在内存中读取数据，降低了执行的效率。

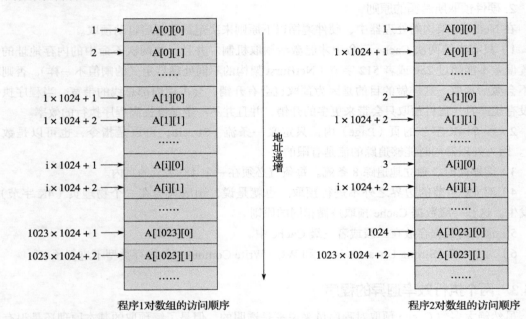

图 2-8　两组程序执行过程示意图

2.5.4　软件预取

从上面的介绍可以看出，硬件预取单元并不一定能够提高程序执行的效率，有些时候可能会极大地降低执行的效率。因此，一些体系架构的处理器增加了一些指令，使得软件开发者和编译器能够部分控制 Cache。能够影响 Cache 的指令很多，本书仅介绍预取相关的指令。

❑ 软件预取指令

预取指令使软件开发者在性能相关区域，把即将用到的数据从内存中加载到 Cache，这样当前数据处理完毕后，即将用到的数据已经在 Cache 中，大大减小了从内存直接读取的开销，也减少了处理器等待的时间，从而提高了性能。增加预取指令并不是让软件开发者需要时时考虑到 Cache 的存在，让软件自己来管理 Cache，而是在某些热点区域，或者性能相关区域能够通过显示地加载数据到 Cache，提高程序执行的效率。不过，不正确地使用预取指令，造成 Cache 中负载过重或者无用数据的比例增加，反而还会造成程序性能下降，也有可能造成其他程序执行效率降低（比如某程序大量加载数据到三级 Cache，影响到其他程序）。因此，软件开发者需要仔细衡量利弊，充分进行测试，才能够正确地优化程序。需要指出的是，预取指令只对数据有效，对指令预取是无效的。表 2-1 给出了预取的指令列表。

表 2-1　预取指令列表

指　　令	解　　释
PREFETCH0	将数据存放在每一级 Cache。假设有三级 Cache，则 L1、L2、L3 Cache 都包含该数据的一个备份
PREFETCH1	将数据存放在除了 L1Cache 之外的每一级 Cache。假设有三级 Cache，则 L2、L3 Cache 都包含该数据的一个备份
PREFETCH2	将数据存放在除了 L1 和 L2 Cache 之外的每一级 Cache。假设有三级 Cache，则 L3 Cache 包含该数据的一个备份
PREFETCHNTA	和 PREFETCH0 功能类似，区别是数据是作为非临时（non-temporal）数据存放，在使用完一次之后，Cache 认为该数据是可以被淘汰出去的

预取指令是汇编指令，对于很多软件开发者来说，直接插入汇编指令不是很方便，一些程序库也提供了相应的软件版本。比如 "mmintrin.h" 提供了如下的函数原型：

```
void _mm_prefetch(char *p, int i);
```

p 是需要预取的内存地址，i 对应相应的预取指令，如表 2-2 所示。

表 2-2　软件库中的预取函数

i	对应预取指令
_MM_HINT_T0	PREFETCH0
_MM_HINT_T1	PREFETCH1
_MM_HINT_T2	PREFETCH2
_MM_HINT_NTA	PREFETCHNTA

接下来，我们将以 DPDK 中 PMD（Polling Mode Driver）驱动中的一个程序片段看看 DPDK 是如何利用预取指令的。

❑ DPDK 中的预取

在讨论之前，我们需要了解另外一个和性能相关的话题。DPDK 一个处理器核每秒钟大概能够处理 33M 个报文，大概每 30 纳秒需要处理一个报文，假设处理器的主频是 2.7GHz，那么大概每 80 个处理器时钟周期就需要处理一个报文。那么，处理报文需要做一些什么事情呢？以下是一个基本过程。

1）写接收描述符到内存，填充数据缓冲区指针，网卡收到报文后就会根据这个地址把报文内容填充进去。

2）从内存中读取接收描述符（当收到报文时，网卡会更新该结构）（内存读），从而确认是否收到报文。

3）从接收描述符确认收到报文时，从内存中读取控制结构体的指针（内存读），再从内存中读取控制结构体（内存读），把从接收描述符读取的信息填充到该控制结构体。

4）更新接收队列寄存器，表示软件接收到了新的报文。

5）内存中读取报文头部（内存读），决定转发端口。

6）从控制结构体把报文信息填入到发送队列发送描述符，更新发送队列寄存器。

7）从内存中读取发送描述符（内存读），检查是否有包被硬件传送出去。

8）如果有的话，从内存中读取相应控制结构体（内存读），释放数据缓冲区。

可以看出，处理一个报文的过程，需要 6 次读取内存（见上"内存读"）。而之前我们讨论过，处理器从一级 Cache 读取数据需要 3 ~ 5 个时钟周期，二级是十几个时钟周期，三级是几十个时钟周期，而内存则需要几百个时钟周期。从性能数据来说，每 80 个时钟周期就要处理一个报文。

因此，DPDK 必须保证所有需要读取的数据都在 Cache 中，否则一旦出现 Cache 不命中，性能将会严重下降。为了保证这点，DPDK 采用了多种技术来进行优化，预取只是其中的一种。

而从上面的介绍可以看出，控制结构体和数据缓冲区的读取都没有遵循硬件预取的原则，因此 DPDK 必须用一些预取指令来提前加载相应数据。以下就是部分接收报文的代码。

```
while (nb_rx < nb_pkts) {
    rxdp = &rx_ring[rx_id]; // 读取接收描述符
    staterr = rxdp->wb.upper.status_error;
    // 检查是否有报文收到
    if (!(staterr & rte_cpu_to_le_32(IXGBE_RXDADV_STAT_DD)))
        break;
    rxd = *rxdp;
    // 分配数据缓冲区
    nmb = rte_rxmbuf_alloc(rxq->mb_pool);
    nb_hold++;
    // 读取控制结构体
    rxe = &sw_ring[rx_id];
    ......
    rx_id++;
    if (rx_id == rxq->nb_rx_desc)
        rx_id = 0;
    // 预取下一个控制结构体 mbuf
    rte_ixgbe_prefetch(sw_ring[rx_id].mbuf);
    // 预取接收描述符和控制结构体指针
    if ((rx_id & 0x3) == 0) {
        rte_ixgbe_prefetch(&rx_ring[rx_id]);
        rte_ixgbe_prefetch(&sw_ring[rx_id]);
    }
    ......
```

```
// 预取报文
rte_packet_prefetch((char *)rxm->buf_addr + rxm->data_off);
// 把接收描述符读取的信息存储在控制结构体 mbuf 中
rxm->nb_segs = 1;
rxm->next = NULL;
rxm->pkt_len = pkt_len;
rxm->data_len = pkt_len;
rxm->port = rxq->port_id;
......
rx_pkts[nb_rx++] = rxm;
}
```

2.6　Cache 一致性

我们知道，Cache 是按照 Cache Line 作为基本单位来组织内容的，其大小是 32（较早的 ARM、1990 年 ~ 2000 年早期的 x86 和 PowerPC）、64（较新的 ARM 和 x86）或 128（较新的 Power ISA 机器）字节。当我们定义了一个数据结构或者分配了一段数据缓冲区之后，在内存中就有一个地址和其相对应，然后程序就可以对它进行读写。对于读，首先是从内存加载到 Cache，最后送到处理器内部的寄存器；对于写，则是从寄存器送到 Cache，最后通过内部总线写回到内存。这两个过程其实引出了两个问题：

1）该数据结构或者数据缓冲区的起始地址是 Cache Line 对齐的吗？如果不是，即使该数据区域的大小小于 Cache Line，那么也需要占用两个 Cache entry；并且，假设第一个 Cache Line 前半部属于另外一个数据结构并且另外一个处理器核正在处理它，那么当两个核都修改了该 Cache Line 从而写回各自的一级 Cache，准备送到内存时，如何同步数据？毕竟每个核都只修改了该 Cache Line 的一部分。

2）假设该数据结构或者数据缓冲区的起始地址是 Cache Line 对齐的，但是有多个核同时对该段内存进行读写，当同时对内存进行写回操作时，如何解决冲突？

接下来，我们将探究解决这两个问题的方法。

2.6.1　Cache Line 对齐

从本质来讲，第一个问题和第二个问题都是因为多个核同时操作一个 Cache Line 进行写操作造成的。

解决这两个问题的一个简单方法就是定义该数据结构或者数据缓冲区时就申明对齐，DPDK 对很多结构体定义的时候就是如此操作的。见下例：

```
struct rte_ring_debug_stats {
uint64_t enq_success_bulk;
uint64_t enq_success_objs;
uint64_t enq_quota_bulk;
```

```
uint64_t enq_quota_objs;
uint64_t enq_fail_bulk;
uint64_t enq_fail_objs;
uint64_t deq_success_bulk;
uint64_t deq_success_objs;
uint64_t deq_fail_bulk;
uint64_t deq_fail_objs;
} __rte_cache_aligned;
```

__rte_cache_aligned 的定义如下所示：

```
#de©ne RTE_CACHE_LINE_SIZE 64
#de©ne __rte_cache_aligned
__attribute__((__aligned__(RTE_CACHE_LINE_SIZE)))
```

其实现在编译器很多时候也比较智能，会在编译的时候尽量做到 Cache Line 对齐。

2.6.2　Cache 一致性问题的由来

上文提到的第二个问题，即多个处理器对某个内存块同时读写，会引起冲突的问题，这也被称为 Cache 一致性问题。

Cache 一致性问题出现的原因是在一个多处理器系统中，每个处理器核心都有独占的 Cache 系统（比如我们之前提到的一级 Cache 和二级 Cache），而多个处理器核心都能够独立地执行计算机指令，从而有可能同时对某个内存块进行读写操作，并且由于我们之前提到的回写和直写的 Cache 策略，导致一个内存块同时可能有多个备份，有的已经写回到内存中，有的在不同的处理器核心的一级、二级 Cache 中。由于 Cache 缓存的原因，我们不知道数据写入的时序性，因而也不知道哪个备份是最新的。还有另外一个一种可能，假设有两个线程 A 和 B 共享一个变量，当线程 A 处理完一个数据之后，通过这个变量通知线程 B，然后线程 B 对这个数据接着进行处理，如果两个线程运行在不同的处理器核心上，那么运行线程 B 的处理器就会不停地检查这个变量，而这个变量存储在本地的 Cache 中，因此就会发现这个值总也不会发生变化。

其实，关于一致性问题的阐述，我们附加了很多限制条件，比如多核，独占 Cache，Cache 写策略。如果当中有一个或者多个条件不成立时可能就不会引发一致性的问题了。

1）假设只是单核处理器，那么只有一个处理器会对内存进行读写，Cache 也是只有一份，因而不会出现一致性的问题。

2）假设是多核处理器系统，但是 Cache 是所有处理器共享的，那么当一个处理器对内存进行修改并且缓存在 Cache 中时，其他处理器都能看到这个变化，因而也不会产生一致性的问题。

3）假设是多核处理器系统，每个核心也有独占的 Cache，但是 Cache 只会采用直写，那么当一个处理器对内存进行修改之后，Cache 会马上将数据写入到内存中，也不会有问题吗？考虑之前我们介绍的一个例子，线程 A 把结果写回到内存中，但是线程 B 只会从独占的

Cache 中读取这个变量（因为没人通知它内存的数据产生了变化），因此在这种条件下还是会有 Cache 一致性的问题。

因而，Cache 一致性问题的根源是因为存在多个处理器独占的 Cache，而不是多个处理器。如果多个处理器共享 Cache，也就是说只有一级 Cache，所有处理器都共享它，在每个指令周期内，只有一个处理器核心能够通过这个 Cache 做内存读写操作，那么就不会存在 Cache 一致性问题。

讲到这里，似乎我们找到了一劳永逸解决 Cache 一致性问题的办法，只要所有的处理器共享 Cache，那么就不会有任何问题。但是，这种解决办法的问题就是太慢了。首先，既然是共享的 Cache，势必容量不能小，那么就是说访问速度相比之前提到的一级、二级 Cache，速度肯定几倍或者十倍以上；其次，每个处理器每个时钟周期内只有一个处理器才能访问 Cache，那么处理器把时间都花在排队上了，这样效率太低了。

因而，我们还是需要针对出现的 Cache 一致性问题，找出一个解决办法。

2.6.3　一致性协议

解决 Cache 一致性问题的机制有两种：基于目录的协议（Directory-based protocol）和总线窥探协议（Bus snooping protocol）。其实还有另外一个 Snarfing 协议，在此不作讨论。

基于目录协议的系统中，需要缓存在 Cache 的内存块被统一存储在一个目录表中，目录表统一管理所有的数据，协调一致性问题。该目录表类似于一个仲裁者，当处理器需要把一个数据从内存中加载到自己独占的 Cache 中时，需要向目录表提出申请；当一个内存块被某个处理器改变之后，目录表负责改变其状态，更新其他处理器的 Cache 中的备份，或者使其他处理器的 Cache 的备份无效。

总线窥探协议是在 1983 年被首先提出来，这个协议提出了一个窥探（snooping）的动作，即对于被处理器独占的 Cache 中的缓存的内容，该处理器负责监听总线，如果该内容被本处理器改变，则需要通过总线广播；反之，如果该内容状态被其他处理器改变，本处理器的 Cache 从总线收到了通知，则需要相应改变本地备份的状态。

可以看出，这两类协议的主要区别在于基于目录的协议采用全局统一管理不同 Cache 的状态，而总线窥探协议则使用类似于分布式的系统，每个处理器负责管理自己的 Cache 的状态，通过共享的总线，同步不同 Cache 备份的状态。

通过之前的描述可以发现，在上面两种协议中，每个 Cache Block 都必须有自己的一个状态字段。而维护 Cache 一致性问题的关键在于维护每个 Cache Block 的状态域。Cache 控制器通常使用一个状态机来维护这些状态域。

基于目录的协议的延迟性较大，但是在拥有很多个处理器的系统中，它有更好的可扩展性。而总线窥探协议适用于具有广播能力的总线结构，允许每个处理器能够监听其他处理器对内存的访问，适合小规模的多核系统。

接下来，我们将主要介绍总线窥探协议。最经典的总线窥探协议 Write-Once 由 C.V.

Ravishankar 和 James R. Goodman 于 1983 年提出，继而被 x86、ARM 和 Power 等架构广泛采用，衍生出著名的 MESI 协议，或者称为 Illinois Protocol。之所以有这个名字，是因为该协议是由伊利诺伊州立大学研发出来的。

2.6.4 MESI 协议

MESI 协议是 Cache line 四种状态的首字母的缩写，分别是修改（Modified）态、独占（Exclusive）态、共享（Shared）态和失效（Invalid）态。Cache 中缓存的每个 Cache Line 都必须是这四种状态中的一种。详见 [Ref2-2]。

❑ 修改态，如果该 Cache Line 在多个 Cache 中都有备份，那么只有一个备份能处于这种状态，并且 "dirty" 标志位被置上。拥有修改态 Cache Line 的 Cache 需要在某个合适的时候把该 Cache Line 写回到内存中。但是在写回之前，任何处理器对该 Cache Line 在内存中相对应的内存块都不能进行读操作。Cache Line 被写回到内存中之后，其状态就由修改态变为共享态。

❑ 独占态，和修改状态一样，如果该 Cache Line 在多个 Cache 中都有备份，那么只有一个备份能处于这种状态，但是 "dirty" 标志位没有置上，因为它是和主内存内容保持一致的一份拷贝。如果产生一个读请求，它就可以在任何时候变成共享态。相应地，如果产生了一个写请求，它就可以在任何时候变成修改态。

❑ 共享态，意味着该 Cache Line 可能在多个 Cache 中都有备份，并且是相同的状态，它是和内存内容保持一致的一份拷贝，而且可以在任何时候都变成其他三种状态。

❑ 失效态，该 Cache Line 要么已经不在 Cache 中，要么它的内容已经过时。一旦某个 Cache Line 被标记为失效，那它就被当作从来没被加载到 Cache 中。

对于某个内存块，当其在两个（或多个）Cache 中都保留了一个备份时，只有部分状态是允许的。如表 2-3 所示，横轴和竖轴分别表示了两个 Cache 中某个 Cache Line 的状态，两个 Cache Line 都映射到相同的内存块。如果一个 Cache Line 设置成 M 态或者 E 态，那么另外一个 Cache Line 只能设置成 I 态；如果一个 Cache Line 设置成 S 态，那么另外一个 Cache Line 可以设置成 S 态或者 I 态；如果一个 Cache Line 设置成 I 态，那么另外一个 Cache Line 可以设置成任何状态。

表 2-3 MESI 中两个 Cache 备份的状态矩阵

	M	E	S	I
M	×	×	×	√
E	×	×	×	√
S	×	×	√	√
I	√	√	√	√

那么，究竟怎样的操作才会引起 Cache Line 的状态迁移，从而保持 Cache 的一致性呢？

以下所示表 2-4 是根据不同读写操作触发的状态迁移表。

表 2-4　MESI 状态迁移表

当前状态	触发事件	解　释	迁移状态
修改态（M）	总线读	侦测到总线上有其他处理器在请求读该行，刷新该行至内存，以便其他处理器能用到最新的数据，并且状态更新为 S 态	S
	总线写	侦测到总线上有其他处理器请求"意图"写该行，即请求独占态，刷新该行至内存，并且设置本地副本为 I 态	I
	处理器读	本地处理器对该行进行读操作，不改变状态	M
	处理器写	本地处理器对该行进行写操作，不改变状态	M
独占态（E）	总线读	侦测到总线上有其他处理器请求读该行，因为本处理器还没有对该行进行写操作，因此缓存内容与内存中内容一致，仅仅改变成 S 状态	S
	总线写	侦测到总线上有其他处理器请求"意图"写该行，即另外有处理器请求独占该行，并且有写的意图，因此设置成 I 态	I
	处理器读	本地处理器对该行进行读操作，不改变状态	E
	处理器写	本地处理器对该行进行写操作，进入到 M 态	M
共享态（S）	总线读	侦测到总线上有其他处理器请求读该行，不改变状态	S
	总线写	侦测到总线上有其他处理器请求"意图"写该行，进入 I 态	I
	处理器读	本地处理器对该行进行读操作，不改变状态	S
	处理器写	产生一个请求"意图"写该行的信号到总线，进入到 M 态	M
无效态（I）	总线读	侦测到总线上有其他处理器请求读该行，不改变状态	I
	总线写	侦测到总线上有其他处理器请求"意图"写该行，不改变状态	I
	处理器读	Cache 不命中，产生一个读请求，送到总线上，内存数据到达 Cache 后，进入 S 态	S
	处理器写	Cache 不命中，产生一个"意图"写该行的信号到总线，然后进入 M 态	M

2.6.5　DPDK 如何保证 Cache 一致性

从上面的介绍我们知道，Cache 一致性这个问题的最根本原因是处理器内部不止一个核，当两个或多个核访问内存中同一个 Cache 行的内容时，就会因为多个 Cache 同时缓存了该内容引起同步的问题。

DPDK 与生俱来就是为了网络平台的高性能和高吞吐，并且总是需要部署在多核的环境下。因此，DPDK 必须提出好的解决方案，避免由于不必要的 Cache 一致性开销而造成额外的性能损失。

其实，DPDK 的解决方案很简单，首先就是避免多个核访问同一个内存地址或者数据结构。这样，每个核尽量都避免与其他核共享数据，从而减少因为错误的数据共享（cache line false sharing）导致的 Cache 一致性的开销。

以下是两个 DPDK 为了避免 Cache 一致性的例子。

例子 1：数据结构定义。DPDK 的应用程序很多情况下都需要多个核同时来处理事务，因而，对于某些数据结构，我们给每个核都单独定义一份，这样每个核都只访问属于自己核的备份。如下例所示：

```
struct lcore_conf {
uint16_t n_rx_queue;
struct lcore_rx_queue rx_queue_list[MAX_RX_QUEUE_PER_LCORE];
uint16_t tx_queue_id[RTE_MAX_ETHPORTS];
struct mbuf_table tx_mbufs[RTE_MAX_ETHPORTS];
lookup_struct_t * ipv4_lookup_struct;
lookup_struct_t * ipv6_lookup_struct;
} __rte_cache_aligned;    //Cache 行对齐
struct lcore_conf lcore[RTE_MAX_LCORE] __rte_cache_aligned;
```

以上的数据结构"struct lcore_conf"总是以 Cache 行对齐，这样就不会出现该数据结构横跨两个 Cache 行的问题。而定义的数组"lcore[RTE_MAX_LCORE]"中 RTE_MAX_LCORE 指一个系统中最大核的数量。DPDK 中对每个核都进行编号，这样核 n 就只需要访问 lcore[n]，核 m 只需要访问 lcore[m]，这样就避免了多个核访问同一个结构体。

例子 2：对网络端口的访问。在网络平台中，少不了访问网络设备，比如网卡。多核情况下，有可能多个核访问同一个网卡的接收队列 / 发送队列，也就是在内存中的一段内存结构。这样，也会引起 Cache 一致性的问题。那么 DPDK 是如何解决这个问题的呢？

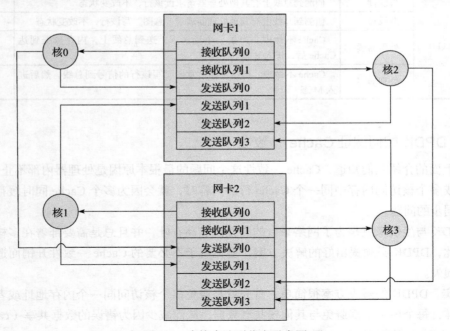

图 2-9　多核多队列收发示意图

　　需要指出的是，网卡设备一般都具有多队列的能力，也就是说，一个网卡有多个接收队列和多个访问队列，其他章节会很详细讲到，本节不再赘述。

　　DPDK 中，如果有多个核可能需要同时访问同一个网卡，那么 DPDK 就会为每个核都准备一个单独的接收队列 / 发送队列。这样，就避免了竞争，也避免了 Cache 一致性问题。

　　图 2-9 是四个核可能同时访问两个网络端口的图示。其中，网卡 1 和网卡 2 都有两个接收队列和四个发送队列；核 0 到核 3 每个都有自己的一个接收队列和一个发送队列。核 0 从网卡 1 的接收队列 0 接收数据，可以发送到网卡 1 的发送队列 0 或者网卡 2 的发送队列 0；同理，核 3 从网卡 2 的接收队列 1 接收数据，可以发送到网卡 1 的发送队列 3 或者网卡 2 的发送队列 3。

2.7　TLB 和大页

　　在之前的章节我们提到了 TLB，TLB 和 Cache 本质上是一样的，都是一种高速的 SRAM，存放了内存中内容的一份快照或者备份，以便处理器能够快速地访问，减少等待的时间。有所不同的是，Cache 存放的是内存中的数据或者代码，或者说是任何内容，而 TLB 存放的是页表项。

　　提到页表项，有必要简短介绍一下处理器的发展历史。最初的程序员直接使用物理地址编程，自己去管理内存，这样不仅对程序员要求高，编程效率低，而且一旦程序出现问题也不方便进行调试。特别还出现了恶意程序，这对计算机系统危害实在太大，因而后来不同的体系架构推出了虚拟地址和分页的概念。

　　分页是指把物理内存分成固定大小的块，按照页来进行分配和释放。一般常规页大小为 4K（2^{12}）个字节，之后又因为一些需要，出现了大页，比如 2M（2^{20}）个字节和 1G（2^{30}）个字节的大小，我们后面会讲到为什么使用大页。

　　虚拟地址是指程序员使用虚拟地址进行编程，不用关心物理内存的大小，即使自己的程序出现了问题也不会影响其他程序的运行和系统的稳定。而处理器在寄存器收到虚拟地址之后，根据页表负责把虚拟地址转换成真正的物理地址。

　　接下来，我们以一个例子来简单介绍地址转换过程。

2.7.1　逻辑地址到物理地址的转换

　　图 2-10 是 x86 在 32 位处理器上进行一次逻辑地址（或线性地址）转换物理地址的示意图。

　　处理器把一个 32 位的逻辑地址分成 3 段，每段都对应一个偏移地址。查表的顺序如下：

　　1）根据位 bit[31:22] 加上寄存器 CR3 存放的页目录表的基址，获得页目录表中对应表项的物理地址，读内存，从内存中获得该表项内容，从而获得下一级页表的基址。

　　2）根据位 bit[21:12] 页表加上上一步获得的页表基址，获得页表中对应表项的物理地址，读内存，从内存中获得该表项内容，从而获得内容页的基址。

3）根据位 bit[11:0] 加上上一步获得的内容页的基址得到准确的物理地址，读内容获得真正的内容。

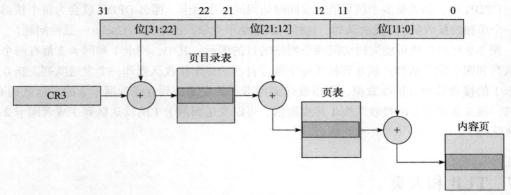

图 2-10　页表查找过程

从上面的描述可以看出，为了完成逻辑地址到物理地址的转换，需要三次内存访问，这实在是太浪费时间了。有的读者可能会问，为什么要分成三段进行查找呢？如果改成两段的话，那不是可以减少一级页表，也可以减少一次内存访问，从而可以提高访问速度。为了回答这个问题，我们举一个例子来看。

假设有一个程序，代码段加数据段可以放在两个 4KB 的页内。如果使用三段的方式，那么需要一个页存放页目录表（里面只有一个目录项有效），一个页存放页表（里面有两个目录项有效），因此需要总共两个页 8192 个字节就可以了；如果使用两段的方式，那使用 bit[31:12] 共 20 位来查页表，根据其范围，那么需要有 2^{20} 个表项，因此需要 4MB 来建立页表，也就是 1024 个物理页，而其中只有两个表项是有效的，这实在是太浪费了。特别是当程序变多时，系统内存会不堪使用。这样的改进代价实在太大。

通过之前的介绍我们知道有 Cache 的存在，我们也可以把页表缓存在 Cache 中，但是由于页表项的快速访问性（每次程序内存寻址都需要访问页表）和 Cache 的 "淘汰" 机制，有必要提供专门的 Cache 来保存，也就是 TLB。

2.7.2　TLB

相比之前提到的三段查表方式，引入 TLB 之后，查找过程发生了一些变化。TLB 中保存着逻辑地址前 20 位 [31:12] 和页框号的对应关系，如果匹配到逻辑地址就可以迅速找到页框号（页框号可以理解为页表项），通过页框号与逻辑地址后 12 位的偏移组合得到最终的物理地址。

如果没在 TLB 中匹配到逻辑地址，就出现 TLB 不命中，从而像我们刚才讨论的那样，进行常规的查找过程。如果 TLB 足够大，那么这个转换过程就会变得很快速。但是事实是，TLB 是非常小的，一般都是几十项到几百项不等，并且为了提高命中率，很多处理器还采用全相连方式。另外，为了减少内存访问的次数，很多都采用回写的策略。

在有些处理器架构中，为了提高效率，还将 TLB 进行分组，以 x86 架构为例，一般都分成以下四组 TLB：

第一组：缓存一般页表（4KB 页面）的指令页表缓存（Instruction-TLB）。

第二组：缓存一般页表（4KB 页面）的数据页表缓存（Data-TLB）。

第三组：缓存大尺寸页表（2MB/4MB 页面）的指令页表缓存（Instruction-TLB）。

第四组：缓存大尺寸页表（2MB/4MB 页面）的数据页表缓存（Data-TLB）。

2.7.3　使用大页

从上面的逻辑地址到物理地址的转换我们知道，如果采用常规页（4KB）并且使 TLB 总能命中，那么至少需要在 TLB 表中存放两个表项，在这种情况下，只要寻址的内容都在该内容页内，那么两个表项就足够了。如果一个程序使用了 512 个内容页也就是 2MB 大小，那么需要 512 个页表表项才能保证不会出现 TLB 不命中的情况。通过上面的介绍，我们知道 TLB 大小是很有限的，随着程序的变大或者程序使用内存的增加，那么势必会增加 TLB 的使用项，最后导致 TLB 出现不命中的情况。那么，在这种情况下，大页的优势就显现出来了。如果采用 2MB 作为分页的基本单位，那么只需要一个表项就可以保证不出现 TLB 不命中的情况；对于消耗内存以 GB（2^{30}）为单位的大型程序，可以采用 1GB 为单位作为分页的基本单位，减少 TLB 不命中的情况。

2.7.4　如何激活大页

我们以 Linux 系统为例来说明如何激活大页的使用。

首先，Linux 操作系统采用了基于 hugetlbfs 的特殊文件系统来加入对 2MB 或者 1GB 的大页面支持。这种采用特殊文件系统形式支持大页面的方式，使得应用程序可以根据需要灵活地选择虚存页面大小，而不会被强制使用 2MB 大页面。

为了使用大页，必须在编译内核的时候激活 hugetlbfs。

在激活 hugetlbfs 之后，还必须在 Linux 启动之后保留一定数量的内存作为大页来使用。现在有两种方式来预留内存。

第一种方法是修改 Linux 启动参数，这样启动之后内存就已经预留。第二种方法是在 Linux 启动之后使用命令行来动态申请。

以下是 2MB 大页命令行的参数。

```
Huagepage=1024
```

对于其他大小的大页，比如 1GB，其大小必须显示地在命令行指定，并且命令行还可以指定默认的大页大小。比如，我们想预留 4GB 内存作为大页使用，大页的大小为 1GB，那么可以用以下的命令行：

```
default_hugepagesz=1G hugepagesz=1G hugepages=4
```

需要指出的是，系统能否支持大页，支持大页的大小为多少是由其使用的处理器决定的。以 Intel® 的处理器为例，如果处理器的功能列表有 PSE，那么它就支持 2MB 大小的大页；如果处理器的功能列表有 PDPE1GB，那么就支持 1GB 大小的大页。当然，不同体系架构支持的大页的大小都不尽相同，比如 x86 处理器架构的 2MB 和 1GB 大页，而在 IBM Power 架构中，大页的大小则为 16MB 和 16GB。

在我们之后会讲到的 NUMA 系统中，因为存在本地内存的问题，系统会均分地预留大页。假设在有两个处理器的 NUMA 系统中，以上例预留 4GB 内存为例，在 NODE0 和 NODE1 上会各预留 2GB 内存。

在 Linux 启动之后，如果想预留大页，则可以使用以下的方法来预留内存。在非 NUMA 系统中，可以使用以下方法预留 2MB 大小的大页。

```
echo 1024 > /sys/kernel/mm/hugepages/hugepages-2048kB/nr_hugepages
```

该命令预留 1024 个大小为 2MB 的大页，也就是预留了 2GB 内存。

如果是在 NUMA 系统中，假设有两个 NODE 的系统中，则可以用以下的命令：

```
echo 1024 > /sys/devices/system/node/node0/hugepages/hugepages-2048kB/nr_hugepages
echo 1024 > /sys/devices/system/node/node1/hugepages/hugepages-2048kB/nr_hugepages
```

该命令在 NODE0 和 NODE1 上各预留 1024 个大小为 2MB 的大页，总共预留了 4GB 大小。而对于大小为 1GB 的大页，则必须在 Linux 命令行的时候就指定，不能动态预留。

在大页预留之后，接下来则涉及使用的问题。我们以 DPDK 为例来说明如何使用大页。

DPDK 也是使用 HUGETLBFS 来使用大页。首先，它需要把大页 mount 到某个路径，比如 /mnt/huge，以下是命令：

```
mkdir /mnt/huge
mount -t hugetlbfs nodev /mnt/huge
```

需要指出的是，在 mount 之前，要确保之前已经成功预留内存，否则之上命令会失败。该命令只是临时的 mount 了文件系统，如果想每次开机时省略该步骤，可以修改 /etc/fstab 文件，加上一行：

```
nodev /mnt/huge hugetlbfs defaults 0 0
```

对于 1GB 大小的大页，则必须用如下的命令：

```
nodev /mnt/huge_1GB hugetlbfs pagesize=1GB 0 0
```

接下来，在 DPDK 运行的时候，会使用 mmap() 系统调用把大页映射到用户态的虚拟地址空间，然后就可以正常使用了。

2.8 DDIO

2.8.1 时代背景

当今时代，随着大数据和云计算的爆炸式增长，宽带的普及以及个人终端网络数据的日益提高，对电信服务节点和数据中心的数据交换能力和网络带宽提出了更高的要求。并且，数据中心本身对虚拟化功能的需求也增加了更多的网络带宽需求。电信服务节点和数据中心为了应付这种需求，需要对内部的各种服务器资源进行升级。在这种环境下，英特尔公司提出了 Intel® DDIO（Data Direct I/O）的技术。该技术的主要目的就是让服务器能更快处理网络接口的数据，提高系统整体的吞吐率，降低延迟，同时减少能源的消耗。但是，DDIO 是如何做到这种优化和改进的呢？为了回答这个问题，有必要回顾一下 DDIO 技术出现之前，服务器是如何处理从网络上来的数据的。

当一个网络报文送到服务器的网卡时，网卡通过外部总线（比如 PCI 总线）把数据和报文描述符送到内存。接着，CPU 从内存读取数据到 Cache 进而到寄存器。进行处理之后，再写回到 Cache，并最终送到内存中。最后，网卡读取内存数据，经过外部总线送到网卡内部，最终通过网络接口发送出去。

可以看出，对于一个数据报文，CPU 和网卡需要多次访问内存。而内存相对 CPU 来讲是一个非常慢速的部件。CPU 需要等待数百个周期才能拿到数据，在这过程中，CPU 什么也做不了。

DDIO 技术是如何改进的呢？这种技术使外部网卡和 CPU 通过 LLC Cache 直接交换数据，绕过了内存这个相对慢速的部件。这样，就增加了 CPU 处理网络报文的速度（减少了CPU 和网卡等待内存的时间），减小了网络报文在服务器端的处理延迟。这样做也带来了一个问题，因为网络报文直接存储在 LLC Cache 中，这大大增加了对其容量的需求，因而在英特尔的 E5 处理器系列产品中，把 LLC Cache 的容量提高到了 20MB。

图 2-11 是 DDIO 技术对网络报文的处理流程示意图。

DDIO 功能模块会学习来自 I/O 设备的读写请求，也就是 I/O 对内存的读或者写的请求。例如，当网卡需要从服务器端传送一个数据报文到网络上时，它会发起一个 I/O 读请求（读数据操作），请求把内存中的某个数据块通过外部总线送到网卡上；当网卡从网络中收到一个数据报文时，它会发起一个 I/O 写请求（写数据操作），请求把某个数据块通过外部总线送到内存中某个地址上。

接下来的章节会详细介绍在没有 DDIO 技术和有 DDIO 技术条件下，服务器是如何处理这些 I/O 读写请求的。

2.8.2　网卡的读数据操作

通常来说，为了发送一个数据报文到网络上去，首先是运行在 CPU 上的软件分配了一段内存，然后把这段内存读取到 CPU

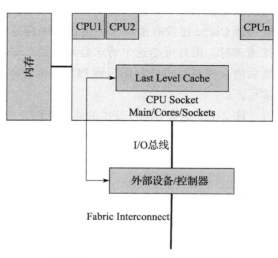

图 2-11　DDIO 中报文的处理流程

内部，更新数据，并且填充相应的报文描述符（网卡会通过读取描述符了解报文的相应信息），然后写回到内存中，通知网卡，最终网卡把数据读回到内部，并且发送到网络上去。但是，没有 DDIO 技术和有 DDIO 技术条件的处理方式是不同的，图 2-12 是两种环境下的处理流程图。

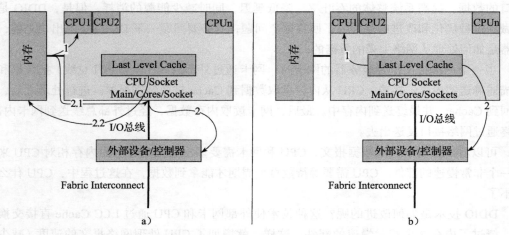

图 2-12　网卡读数据的处理流程

图 2-12a 是没有 DDIO 技术的处理流程。

1）处理器更新报文和控制结构体。由于分配的缓冲区在内存中，因此会触发一次 Cache 不命中，处理器把内存读取到 Cache 中，然后更新控制结构体和报文信息。之后通知 NIC 来读取报文。

2）NIC 收到有报文需要传递到网络上的通知后，它首先需要读取控制结构体进而知道从哪里获取报文。由于之前处理器刚把该缓冲区从内存读到 Cache 中并且做了更新，很有可能 Cache 还没有来得及把更新的内容写回到内存中。因此，当 NIC 发起一个对内存的读请求时，很有可能这个请求会发送到 Cache 系统中，Cache 系统会把数据写回到内存中，然后内存控制器再把数据写到 PCI 总线上去。因此，一个读内存的操作会产生多次内存的读写。

图 2-12b 是有 DDIO 技术的处理流程。

1）处理器更新报文和控制结构体。这个步骤和没有 DDIO 的技术类似，但是由于 DDIO 的引入，处理器会开始就把内存中的缓冲区和控制结构体预取到 Cache，因此减少了内存读的时间。

2）NIC 收到有报文需要传递到网络上的通知后，通过 PCI 总线把控制结构体和报文送到 NIC 内部。利用 DDIO 技术，I/O 访问可以直接将 Cache 的内容送到 PCI 总线上。这样，就减少了 Cache 写回时等待的时间。

由此可以看出，由于 DDIO 技术的引入，网卡的读操作减少了访问内存的次数，因而提高了访问效率，减少了报文转发的延迟。在理想状况下，NIC 和处理器无需访问内存，直接通过访问 Cache 就可以完成更新数据，把数据送到 NIC 内部，进而送到网络上的所有操作。

2.8.3　网卡的写数据操作

网卡的写数据操作和上节讲到的网卡的读数据操作是完全相反的操作，通俗意义上来讲就是有网络报文需要送到系统内部进行处理，运行的软件可以对收到的报文进行协议分析，如果有问题可以丢弃，也可以转发出去。其过程一般是 NIC 从网络上收到报文后，通过 PCI 总线把报文和相应的控制结构体送到预先分配的内存，然后通知相应的驱动程序或者软件来处理。和之前讲到的网卡的读数据操作类似，有 DDIO 技术和没有 DDIO 技术的处理也是不一样的，以下是具体处理过程。

首先还是没有 DDIO 技术的处理流程，如图 2-13a 所示。

1）报文和控制结构体通过 PCI 总线送到指定的内存中。如果该内存恰好缓存在 Cache 中（有可能之前处理器有对该内存进行过读写操作），则需要等待 Cache 把内容先写回到内存中，然后才能把报文和控制结构体写到内存中。

2）运行在处理器上的驱动程序或者软件得到通知收到新报文，去内存中读取控制结构体和相应的报文，Cache 不命中。之所以 Cache 一定不会命中，是因为即使该内存地址在 Cache 中，在步骤 1 中也被强制写回到内存中。因此，只能从内存中读取控制结构体和报文。

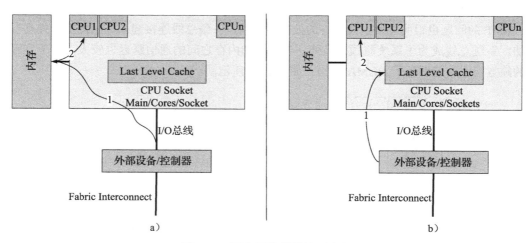

图 2-13　网卡写数据的处理流程

有 DDIO 技术的处理流程，如图 2-13b 所示。

1）这时，报文和控制结构体通过 PCI 总线直接送到 Cache 中。这时有两种情形：

a）如果该内存恰好缓存在 Cache 中（有可能之前处理器有对该内存进行过读写操

作），则直接在 Cache 中更新内容，覆盖原有内容。

　　b）如果该内存没有缓存在 Cache 中，则在最后一级 Cache 中分配一块区域，并相应更新 Cache 表，表明该内容是对应于内存中的某个地址的。

　　2）运行在处理器上的驱动或者软件被通知到有报文到达，其产生一个内存读操作，由于该内容已经在 Cache 中，因此直接从 Cache 中读。

　　由此可以看出，DDIO 技术在处理器和外设之间交换数据时，减少了处理器和外设访问内存的次数，也减少了 Cache 写回的等待，提高了系统的吞吐率和数据的交换延迟。

2.9　NUMA 系统

　　之前的章节已经简要介绍过 NUMA 系统，它是一种多处理器环境下设计的计算机内存结构。NUMA 系统是从 SMP（Symmetric Multiple Processing，对称多处理器）系统演化而来。SMP 系统最初是在 20 世纪 90 年代由 Unisys、Convex Computer（后来的 HP）、Honeywell、IBM 等公司开发的一款商用系统，该系统被广泛应用于 Unix 类的操作系统，后来又扩展到 Windows NT 中，该系统有如下特点：

　　1）所有的硬件资源都是共享的。即每个处理器都能访问到任何内存、外设等。

　　2）所有的处理器都是平等的，没有主从关系。

　　3）内存是统一结构、统一寻址的（UMA，Uniform Memory Architecture）。

　　4）处理器和内存，处理器和处理器都通过一条总线连接起来。

　　其结构如图 2-14 所示：

　　SMP 的问题也很明显，因为所有的处理器都通过一条总线连接起来，因此随着处理器的增加，系统总线成为了系统瓶颈，另外，处理器和内存之间的通信延迟也较大。为了克服以上的缺点，才应运而生了 NUMA 架构，如图 2-15 所示。

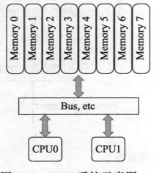

图 2-14　SMP 系统示意图

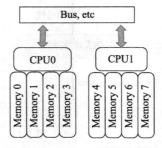

图 2-15　NUMA 系统示意图

　　NUMA 是起源于 AMD Opteron 的微架构，同时被英特尔 Nehalem 架构采用。在这个架构中，处理器和本地内存之间拥有更小的延迟和更大的带宽，而整个内存仍然可作为一个整

体，任何处理器都能够访问，只不过跨处理器的内存访问的速度相对较慢一点。同时，每个
处理器都可以拥有本地的总线，如 PCIE、SATA、USB 等。和内存一样，处理器访问本地的
总线延迟低，吞吐率高；访问远程资源，则延迟高，并且要和其他处理器共享一条总线。图
2-16 是英特尔公司的至强 E5 服务器的架构示意图。

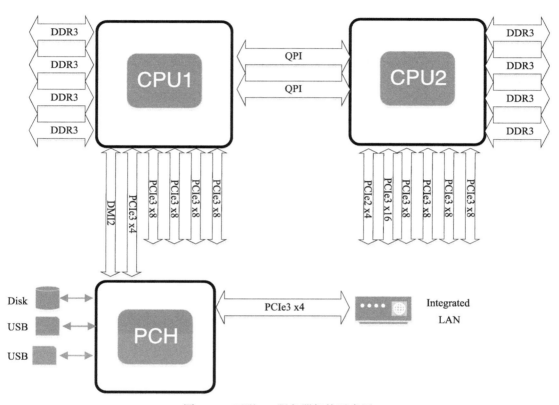

图 2-16　至强 E5 服务器架构示意图

可以看到，该架构有两个处理器，处理器通过 QPI 总线相连。每个处理器都有本地的四
个通道的内存系统，并且也有属于自己的 PCIE 总线系统。两个处理器有点不同的是，第一
个处理器集成了南桥芯片，而第二个处理器只有本地的 PCIE 总线。

和 SMP 系统相比，NUMA 系统访问本地内存的带宽更大，延迟更小，但是访问远程
的内存成本相对就高多了。因此，我们要充分利用 NUMA 系统的这个特点，避免远程访问
资源。

以下是 DPDK 在 NUMA 系统中的一些实例。

1）Per-core memory。一个处理器上有多个核（core），per-core memory 是指每个核都有
属于自己的内存，即对于经常访问的数据结构，每个核都有自己的备份。这样做一方面是为
了本地内存的需要，另外一方面也是因为上文提到的 Cache 一致性的需要，避免多个核访问

同一个 Cache 行。

2）本地设备本地处理。即用本地的处理器、本地的内存来处理本地的设备上产生的数据。如果有一个 PCI 设备在 node0 上，就用 node0 上的核来处理该设备，处理该设备用到的数据结构和数据缓冲区都从 node0 上分配。以下是一个分配本地内存的例子：

```
/* allocate memory for the queue structure */
q = rte_zmalloc_socket("fm10k", sizeof(*q),  RTE_CACHE_LINE_SIZE, socket_id);
```

该例试图分配一个结构体，通过传递 socket_id，即 node id 获得本地内存，并且以 Cache 行对齐。

并 行 计 算

处理器性能提升主要有两个途径，一个是提高 IPC（每个时钟周期内可以执行的指令条数），另一个是提高处理器主频率。每一代微架构的调整可以伴随着对 IPC 的提高，从而提高处理器性能，只是幅度有限。而提高处理器主频率对于性能的提升作用是明显而直接的。但一味地提高频率很快会触及频率墙，因为处理器的功耗正比于主频的三次方。

所以，最终要取得性能提升的进一步突破，还是要回到提高 IPC 这个因素。经过处理器厂商的不懈努力，我们发现可以通过提高指令执行的并行度来提高 IPC。而提高并行度主要有两种方法，一种是提高微架构的指令并行度，另一种是采用多核并发。这一章主要就分享这两种方法在 DPDK 中的实践，并在指令并行方法中进一步引入数据并发的介绍。

3.1 多核性能和可扩展性

3.1.1 追求性能水平扩展

多核处理器是指在一个处理器中集成两个或者多个完整的内核（及计算引擎）。如果把处理器性能随着频率的提升看做是垂直扩展，那多核处理器的出现使性能水平扩展成为可能。原本在单核上顺序执行的任务，得以按逻辑划分成若干子任务，分别在不同的核上并行执行。在任务粒度上，使指令执行的并行度得到提升。

那随着核数的增加，性能是否能持续提升呢？ Amdahl 定律告诉我们，假设一个任务的工作量不变，多核并行计算理论时延加速上限取决于那些不能并行处理部分的比例。换句话说，多核并行计算下时延不能随着核数增加而趋于无限小。该定律明确告诉我们，利用多核处理器提升固定工作量性能的关键在于降低那些不得不串行部分占整个任务执行的比例。更多信息可以参考 [Ref3-1]。

对于 DPDK 的主要应用领域——数据包处理，多数场景并不是完成一个固定工作量的任务，更主要关注单位时间内的吞吐量。Gustafson 定律对于在固定工作时间下的推导给予我们更多的指导意义。它指出，多核并行计算的吞吐率随核数增加而线性扩展，可并行处理部分占整个任务比重越高，则增长的斜率越大。带着这个观点来读 DPDK，很多实现的初衷就豁然开朗。资源局部化、避免跨核共享、减少临界区碰撞、加快临界区完成速率（后两者涉及多核同步控制，将在下一章中介绍）等，都不同程度地降低了不可并行部分和并发干扰部分的占比。

3.1.2 多核处理器

在数据包处理领域，多核架构的处理器已经广泛应用。本节以主流的英特尔至强多核处理器为例，介绍 DPDK 中用到的一些概念，比如物理核、逻辑核、CPU node 等。

下面结合图形详细介绍了单核、多核以及超线程的概念。

通过单核结构（见图 3-1），我们先认识一下 CPU 物理核中主要的基本组件。为简化理解，将主要组件简化为：CPU 寄存器集合、中断逻辑（Local APIC）、执行单元和 Cache。一个完整的物理核需要拥有这样的整套资源，提供一个指令执行线程。

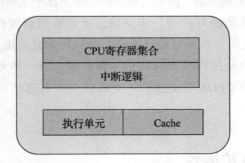

图 3-1　单核结构

多处理器结构指的是多颗单独封装的 CPU 通过外部总线连接，构成的统一计算平台，如图 3-2 所示。每个 CPU 都需要独立的电路支持，有自己的 Cache，而它们之间的通信通过主板上的总线。在此架构上，若一个多线程的程序运行在不同 CPU 的某个核上，跨 CPU 的线程间协作都要走总线，而共享的数据还会付出因 Cache 一致性产生的开销。从内存子系统的角度，多处理器结构进一步衍生出了非一致内存访问（NUMA），这一点在第 2 章就有介绍。在 DPDK 中，对于多处理器的 NUMA 结构，使用 Socket Node 来标示，跨 NUMA 的内存访问是性能调优时最需要避免的。

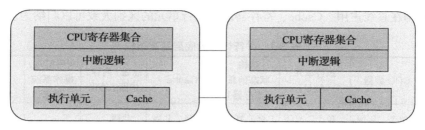

图 3-2 多处理器结构

如图 3-3 所示，超线程（Hyper-Threading）在一个处理器中提供两个逻辑执行线程，逻辑线程共享流水线、执行单元和缓存。该技术的本质是复用单处理器中的超标量流水线的多路执行单元，降低多路执行单元中因指令依赖造成的执行单元闲置。对于每个逻辑线程，拥有完整独立的寄存器集合和本地中断逻辑，从软件的角度，与单线程物理核并没有差异。例如，8 核心的处理器使用超线程技术之后，可以得到 16 个逻辑线程。采用超线程，在单核上可以同时进行多线程处理，使整体性能得到一定程度提升。但由于其毕竟是共享执行单元的，对 IPC（每周期执行指令数）越高的应用，带来的帮助越有限。DPDK 是一种 I/O 集中的负载，对于这类负载，IPC 相对不是特别高，所以超线程技术会有一定程度的帮助。更多信息可以参考〔Ref3-2〕。

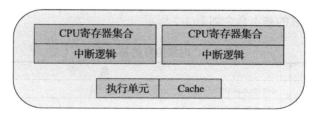

图 3-3 超线程

如果说超线程还是站在一个核内部以资源切分的方式构成多个执行线程，多核体系结构（见图 3-4）则是在一个 CPU 封装里放入了多个对等的物理核，每个物理核可以独立构成一个执行线程，当然也可以进一步分割成多个执行线程（采用超线程技术）。多核之间的通信使用芯片内部总线来完成，共享更低一级缓存（LLC，三级缓存）和内存。随着 CPU 制造工艺的提升，每个 CPU 封装中放入的物理核数也在不断提高。

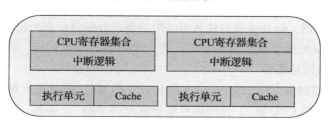

图 3-4 多核体系结构

各种架构在总线占用、Cache、寄存器以及执行单元的区别大致可以归纳为表 3-1。

表 3-1　并行计算的底层基础架构

架构类型	CPU 数量	执行单元（ALU）	架构状态信息（寄存器）	Cache	总线 / 内存 / 中断 / 外设	应用模式 / 操作系统需求	说明
单内核 / 多线程	单个，复用	单个，复用	1 套，复用	1 套，共用	共用		通过延迟隐藏提升系统性能
SMT/HT（超线程）	单个，复用	单个，复用	多套，并行	1 套，共用	共用	SMP	通过延迟隐藏提升系统性能。性能提升有限
多核	多个，独立并行运行	多个，独立并行运行	多套，并行	1 套或者多套，共享或者独立	一般为共用，也可分段使用	SMP/AMP	真正并行，理论上可达到核数 N 的加速比
多处理器	多个，独立运行	多个，独立运行	多套，独立	多套，独立	一般为独立使用，也可共用内存	AMP/SMP	并行，理论上可达到 CPU 数 N 的加速比

一个物理封装的 CPU（通过 physical id 区分判断）可以有多个物理核（通过 core id 区分判断），而每个核可以有多个逻辑核（通过 processor 区分判断）。一个物理核通过多个逻辑核实现超线程技术。

查看 CPU 内核信息的基本命令如表 3-2 所示。

表 3-2　内核信息的基本命令

CPU 信息	命　令
处理器核数	cat /proc/cpuinfo| grep "cpu cores" | uniq
逻辑处理器核数	cat /proc/cpuinfo 如果 "siblings" 和 "cpu cores" 一致，则说明不支持超线程，或者超线程未打开。 如果 "siblings" 是 "cpu cores" 的两倍，则说明支持超线程，并且超线程已打开
系统物理处理器封装 ID	cat /proc/cpuinfo| grep "physical id" | sort| uniq| wc –l 或者 lscpu | grep "CPU socket"
系统逻辑处理器 ID	cat /proc/cpuinfo| grep "processor" | wc –l

处理器核数：processor cores，即俗称的"CPU 核数"，也就是每个物理 CPU 中 core 的个数，例如"Intel(R) Xeon(R) CPU E5-2680 v2 @ 2.80GHz"是 10 核处理器，它在每个 socket 上有 10 个"处理器核"。具有相同 core id 的 CPU 是同一个 core 的超线程。

逻辑处理器核心数：sibling 是内核认为的单个物理处理器所有的超线程个数，也就是一个物理封装中的逻辑核的个数。如果 sibling 等于实际物理核数的话，就说明没有启动超线程；反之，则说明启用超线程。

系统物理处理器封装 ID：Socket 中文翻译成"插槽"，也就是所谓的物理处理器封装个数，即俗称的"物理 CPU 数"，管理员可能会称之为"路"。例如一块"Intel(R) Xeon(R) CPU E5-2680 v2 @ 2.80GHz"有两个"物理处理器封装"。具有相同 physical id 的 CPU 是同一个 CPU 封装的线程或核心。

系统逻辑处理器 ID：逻辑处理器数的英文名是 logical processor，即俗称的"逻辑 CPU 数"，逻辑核心处理器就是虚拟物理核心处理器的一个超线程技术，例如"Intel(R) Xeon(R) CPU E5-2680 v2 @ 2.80GHz"支持超线程，一个物理核心能模拟为两个逻辑处理器，即一块 "Intel(R) Xeon(R) CPU E5-2680 v2 @ 2.80GHz"有 20 个"逻辑处理器"。

3.1.3　亲和性

当处理器进入多核架构后，自然会面对一个问题，按照什么策略将任务线程分配到各个处理器上执行。众所周知的是，这个分配工作一般由操作系统完成。负载均衡当然是比较理想的策略，按需指定的方式也是很自然的诉求，因为其具有确定性。

简单地说，CPU 亲和性（Core affinity）就是一个特定的任务要在某个给定的 CPU 上尽量长时间地运行而不被迁移到其他处理器上的倾向性。这意味着线程可以不在处理器之间频繁迁移。这种状态正是我们所希望的，因为线程迁移的频率小就意味着产生的负载小。

Linux 内核包含了一种机制，它让开发人员可以编程实现 CPU 亲和性。这意味着应用程序可以显式地指定线程在哪个（或哪些）处理器上运行。

1. Linux 内核对亲和性的支持

在 Linux 内核中，所有的线程都有一个相关的数据结构，称为 task_struct。这个结构非常重要，原因有很多；其中与亲和性相关度最高的是 cpus_allowed 位掩码。这个位掩码由 n 位组成，与系统中的 n 个逻辑处理器一一对应。具有 4 个物理 CPU 的系统可以有 4 位。如果这些 CPU 都启用了超线程，那么这个系统就有一个 8 位的位掩码。

如果针对某个线程设置了指定的位，那么这个线程就可以在相关的 CPU 上运行。因此，如果一个线程可以在任何 CPU 上运行，并且能够根据需要在处理器之间进行迁移，那么位掩码就全是 1。实际上，在 Linux 中，这就是线程的默认状态。

Linux 内核 API 提供了一些方法，让用户可以修改位掩码或查看当前的位掩码：

❏ sched_set_affinity()（用来修改位掩码）

❏ sched_get_affinity()（用来查看当前的位掩码）

注意，cpu_affinity 会被传递给子线程，因此应该适当地调用 sched_set_affinity。

2. 为什么应该使用亲和性

将线程与 CPU 绑定，最直观的好处就是提高了 CPU Cache 的命中率，从而减少内存访问损耗，提高程序的速度。

在多核体系 CPU 上，提高外设以及程序工作效率最直观的办法就是让各个物理核各自负责专门的事情。每个物理核各自也会有缓存，缓存着执行线程使用的信息，而线程可能会被内核调度到其他物理核上，这样 L1/L2 的 Cache 命中率会降低，当绑定物理核后，程序就会一直在指定核上跑，不会由操作系统调度到其他核上，省却了来回反复调度的性能消耗，线程之间互不干扰地完成工作。

在 NUMA 架构下，这个操作对系统运行速度的提升有更大的意义，跨 NUMA 节点的任务切换，将导致大量三级 Cache 的丢失。从这个角度来看，NUMA 使用 CPU 绑定时，每个核心可以更专注地处理一件事情，资源体系被充分使用，减少了同步的损耗。

通常 Linux 内核都可以很好地对线程进行调度，在应该运行的地方运行线程（这就是说，在可用的处理器上运行并获得很好的整体性能）。内核包含了一些用来检测 CPU 之间任务负载迁移的算法，可以启用线程迁移来降低繁忙的处理器的压力。

一般情况下，在应用程序中只需使用默认的调度器行为。然而，您可能会希望修改这些默认行为以实现性能的优化。让我们来看一下使用亲和性的三个原因。

❏ 有大量计算要做

基于大量计算的情形通常出现在科学计算和理论计算中，但是通用领域的计算也可能出现这种情况。一个常见的标志是发现自己的应用程序要在多处理器的机器上花费大量的计算时间。

❏ 测试复杂的应用程序

测试复杂软件是我们对内核亲和性技术感兴趣的另外一个原因。考虑一个需要进行线性可伸缩性测试的应用程序。有些产品声明可以在使用更多硬件时执行得更好。我们不用购买多台机器（为每种处理器配置都购买一台机器），而是可以：①购买一台多处理器的机器，②不断增加分配的处理器，③测量每秒的事务数，④评估结果的可伸缩性。

如果应用程序随着 CPU 的增加可以线性地伸缩，那么每秒事务数和 CPU 个数之间应该会是线性的关系。这样建模可以确定应用程序是否可以有效地使用底层硬件。

如果一个给定的线程迁移到其他地方去了，那么它就失去了利用 CPU 缓存的优势。实际上，如果正在使用的 CPU 需要为自己缓存一些特殊的数据，那么所有其他 CPU 都会使这些数据在自己的缓存中失效。

因此，如果有多个线程都需要相同的数据，那么将这些线程绑定到一个特定的 CPU 上是非常有意义的，这样就确保它们可以访问相同的缓存数据（或者至少可以提高缓存的命中率）。

否则，这些线程可能会在不同的 CPU 上执行，这样会频繁地使其他缓存项失效。

❏ 运行时间敏感的、决定性的线程

我们对 CPU 亲和性感兴趣的最后一个原因是实时（对时间敏感的）线程。例如，您可能会希望使用亲和性来指定一个 8 路主机上的某个处理器，而同时允许其他 7 个处理器处理所有普通的系统调度。这种做法确保长时间运行、对时间敏感的应用程序可以得到运行，同时可以允许其他应用程序独占其余的计算资源。下面的应用程序显示了这是如何工作的。

3. 线程独占

DPDK 通过把线程绑定到逻辑核的方法来避免跨核任务中的切换开销，但对于绑定运行的当前逻辑核，仍然可能会有线程切换的发生，若希望进一步减少其他任务对于某个特定任务的影响，在亲和的基础上更进一步，可以采取把逻辑核从内核调度系统剥离的方法。

Linux 内核提供了启动参数 isolcpus。对于有 4 个 CPU 的服务器，在启动的时候加入启动参数 isolcpus=2,3。那么系统启动后将不使用 CPU3 和 CPU4。注意，这里说的不使用不是绝对地不使用，系统启动后仍然可以通过 taskset 命令指定哪些程序在这些核心中运行。步骤如下所示。

命令：vim /boot/grub2.cfg

在 Linux kernel 启动参数里面加入 isolcpus 参数，isolcpu=2,3。

命令：cat /proc/cmdline

等待系统重新启动之后查看启动参数 BOOT_IMAGE=/boot/vmlinuz-3.17.8-200.fc20.x86_64 root=UUID=3ae47813-79ea-4805-a732-21bedcbdb0b5 ro LANG=en_US.UTF-8 isolcpus=2,3。

3.1.4　DPDK 的多线程

DPDK 的线程基于 pthread 接口创建，属于抢占式线程模型，受内核调度支配。DPDK 通过在多核设备上创建多个线程，每个线程绑定到单独的核上，减少线程调度的开销，以提高性能。

DPDK 的线程可以作为控制线程，也可以作为数据线程。在 DPDK 的一些示例中，控制线程一般绑定到 MASTER 核上，接受用户配置，并传递配置参数给数据线程等；数据线程分布在不同 SLAVE 核上处理数据包。

1. EAL 中的 lcore

DPDK 的 lcore 指的是 EAL 线程，本质是基于 pthread（Linux/FreeBSD）封装实现。Lcore（EAL pthread）由 remote_launch 函数指定的任务创建并管理。在每个 EAL pthread 中，有一个 TLS（Thread Local Storage）称为 _lcore_id。当使用 DPDK 的 EAL '-c' 参数指定 coremask 时，EAL pthread 生成相应个数 lcore 并默认是 1:1 亲和到 coremask 对应的 CPU 逻辑核，_lcore_id 和 CPU ID 是一致的。

下面简单介绍 DPDK 中 lcore 的初始化及执行任务的注册。

（1）初始化

1）rte_eal_cpu_init() 函数中，通过读取 /sys/devices/system/cpu/cpuX/ 下的相关信息，确定当前系统有哪些 CPU 核，以及每个核属于哪个 CPU Socket。

2）eal_parse_args() 函数，解析 -c 参数，确认哪些 CPU 核是可以使用的，以及设置第一个核为 MASTER。

3）为每一个 SLAVE 核创建线程，并调用 eal_thread_set_affinity() 绑定 CPU。线程的执行体是 eal_thread_loop()。eal_thread_loop() 的主体是一个 while 死循环，调用不同模块注册

到 lcore_config[lcore_id].f 的回调函数。

```
RTE_LCORE_FOREACH_SLAVE(i) {
    /*
     * create communication pipes between master thread
     * and children
     */
    if (pipe(lcore_con©g[i].pipe_master2slave) < 0)
        rte_panic("Cannot create pipe\n");
    if (pipe(lcore_con©g[i].pipe_slave2master) < 0)
        rte_panic("Cannot create pipe\n");

    lcore_con©g[i].state = WAIT;

    /* create a thread for each lcore */
    ret = pthread_create(&lcore_con©g[i].thread_id, NULL,
                    eal_thread_loop, NULL);
    if (ret != 0)
        rte_panic("Cannot create thread\n");
}
```

（2）注册

不同的模块需要调用 rte_eal_mp_remote_launch()，将自己的回调处理函数注册到 lcore_config[].f 中。以 l2fwd 为例，注册的回调处理函数是 l2fwd_launch_on_lcore()。

```
rte_eal_mp_remote_launch(l2fwd_launch_one_lcore, NULL, CALL_MASTER);
```

DPDK 每个核上的线程最终会调用 eal_thread_loop()--->l2fwd_launch_on_lcore()，调用到自己实现的处理函数。

最后，总结整个 lcore 启动过程和执行任务分发，可以归纳为如图 3-5 所示。

2. lcore 的亲和性

默认情况下，lcore 是与逻辑核一一亲和绑定的。带来性能提升的同时，也牺牲了一定的灵活性和能效。在现网中，往往有流量潮汐现象的发生，在网络流量空闲时，没有必要使用与流量繁忙时相同的核数。按需分配和灵活的扩展伸缩能力，代表了一种很有说服力的能效需求。于是，EAL pthread 和逻辑核之间进而允许打破 1:1 的绑定关系，使得_lcore_id 本身和 CPU ID 可以不严格一致。EAL 定义了长选项 "--lcores" 来指定 lcore 的 CPU 亲和性。对一个特定的 lcore ID 或者 lcore ID 组，这个长选项允许为 EAL pthread 设置 CPU 集。

格式如下：

```
--lcores='<lcore_set>[@cpu_set][,<lcore_set>[@cpu_set],...]'
```

其中，'lcore_set' 和 'cpu_set' 可以是一个数字、范围或者一个组。数字值是

" digit([0-9]+) "；范围是 " <number>-<number> "；group 是 " (<number|range>[,<number|ran ge>,...]) "。如果不指定 ' @cpu_set ' 的值，那么默认就使用 ' lcore_set ' 的值。这个选项与 corelist 的选项 ' -l ' 是兼容的。

```
For example, "--lcores='1,2@(5-7),(3-5)@(0,2),(0,6),7-8'" which means start 9 EAL thread;
    lcore 0 runs on cpuset 0x41 (cpu 0,6);
    lcore 1 runs on cpuset 0x2 (cpu 1);
    lcore 2 runs on cpuset 0xe0 (cpu 5,6,7);
    lcore 3,4,5 runs on cpuset 0x5 (cpu 0,2);
    lcore 6 runs on cpuset 0x41 (cpu 0,6);
    lcore 7 runs on cpuset 0x80 (cpu 7);
    lcore 8 runs on cpuset 0x100 (cpu 8).
```

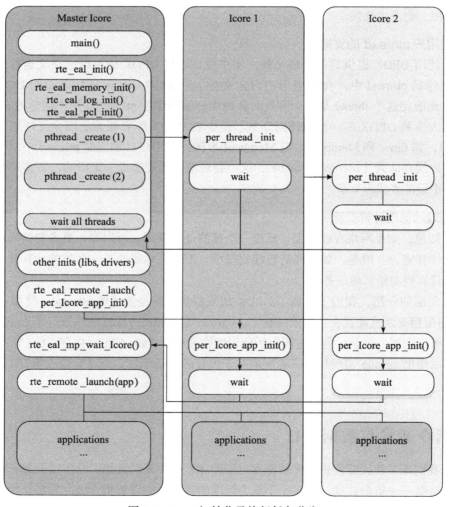

图 3-5　lcore 初始化及执行任务分发

这个选项以及对应的一组 API（rte_thread_set/get_affinity()）为 lcore 提供了亲和的灵活性。lcore 可以亲和到一个 CPU 或者一个 CPU 集合，使得在运行时调整具体某个 CPU 承载 lcore 成为可能。

而另一个方面，多个 lcore 也可能亲和到同一个核。这里要注意的是，同一个核上多个可抢占式的任务调度涉及非抢占式的库时，会有一定限制。这里以非抢占式无锁 rte_ring 为例：

1）单生产者 / 单消费者模式，不受影响，可正常使用。

2）多生产者 / 多消费者模式且 pthread 调度策略都是 SCHED_OTHER 时，可以使用，性能会有所影响。

3）多生产者 / 多消费者模式且 pthread 调度策略有 SCHED_FIFO 或者 SCHED_RR 时，建议不使用，会产生死锁。

3. 对用户 pthread 的支持

除了使用 DPDK 提供的逻辑核之外，用户也可以将 DPDK 的执行上下文运行在任何用户自己创建的 pthread 中。在普通用户自定义的 pthread 中，lcore id 的值总是 LCORE_ID_ANY，以此确定这个 thread 是一个有效的普通用户所创建的 pthread。用户创建的 pthread 可以支持绝大多数 DPDK 库，没有任何影响。但少数 DPDK 库可能无法完全支持用户自创建的 pthread，如 timer 和 Mempool。以 Mempool 为例，在用户自创建的 pthread 中，将不会启用每个核的缓存队列（Mempool cache），这个会对最佳性能造成一定影响。更多影响可以参见开发者手册的多线程章节。

4. 有效地管理计算资源

我们知道，如果网络吞吐很大，超过一个核的处理能力，可以加入更多的核来均衡流量提高整体计算能力。但是，如果网络吞吐比较小，不能耗尽哪怕是一个核的计算能力，如何能够释放计算资源给其他任务呢？

通过前面的介绍，我们了解到了 DPDK 的线程其实就是普通的 pthread。使用 cgroup 能把 CPU 的配额灵活地配置在不同的线程上。cgroup 是 control group 的缩写，是 Linux 内核提供的一种可以限制、记录、隔离进程组所使用的物理资源（如：CPU、内存、I/O 等）的机制。DPDK 可以借助 cgroup 实现计算资源配额对于线程的灵活配置，可以有效改善 I/O 核的闲置利用率。

3.2 指令并发与数据并行

前面我们花了较大篇幅讲解多核并发对于整体性能提升的帮助，从本节开始，我们将从另外一个维度——指令并发，站在一个更小粒度的视角，去理解指令级并发对于性能提升的帮助。

3.2.1　指令并发

现代多核处理器几乎都采用了超标量的体系结构来提高指令的并发度，并进一步地允许对无依赖关系的指令乱序执行。这种用空间换时间的方法，极大提高了 IPC，使得一个时钟周期完成多条指令成为可能。

图 3-6 中 Haswell 微架构流水线是 Haswell 微架构的流水线参考，从中可以看到 Scheduler 下挂了 8 个 Port，这表示每个 core 每个时钟周期最多可以派发 8 条微指令操作。具体到指令的类型，比如 Fast LEA，它可以同时在 Port 1 和 Port 5 上派发。换句话说，该指令具有被多发的能力。可以简单地理解为，该指令先后操作两个没有依赖关系的数据时，两条指令有可能被处理器同时派发到执行单元执行，由此该指令实际执行的吞吐率就提升了一倍。

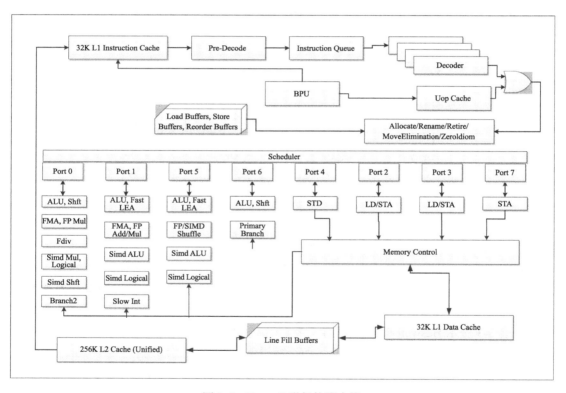

图 3-6　Haswell 微架构流水线

虽然处理器内部发生的指令并发过程对于开发者是透明的，但不同的代码逻辑、数据依赖、存储布局等，会影响 CPU 运行时指令的派发，最终影响程序运行的 IPC。由于涉及的内容非常广泛，本书限于篇幅有限不能一一展开。理解处理器的体系结构以及微架构的设计，对于调优或者高效的代码设计都会很有帮助。这里推荐读者阅读 64-ia-32 架构优化手册，手册中会从前端优化、执行 core 优化、访存优化、预取等多个方面讲解各类技巧。

3.2.2 单指令多数据

在进入到什么是"单指令多数据"之前，先简单认识一下它的意义。"单指令多数据"给了我们这样一种可能，即使某条指令本身不再能被并（多）发，我们依旧可以从数据位宽的维度上提升并行度，从而得到整体性能提升。

3.2.2.1 SIMD 简介

SIMD 是 Single-Instruction Multiple-Data（单指令多数据）的缩写，从字面的意思就能理解大致的含义。多数据指以特定宽度为一个数据单元，多单元数据独立操作。而单指令指对于这样的多单元数据集，一个指令操作作用到每个数据单元。可以把 SIMD 理解为向量化的操作方式。典型 SIMD 操作如图 3-7 所示，两组各 4 个数据单元（X1，X2，X3，X4 和 Y1，Y2，Y3，Y4）并行操作，相同操作作用在相应的数据单元对上（X1 和 Y1，X2 和 Y2，X3 和 Y3，X4 和 Y4），4 对计算结果组成最后的 4 数据单元数。

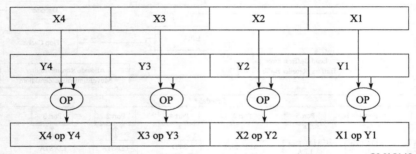

OM15148

图 3-7　典型 SIMD 操作

SIMD 指令操作的寄存器相对于通用寄存器（general-purpose register，RPRS）更宽，128bit 的 XMM 寄存器或者 256bit 的 YMM 寄存器，有 2 倍甚至 4 倍于通用寄存器的宽度（在 64bit 架构上）。所以，用 SIMD 指令的一个直接好处是最大化地利用一级缓存访存的带宽，以表 3-3 所示 Haswell 微架构中第一级 Cache 参数为例，每时钟周期峰值带宽为 64B（load）（注：每周期支持两个 load 微指令，每个微指令获取最多 32B 数据）+32B（store）。可见，该微架构单时钟周期可以访存的最大数据宽度为 32B 即 256bit，只有 YMM 寄存器宽度的单指令 load 或者 store，可以用尽最大带宽。

表 3-3　Haswell 微架构中第一级 Cache 参数

Level	容量 / 每路 Cache	行的尺寸（单位：字节）	最快时延（单位：时钟周期）	加载吞吐率（单位：时钟周期）	带宽峰值（单位：字节 / 时钟周期）	更新策略
First Level Data	32KB/8	64	4	0.5	64（Load）+32（Store）	回写

对于 I/O 密集的负载，如 DPDK，最大化地利用访存带宽，减少处理器流水线后端因 I/O

访问造成的 CPU 失速，会对性能提升有显著的效果。所以，DPDK 在多个基础库中都有利用 SIMD 做向量化的优化操作。然而，也并不是所有场景都适合使用 SIMD，由于数据位较宽，对繁复的窄位宽数据操作副作用比较明显，有时数据格式调整的开销可能更大，所以选择使用 SIMD 时要仔细评估好负载的特征。

图 3-8 所示的 128 位宽的 XMM 和 256 位宽的 YMM 寄存器分别对应 Intel® SSE（Streaming SIMD Extensions）和 Intel® AVX（Advanced Vector Extensions）指令集。

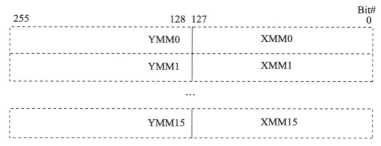

图 3-8　128 位宽和 256 位宽 SIMD 寄存器

3.2.2.2　实战 DPDK

DPDK 中的 memcpy 就利用到了 SSE/AVX 的特点。比较典型的就是 rte_memcpy 内存拷贝函数。内存拷贝是一个非常简单的操作，算法上并无难度，关键在于很好地利用处理器的各种并行特性。当前 Intel 的处理器（例如 Haswell、Sandy Bridge 等）一个指令周期内可以执行两条 Load 指令和一条 Store 指令，并且支持 SIMD 指令（SSE/AVX）来在一条指令中处理多个数据，其 Cache 的带宽也对 SIMD 指令进行了很好的支持。因此，在 rte_memcpy 中，我们使用了平台所支持的最大宽度的 Load 和 Store 指令（Sandy Bridge 为 128bit，Haswell 为 256bit）。此外，由于非对齐的存取操作往往需要花费更多的时钟周期，rte_memcpy 优先保证 Store 指令存储的地址对齐，利用处理器每个时钟周期可以执行两条 Load 这个超标量特性来弥补一部分非对齐 Load 所带来的性能损失。更多信息可以参考 [Ref3-3]。

例如，在 Haswell 上，对于大于 512 字节的拷贝，需要按照 Store 地址进行对齐。

```
/**
 * Make store aligned when copy size exceeds 512 bytes
 */
dstofss = 32 - ((uintptr_t)dst & 0x1F);
n -= dstofss;
rte_mov32((uint8_t *)dst, (const uint8_t *)src);
src = (const uint8_t *)src + dstofss;
dst = (uint8_t *)dst + dstofss;
```

在 Sandy Bridge 上，由于非对齐的 Load/Store 所带来的的额外性能开销非常大，因此，除了使得 Store 对齐之外，Load 也需要进行对齐。在操作中，对于非对齐的 Load，将其首尾未对齐部分多余的位也加载进来，因此，会产生比 Store 指令多一条的 Load。

```
xmm0 = _mm_loadu_si128((const __m128i *)((const uint8_t *)src - offset + 0 * 16));
len -= 128;
xmm1 = _mm_loadu_si128((const __m128i *)((const uint8_t *)src - offset + 1 * 16));
xmm2 = _mm_loadu_si128((const __m128i *)((const uint8_t *)src - offset + 2 * 16));
xmm3 = _mm_loadu_si128((const __m128i *)((const uint8_t *)src - offset + 3 * 16));
xmm4 = _mm_loadu_si128((const __m128i *)((const uint8_t *)src - offset + 4 * 16));
xmm5 = _mm_loadu_si128((const __m128i *)((const uint8_t *)src - offset + 5 * 16));
xmm6 = _mm_loadu_si128((const __m128i *)((const uint8_t *)src - offset + 6 * 16));
xmm7 = _mm_loadu_si128((const __m128i *)((const uint8_t *)src - offset + 7 * 16));
xmm8 = _mm_loadu_si128((const __m128i *)((const uint8_t *)src - offset + 8 * 16));
src = (const uint8_t *)src + 128;
_mm_storeu_si128((__m128i *)((uint8_t *)dst + 0 * 16), _mm_alignr_epi8(xmm1,
xmm0, offset));
_mm_storeu_si128((__m128i *)((uint8_t *)dst + 1 * 16), _mm_alignr_epi8(xmm2,
xmm1, offset));
_mm_storeu_si128((__m128i *)((uint8_t *)dst + 2 * 16), _mm_alignr_epi8(xmm3,
xmm2, offset));
_mm_storeu_si128((__m128i *)((uint8_t *)dst + 3 * 16), _mm_alignr_epi8(xmm4,
xmm3, offset));
_mm_storeu_si128((__m128i *)((uint8_t *)dst + 4 * 16), _mm_alignr_epi8(xmm5,
xmm4, offset));
_mm_storeu_si128((__m128i *)((uint8_t *)dst + 5 * 16), _mm_alignr_epi8(xmm6,
xmm5, offset));
_mm_storeu_si128((__m128i *)((uint8_t *)dst + 6 * 16), _mm_alignr_epi8(xmm7,
xmm6, offset));
_mm_storeu_si128((__m128i *)((uint8_t *)dst + 7 * 16), _mm_alignr_epi8(xmm8,
xmm7, offset));
dst = (uint8_t *)dst + 128;
```

3.3 小结

多核采用这种"横向扩展"的方法来提高系统的性能，该架构实现了"分治法"策略。通过划分任务，线程应用能够充分利用多个执行内核，并且可以在特定时间内执行更多任务。它的优点是能够充分并且灵活地分配 CPU，使它们的利用率最大化。但是，增加了上下文切换以及缓存命中率的开销。总之，由于多个核的存在，多核同步问题也是一个重要部分，由于很难严格做到每个核都不相关，因此引入无锁结构，这将在以后做更进一步介绍。

第 4 章 *Chapter 4*

同步互斥机制

DPDK 根据多核处理器的特点，遵循资源局部化的原则，解耦数据的跨核共享，使得性能可以有很好的水平扩展。但当面对实际应用场景，CPU 核间的数据通信、数据同步、临界区保护等都是不得不面对的问题。如何减少由这些基础组件引入的多核依赖的副作用，也是DPDK 的一个重要的努力方向。

4.1 原子操作

原子（atom）本意是"不能被进一步分割的最小粒子"，而原子操作（atomic operation）意为"不可被中断的一个或一系列操作"。对原子操作的简单描述就是：多个线程执行一个操作时，其中任何一个线程要么完全执行完此操作，要么没有执行此操作的任何步骤，那么这个操作就是原子的。原子操作是其他内核同步方法的基石。

4.1.1 处理器上的原子操作

在单处理器系统（UniProcessor）中，能够在单条指令中完成的操作都可以认为是"原子操作"，因为中断只能发生于指令之间。这也是某些 CPU 指令系统中引入了 test_and_set、test_and_clear 等指令用于临界资源互斥的原因。

在多核 CPU 的时代，体系中运行着多个独立的 CPU，即使是可以在单个指令中完成的操作也可能会被干扰。典型的例子就是 decl 指令（递减指令），它细分为三个过程："读 –> 改 –> 写"，涉及两次内存操作。如果多个 CPU 运行的多个进程或线程同时对同一块内存执行这个指令，那情况是无法预测的。

在 x86 平台上，总的来说，CPU 提供三种独立的原子锁机制：原子保证操作、加 LOCK 指令前缀和缓存一致性协议。

一些基础内存事务操作，如对一个字节的读或者写，它们总是原子的。处理器保证操作没完成前，其他处理器不能访问相同的内存位置。对于边界对齐的字节、字、双字和四字节都可以自然地进行原子读写操作；对于非对齐的字节、字、双字和四字节，如果它们属于同一个缓存行，那么它们的读写也是自然原子保证的。

对于 LOCK 指令前缀的总线锁，早期 CPU 芯片上有一条引线 #HLOCK pin，如果汇编语言的程序中在一条指令前面加上前缀 "LOCK"（这个前缀表示锁总线），经过汇编以后的机器代码就使 CPU 在执行这条指令的时候把 #HLOCK pin 的电位拉低，持续到这条指令结束时放开，从而把总线锁住，这样同一总线上别的 CPU 就暂时不能通过总线访问内存了，保证了这条指令在多处理器环境中的原子性。随着处理器的发展，对 LOCK 前缀的实现也在不断进行着性能改善。最近几代处理器中已经支持新的锁技术，若当前访问的内存已经被处理器缓存，LOCK# 不会被触发，会用锁缓存的方式代替。这样处理原子操作的开销就在这些特定场景下进一步降低。

这本质上是利用到了缓存一致性协议的保证，也就是之前说的第三种机制，自动防止多个处理器同时修改相同的内存地址。

不同代号处理器具体的实现方式都会有细微的差别，若对原子操作感兴趣，可以参考英特尔的软件开发者手册 Volume 3 8.1 LOCKED ATOMIC OPERATIONS 章节 [Ref4-2]。

在这里特别介绍一下 CMPXCHG 这条指令，它的语义是比较并交换操作数（CAS，Compare And Set）。而用 XCHG 类的指令做内存操作，处理器会自动地遵循 LOCK 的语义，可见该指令是一条原子的 CAS 单指令操作。它可是实现很多无锁数据结构的基础，DPDK 的无锁队列就是一个很好的实现例子。

CAS 操作需要输入两个数值，一个旧值（期望操作前的值）和一个新值，在操作期间先比较下旧值有没有发生变化，如果没有发生变化，才交换成新值，发生了变化，则不交换。

如：CMPXCHG r/m,r 将累加器 AL/AX/EAX/RAX 中的值与首操作数（目的操作数）比较，如果相等，第 2 操作数（源操作数）的值装载到首操作数，zf 置 1。如果不等，首操作数的值装载到 AL/AX/EAX/RAX，并将 zf 清 0。

4.1.2　Linux 内核原子操作

软件级的原子操作实现依赖于硬件原子操作的支持。对于 Linux 而言，内核提供了两组原子操作接口：一组是针对整数进行操作；另一组是针对单独的位进行操作。

1. 原子整数操作

针对整数的原子操作只能处理 atomic_t 类型的数据。这里没有使用 C 语言的 int 类型，主要是因为：

1）让原子函数只接受 atomic_t 类型操作数，可以确保原子操作只与这种特殊类型数据一起使用。

2）使用 atomic_t 类型确保编译器不对相应的值进行访问优化。

3）使用 atomic_t 类型可以屏蔽不同体系结构上的数据类型的差异。尽管 Linux 支持的所有机器上的整型数据都是 32 位，但是使用 atomic_t 的代码只能将该类型的数据当作 24 位来使用。这个限制完全是因为在 SPARC 体系结构上，原子操作的实现不同于其他体系结构：32 位 int 类型的低 8 位嵌入了一个锁，因为 SPARC 体系结构对原子操作缺乏指令级的支持，所以只能利用该锁来避免对原子类型数据的并发访问。

原子整数操作最常见的用途就是实现计数器。原子操作通常是内敛函数，往往通过内嵌汇编指令来实现。如果某个函数本来就是原子的，那么它往往会被定义成一个宏。

2. 原子性与顺序性

原子性确保指令执行期间不被打断，要么全部执行，要么根本不执行。而顺序性确保即使两条或多条指令出现在独立的执行线程中，甚至独立的处理器上，它们本该执行的顺序依然要保持。

3. 原子位操作

原子位操作定义在文件中。令人感到奇怪的是，位操作函数是对普通的内存地址进行操作的。原子位操作在多数情况下是对一个字长的内存访问，因而位编号在 0 ~ 31 之间（在 64 位机器上是 0 ~ 63 之间），但是对位号的范围没有限制。

在 Linux 内核中，原子位操作分别定义于 include\linux\types.h 和 arch\x86\include\asm\bitops.h。通常了解一个东西，我们是先了解它怎么用，因此，我们先来看看内核提供给用户的一些接口函数。对于整数原子操作函数，如表 4-1 所示，下述有关加法的操作在内核中均有相应的减法操作。

表 4-1　整数原子操作

原子整数操作	功能描述
ATOMIC_INIT(int i)	在声明一个 atomic_t 变量时，将它初始化为 i
int atomic_read(atomic_t *v)	原子地读取整数变量 v
void atomic_set(atomic_t *v, int i)	原子地设置 v 值为 i
void atomic_add(int i, atomic_t *v)	原子地给 v 加 i
void atomic_sub(int i, atomic_t *v)	原子地从 v 减 i
void atomic_inc(atomic_t *v)	原子地给 v 加 1
void atomic_dec(atomic_t *v)	原子地给 v 减 1
int atomic_sub_and_test(int i, atomic_t *v)	原子地从 v 减 i，若结果等于 0 返回真，否则返回假
int atomic_add_negative(int i, atomic_t *v)	原子地从 v 加 i，若结果是负数返回真，否则返回假
int atomic_dec_and_test(atomic_t *v)	原子地从 v 减 1，若结果等于 0 返回真，否则返回假
int atomic_inc_and_test(atomic_t *v)	原子地从 v 加 1，若结果等于 0 返回真，否则返回假

表 4-2 展示的是内核中提供的一些主要位原子操作函数。同时内核还提供了一组与上述操作对应的非原子位操作函数，名字前多两下划线。由于不保证原子性，因此速度可能执行更快。

表 4-2　位原子操作

原子位操作	功能描述
void set_bit(int nr, void *addr)	原子地设置 addr 所指对象的第 nr 位
void clear_bit(int nr, void *addr)	原子地清空 addr 所指对象的第 nr 位
void change_bit(int nr, void *addr)	原子地翻转 addr 所指对象的第 nr 位
int test_and_set_bit(int nr, void *addr)	原子地设置 addr 所指对象的第 nr 位，并返回原先的值
int test_and_clear_bit(int nr, void *addr)	原子地清空 addr 所指对象的第 nr 位，并返回原先的值
int test_and_change_bit(int nr, void *addr)	原子地翻转 addr 所指对象的第 nr 位，并返回原先的值
int test_bit(int nr, void *addr)	原子地返回 addr 所指对象的第 nr 位

4.1.3　DPDK 原子操作实现和应用

在理解原子操作在 DPDK 的实现之前，建议读者仔细阅读并且能够理解第 2 章的内容，那部分是我们理解内存操作的基础，因为原子操作的最终反映也是对内存资源的操作。

原子操作在 DPDK 代码中的定义都在 rte_atomic.h 文件中，主要包含两部分：内存屏蔽和 16、32 和 64 位的原子操作 API。

1. 内存屏障 API

rte_mb()：内存屏障读写 API

rte_wmb()：内存屏障写 API

rte_rmb()：内存屏障读 API

这三个 API 的实现在 DPDK 代码中没有什么区别，都是直接调用 __sync_synchronize()，而 __sync_synchronize() 函数对应着 MFENCE 这个序列化加载与存储操作汇编指令。

对 MFENCE 指令之前发出的所有加载与存储指令执行序列化操作。此序列化操作确保：在全局范围内看到 MFENCE 指令后面（按程序顺序）的任何加载与存储指令之前，可以在全局范围内看到 MFENCE 指令前面的每一条加载与存储指令。MFENCE 指令的顺序根据所有的加载与存储指令、其他 MFENCE 指令、任何 SFENCE 与 LFENCE 指令以及任何序列化指令（如 CPUID 指令）确定。

通过使用无序发出、推测性读取、写入组合以及写入折叠等技术，弱序类型的内存可获得更高的性能。数据使用者对数据弱序程序的认知或了解因应用程序的不同而异，并且可能不为此数据的产生者所知。对于确保产生弱序结果的例程与使用此数据的例程之间的顺序，MFENCE 指令提供了一种高效的方法。

我们在这里给出一个内存屏障的应用在 DPDK 中的实例，在 virtio_dev_rx() 函数中，在读取 avail->flags 之前，加入内存屏障 API 以防止乱序的执行。

```
*(volatile uint16_t *)&vq->used->idx += count;
    vq->last_used_idx = res_end_idx;

    /* °ush used->idx update before we read avail->°ags. */
    rte_mb();

    /* Kick the guest if necessary. */
    if (!(vq->avail->°ags & VRING_AVAIL_F_NO_INTERRUPT))
            eventfd_write(vq->callfd, (eventfd_t)1);
```

2. 原子操作 API

DPDK 代码中提供了 16、32 和 64 位原子操作的 API，以 rte_atomic64_add() API 源代码为例，讲解一下 DPDK 中原子操作的实现，其代码如下：

```
static inline void
rte_atomic64_add(rte_atomic64_t *v, int64_t inc)
{
    int success = 0;3
    uint64_t tmp;

    while (success == 0) {
        tmp = v->cnt;
        success = rte_atomic64_cmpset((volatile uint64_t *)&v->cnt,
                                      tmp, tmp + inc);
    }
}
```

我们可以看到这个 API 中主要是使用了比较和交换的原子操作 API，关于比较和交换指令的原理我们已经在前面解释了，这里我们只是来看 DPDK 是如何嵌入汇编指令来使用它的。(详见 [Ref 4-2])。

```
rte_atomic64_cmpset(volatile uint64_t *dst, uint64_t exp, uint64_t src)
{
    uint8_t res;
    asm volatile(
            MPLOCKED
            "cmpxchgq %[src], %[dst];"
            "sete %[res];"
            :[res] "=a" (res),
             [dst] "=m" (*dst)
            :[src] "r" (src),
              "a" (exp),
              "m" (*dst)
            :"memory");
    return res;
}
```

在 VXLAN 例子代码中，使用了 64 位的原子操作 API 来进行校验码和错误包的统计；这样，在多核系统中，加上原子操作的数据包统计才准确无误。

```
int
vxlan_rx_pkts(struct virtio_net *dev, struct rte_mbuf **pkts_burst,
        uint32_t rx_count)
{
    uint32_t i = 0;
    uint32_t count = 0;
    int ret;
    struct rte_mbuf *pkts_valid[rx_count];

    for (i = 0; i < rx_count; i++) {
        if (enable_stats) {
            rte_atomic64_add(
                &dev_statistics[dev->device_fh].rx_bad_ip_csum,
                (pkts_burst[i]->ol_ºags & PKT_RX_IP_CKSUM_BAD)
                != 0);
            rte_atomic64_add(
                &dev_statistics[dev->device_fh].rx_bad_ip_csum,
                (pkts_burst[i]->ol_ºags & PKT_RX_L4_CKSUM_BAD)
                != 0);
        }
        ret = vxlan_rx_process(pkts_burst[i]);
        if (unlikely(ret < 0))
            continue;

        pkts_valid[count] = pkts_burst[i];
            count++;
    }

    ret = rte_vhost_enqueue_burst(dev, VIRTIO_RXQ, pkts_valid, count);
    return ret;
}
```

4.2 读写锁

读写锁这种资源保护机制也在 DPDK 代码中得到了充分的应用。

读写锁实际是一种特殊的自旋锁，它把对共享资源的访问操作划分成读操作和写操作，读操作只对共享资源进行读访问，写操作则需要对共享资源进行写操作。这种锁相对于自旋锁而言，能提高并发性，因为在多处理器系统中，它允许同时有多个读操作来访问共享资源，最大可能的读操作数为实际的逻辑 CPU 数。

写操作是排他性的，一个读写锁同时只能有一个写操作或多个读操作（与 CPU 数相关），但不能同时既有读操作又有写操作。

读写自旋锁除了和普通自旋锁一样有自旋特性以外，还有以下特点：

□ 读锁之间资源是共享的：即一个线程持有了读锁之后，其他线程也可以以读的方式持有这个锁。

□ 写锁之间是互斥的：即一个线程持有了写锁之后，其他线程不能以写的方式持有这个锁。

□ 读写锁之间是互斥的：即一个线程持有了读锁之后，其他线程不能以写的方式持有这个锁。

上面提及的共享资源可以是简单的单一变量或多个变量，也可以是像文件这样的复杂数据结构。为了防止错误地使用读写自旋锁而引发的 bug，我们假定每个共享资源关联一个唯一的读写自旋锁，线程只允许按照类似大象装冰箱的方式访问共享资源：

1）申请锁。

2）获得锁后，读写共享资源。

3）释放锁。

我们说某个读写自旋锁算法是正确的，是指该锁满足如下三个属性：

1）互斥。任意时刻读者和写者不能同时访问共享资源（即获得锁）；任意时刻只能有至多一个写者访问共享资源。

2）读者并发。在满足"互斥"的前提下，多个读者可以同时访问共享资源。

3）无死锁。如果线程 A 试图获取锁，那么某个线程必将获得锁，这个线程可能是 A 自己；如果线程 A 试图但是永远没有获得锁，那么某个或某些线程必定无限次地获得锁。

读写自旋锁主要用于比较短小的代码片段，线程等待期间不应该进入睡眠状态，因为睡眠 / 唤醒操作相当耗时，大大延长了获得锁的等待时间，所以我们要求忙等待。申请锁的线程必须不断地查询是否发生退出等待的事件，不能进入睡眠状态。这个要求只是描述线程执行锁申请操作未成功时的行为，并不涉及锁自身的正确性。

4.2.1　Linux 读写锁主要 API

在这一节主要介绍在 Linux 内核中实现的 API。

下面表 4-3 中列出了针对读 – 写自旋锁的所有操作。读写锁相关文件参照各个体系结构中的 <asm/rwlock.h>。

读写锁的相关函数如表 4-3 所示。

表 4-3　Linux 读写锁

方　　法	功能描述
read_lock()	获取指定的读锁
read_lock_irq()	禁止本地中断并获得指定读锁
read_lock_irqsave()	存储本地中断的当前状态，禁止本地中断并获得指定读锁
read_unlock()	释放指定的读锁
read_unlock_irq()	释放指定的读锁并激活本地中断
read_unlock_irqrestore()	释放指定的读锁并将本地中断恢复到指定前的状态

（续）

方　　法	功能描述
write_lock()	获得指定的写锁
write_lock_irq()	禁止本地中断并获得指定写锁
write_lock_irqsave()	存储本地中断的当前状态，禁止本地中断并获得指定写锁
write_unlock()	释放指定的写锁
write_unlock_irq()	释放指定的写锁并激活本地中断
write_unlock_irqrestore()	释放指定的写锁并将本地中断恢复到指定前的状态
write_trylock()	试图获得指定的写锁；如果写锁不可用，返回非 0 值
rwlock_init()	初始化指定的 rwlock_t

4.2.2　DPDK 读写锁实现和应用

DPDK 读写锁的定义在 rte_rwlock.h 文件中，

rte_rwlock_init(rte_rwlock_t *rwl)：初始化读写锁到 unlocked 状态。

rte_rwlock_read_lock(rte_rwlock_t *rwl)：尝试获取读锁直到锁被占用。

rte_rwlock_read_unlock(rte_rwlock_t *rwl)：释放读锁。

rte_rwlock_write_lock(rte_rwlock_t *rwl)：获取写锁。

rte_rwlock_write_unlock(rte_rwlock_t *rwl)：释放写锁。

读写锁在 DPDK 中主要应用在下面几个地方，对操作的对象进行保护。

❑ 在查找空闲的 memory segment 的时候，使用读写锁来保护 memseg 结构。LPM 表创建、查找和释放。

❑ Memory ring 的创建、查找和释放。

❑ ACL 表的创建、查找和释放。

❑ Memzone 的创建、查找和释放等。

下面是查找空闲的 memory segment 的时候，使用读写锁来保护 memseg 结构的代码实例。

```
/*
 * Lookup for the memzone identi©ed by the given name
 */
const struct rte_memzone *
rte_memzone_lookup(const char *name)
{
        struct rte_mem_con©g *mcfg;
        const struct rte_memzone *memzone = NULL;
        mcfg = rte_eal_get_con©guration()->mem_con©g;
        rte_rwlock_read_lock(&mcfg->mlock);
        memzone = memzone_lookup_thread_unsafe(name);
        rte_rwlock_read_unlock(&mcfg->mlock);
        return memzone;
}
```

4.3　自旋锁

何谓自旋锁（spin lock）？它是为实现保护共享资源而提出的一种锁机制。其实，自旋锁与互斥锁比较类似，它们都是为了解决对某项资源的互斥使用。无论是互斥锁，还是自旋锁，在任何时刻，最多只能有一个保持者，也就说，在任何时刻最多只能有一个执行单元获得锁。但是两者在调度机制上略有不同。对于互斥锁，如果资源已经被占用，资源申请者只能进入睡眠状态。但是自旋锁不会引起调用者睡眠，如果自旋锁已经被别的执行单元保持，调用者就一直循环在那里看是否该自旋锁的保持者已经释放了锁，"自旋"一词就是因此而得名。

4.3.1　自旋锁的缺点

自旋锁必须基于 CPU 的数据总线锁定，它通过读取一个内存单元（spinlock_t）来判断这个自旋锁是否已经被别的 CPU 锁住。如果否，它写进一个特定值，表示锁定了总线，然后返回。如果是，它会重复以上操作直到成功，或者 spin 次数超过一个设定值。记住上面提及到的：锁定数据总线的指令只能保证一个指令操作期间 CPU 独占数据总线。（自旋锁在锁定的时候，不会睡眠而是会持续地尝试）。其作用是为了解决某项资源的互斥使用。因为自旋锁不会引起调用者睡眠，所以自旋锁的效率远高于互斥锁。虽然自旋锁的效率比互斥锁高，但是它也有些不足之处：

1）自旋锁一直占用 CPU，它在未获得锁的情况下，一直运行——自旋，所以占用着 CPU，如果不能在很短的时间内获得锁，这无疑会使 CPU 效率降低。

2）在用自旋锁时有可能造成死锁，当递归调用时有可能造成死锁，调用有些其他函数（如 copy_to_user()、copy_from_user()、kmalloc() 等）也可能造成死锁。

因此我们要慎重使用自旋锁，自旋锁只有在内核可抢占式或 SMP 的情况下才真正需要，在单 CPU 且不可抢占式的内核下，自旋锁的操作为空操作。自旋锁适用于锁使用者保持锁时间比较短的情况。

4.3.2　Linux 自旋锁 API

在 Linux kernel 实现代码中，自旋锁的实现与体系结构有关，所以相应的头文件 <asm/spinlock.h> 位于相关体系结构的代码中。

在 Linux 内核中，自旋锁的基本使用方式如下：

先声明一个 spinlock_t 类型的自旋锁变量，并初始化为"未加锁"状态。在进入临界区之前，调用加锁函数获得锁，在退出临界区之前，调用解锁函数释放锁。例如：

```
spinlock_t lock = SPIN_LOCK_UNLOCKED;
spin_lock(&lock);
/* 临界区 */
spin_unlock(&lock);
```

获得自旋锁和释放自旋锁的函数有多种变体，如下所示。

```
spin_lock_irqsave/spin_unlock_irqrestore
spin_lock_irq/spin_unlock_irq
spin_lock_bh/spin_unlock_bh/spin_trylock_bh
```

上面各组函数最终都需要调用自旋锁操作函数。spin_lock 函数用于获得自旋锁，如果能够立即获得锁，它就马上返回，否则，它将自旋在那里，直到该自旋锁的保持者释放。spin_unlock 函数则用于释放自旋锁。此外，还有一个 spin_trylock 函数用于尽力获得自旋锁，如果能立即获得锁，它获得锁并返回真；若不能立即获得锁，立即返回假。它不会自旋等待自旋锁被释放。

自旋锁使用时有两点需要注意：

1）自旋锁是不可递归的，递归地请求同一个自旋锁会造成死锁。

2）线程获取自旋锁之前，要禁止当前处理器上的中断。（防止获取锁的线程和中断形成竞争条件）

比如：当前线程获取自旋锁后，在临界区中被中断处理程序打断，中断处理程序正好也要获取这个锁，于是中断处理程序会等待当前线程释放锁，而当前线程也在等待中断执行完后再执行临界区和释放锁的代码。

再次总结自旋锁方法如表 4-4 所示。

表 4-4　Linux 自旋锁 API

方　　法	功能描述
spin_lock_irq()	禁止本地中断并获取指定的锁
spin_lock_irqsave()	保存本地中断的当前状态，禁止本地中断，并获取指定的锁
spin_unlock()	释放指定的锁
spin_unlock_irq()	释放指定的锁，并激活本地中断
spin_unlock_irqstore()	释放指定的锁，并让本地中断恢复到以前状态
spin_lock_init()	动态初始化指定的 spinlock_t
spin_trylock()	试图获取指定的锁，如果未获取，则返回 0
spin_is_locked()	如果指定的锁当前正在被获取，则返回非 0，否则返回 0

4.3.3　DPDK 自旋锁实现和应用

DPDK 中自旋锁 API 的定义在 rte_spinlock.h 文件中，其中下面三个 API 被广泛的应用在告警、日志、中断机制、内存共享和 link bonding 的代码中，用于临界资源的保护。

```
rte_spinlock_init(rte_spinlock_t *sl);
rte_spinlock_lock(rte_spinlock_t *sl);
rte_spinlock_unlock (rte_spinlock_t *sl);
```

其中 rte_spinlock_t 定义如下，简洁并且简单。

```
/**
 * The rte_spinlock_t type.
 */
typedef struct {
    volatile int locked; /**< lock status 0 = unlocked, 1 = locked */
} rte_spinlock_t;
```

下面的代码是 DPDK 中的 **vm_power_manager** 应用程序中的 **set_channel_status_all()** 函数，在自旋锁临界区更新了 channel 的状态和变化的 channel 的数量，这种保护在像 DPDK 这种支持多核的应用中是非常必要的。

```
Int
set_channel_status_all(const char *vm_name, enum channel_status status)
{
    ...

    rte_spinlock_lock(&(vm_info->con©g_spinlock));
    mask = vm_info->channel_mask;
    ITERATIVE_BITMASK_CHECK_64(mask, i) {
        vm_info->channels[i]->status = status;
        num_channels_changed++;
    }
    rte_spinlock_unlock(&(vm_info->con©g_spinlock));
    return num_channels_changed;

}
```

4.4　无锁机制

当前，高性能的服务器软件（例如，HTTP 加速器）在大部分情况下是运行在多核服务器上的，当前的硬件可以提供 32、64 或者更多的 CPU，在这种高并发的环境下，锁竞争机制有时会比数据拷贝、上下文切换等更伤害系统的性能。因此，在多核环境下，需要把重要的数据结构从锁的保护下移到无锁环境，以提高软件性能。

所以，现在无锁机制变得越来越流行，在特定的场合使用不同的无锁队列，可以节省锁开销，提高程序效率。Linux 内核中有无锁队列的实现，可谓简洁而不简单。

4.4.1　Linux 内核无锁环形缓冲

环形缓冲区通常有一个读指针和一个写指针。读指针指向环形缓冲区中可读的数据，写指针指向环形缓冲区中可写的数据。通过移动读指针和写指针就可以实现缓冲区的数据读取和写入。在通常情况下，环形缓冲区的读用户仅仅会影响读指针，而写用户仅仅会影响写指针。如果仅仅有一个读用户和一个写用户，那么不需要添加互斥保护机制就可以保证数据的正确性。但是，如果有多个读写用户访问环形缓冲区，那么必须添加互斥保护机制来确保多个用户互斥访问环形缓冲区。具体来讲，如果有多个写用户和一个读用户，那么只是需要给写用户加锁进行保护；反之，如果有一个写用户和多个读用户，那么只是需要对读用户进行加锁保护。

在 Linux 内核代码中，kfifo 就是采用无锁环形缓冲的实现，kfifo 是一种 "First In First Out" 数据结构，它采用了前面提到的环形缓冲区来实现，提供一个无边界的字节流服务。采用环形缓冲区的好处是，当一个数据元素被用掉后，其余数据元素不需要移动其存储位置，从而减少拷贝，提高效率。更重要的是，kfifo 采用了并行无锁技术，kfifo 实现的单生产/单消费模式的共享队列是不需要加锁同步的。更多的细节可以阅读 Linux 内核代码中的 kififo 的头文件（include/linux/kfifo.h）和源文件（kernel/kfifo.c）。

4.4.2 DPDK 无锁环形缓冲

基于无锁环形缓冲的原理，Intel DPDK 提供了一套无锁环形缓冲区队列管理代码，支持单生产者产品入列，单消费者产品出列；多名生产者产品入列，多名消费者出列操作。详见 [Ref4-1] 和 [Ref4-2]。

4.4.2.1 rte_ring 的数据结构定义

下面是 DPDK 中的 rte_ring 的数据结构定义，可以清楚地理解 rte_ring 的设计基础。

```
/**
 * An RTE ring structure.
 *
 * The producer and the consumer have a head and a tail index. The particularity
 * of these index is that they are not between 0 and size(ring). These indexes
 * are between 0 and 2^32, and we mask their value when we access the ring[]
 * ©eld. Thanks to this assumption, we can do subtractions between 2 index
 * values in a modulo-32bit base: that's why the over°ow of the indexes is not
 * a problem.
 */
struct rte_ring {
    char name[RTE_RING_NAMESIZE];       /**< Name of the ring. */
    int °ags;                           /**< Flags supplied at creation. */

    /** Ring producer status. */
    struct prod {
        uint32_t watermark;             /**< Maximum items before EDQUOT. */
        uint32_t sp_enqueue;            /**< True, if single producer. */
        uint32_t size;                  /**< Size of ring. */
        uint32_t mask;                  /**< Mask (size-1) of ring. */
        volatile uint32_t head;         /**< Producer head. */
        volatile uint32_t tail;         /**< Producer tail. */
    } prod __rte_cache_aligned;
    /** Ring consumer status. */
    struct cons {
        uint32_t sc_dequeue;            /**< True, if single consumer. */
        uint32_t size;                  /**< Size of the ring. */
```

```
        uint32_t mask;                    /**< Mask (size-1) of ring. */
        volatile uint32_t head;           /**< Consumer head. */
        volatile uint32_t tail;           /**< Consumer tail. */
#ifdef RTE_RING_SPLIT_PROD_CONS
    } cons __rte_cache_aligned;
#else
    } cons;
```

4.4.2.2　环形缓冲区的剖析

这一节讲解环形缓冲区（ring buffer）如何操作。这个环形结构是由两个组组成，一组被生产者使用，另一组被消费者使用。下面的图分别用 prod_head、prod_tail、cons_head 和 cons_tail 来指代它们。每个图代表一个简单的环形 ring 的状态。

4.4.2.3　单生产者入队

本小节讲述当一个生产者增加一个对象到环形缓冲区中是如何操作的。在这个例子中只有一个生产者头和尾（prod_head 和 prod_tail）被修改，并且只有一个生产者。这个初始状态是有一个生产者的头和尾指向了相同的位置。

1. 入队操作第一步（见图 4-1）

首先，暂时将生产者的头索引和消费者的尾部索引交给临时变量；并且将 prod_next 指向表的下一个对象，如果在这环形缓冲区没有足够的空间，将返回一个错误。

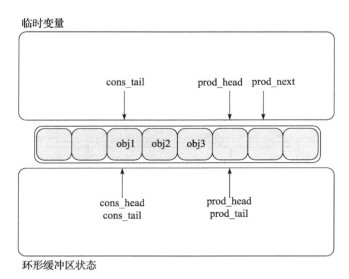

图 4-1　入队操作的第一步

2. 入队操作第二步（见图 4-2）

第二步是修改 prod_head 去指向 prod_next 指向的位置。指向新增加对象的指针被拷贝到 ring(obj4)。

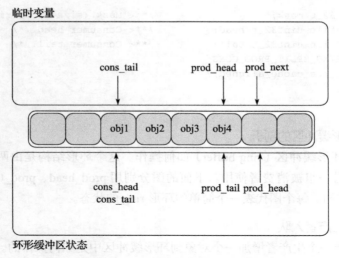

图 4-2　入队操作第二步

3. 入队操作最后一步（见图 4-3）

一旦这个对象被增加到环形缓冲区中，prod_tail 将要被修改成 prod_head 指向的位置。至此，这入队操作完成了。

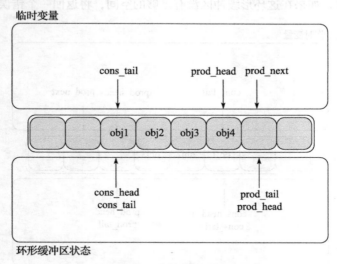

图 4-3　入队操作最后一步

4.4.2.4　单消费者出队

这一节介绍一个消费者出队操作在环形缓冲区中是如何进行的，在这个例子中，只有一个消费者头和尾（cons_head 和 cons_tail）被修改并且这只有一个消费者。初始状态是一个消费者的头和尾指向了相同的位置。

1. 出队操作第一步（见图 4-4）

首先，暂时将消费者的头索引和生产者的尾部索引交给临时变量，并且将 cons_next 指向表中下一个对象，如果在这环形缓冲区没有足够的对象，将返回一个错误。

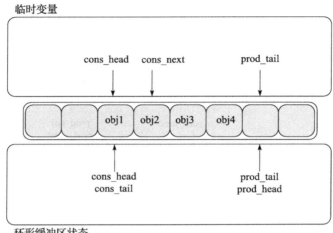

图 4-4　出队操作第一步

2. 出队操作第二步（见图 4-5）

第二步是修改 cons_head 去指向 cons_next 指向的位置，并且指向出队对象（obj1）的指针被拷贝到一个临时用户定义的指针中。

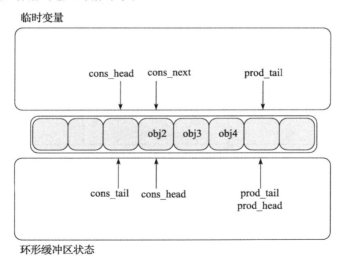

图 4-5　出队操作第二步

3. 出队操作最后一步（见图 4-6）

最后，cons_tail 被修改成指向 cons_head 指向的位置。至此，单消费者的出队操作完成了。

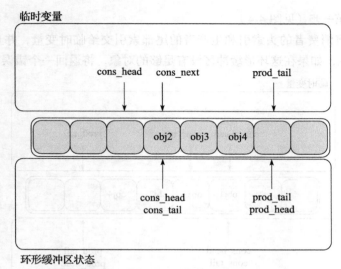

图 4-6 出队操作最后一步

4.4.2.5 多生产者入队

这一节介绍两个生产者同时进行入队操作在环形缓冲区中是如何进行的，在这个例子中，只有一个生产者头和尾（cons_head 和 cons_tail）被修改。初始状态是一个消费者的头和尾指向了相同的位置。

1. 多个生产者入队第一步（见图 4-7）

首先，在两个核上，暂时将生产者的头索引和消费者的尾部索引交给临时变量，并且将 prod_next 指向表中下一个对象，如果在这环形缓冲区没有足够的空间，将返回一个错误。

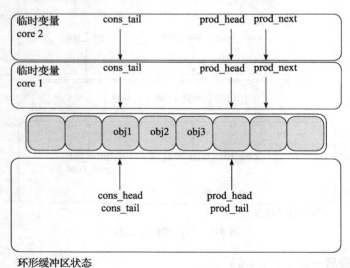

图 4-7 多生产者入队第一步

2. 多个生产者入队第二步（见图 4-8 ）

第二步是修改 prod_head 去指向 prod_next 指向的位置，这个操作使用了前面提到的比较交换指令（CAS）。

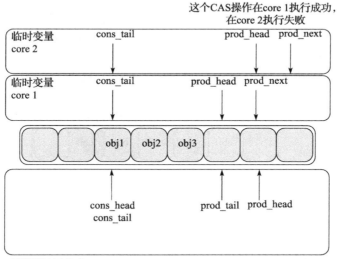

图 4-8　多生产者入队的第二步

3. 多生产者入队的第三步（见图 4-9 ）

这个 CAS 操作在 core2 执行成功，并且 core1 更新了环形缓冲区的一个元素（obj4），core 2 更新了另一个元素（obj5）。

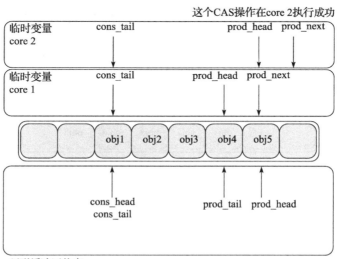

图 4-9　多生产者入队的第三步

4. 多生产者入队的第四步（见图 4-10）

现在每一个 core 要更新 prod_tail。如果 prod_tail 等于 prod_head 的临时变量，那么就更新它。这个操作只是在 core1 上进行。

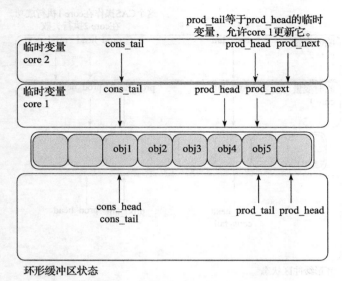

图 4-10　多生产者入队的第四步

5. 多生产者入队的第五步（见图 4-11）

一旦 prod_tail 在 core1 上更新完成，那么也允许 core2 去更新它，这个操作也在 core2 上完成了。

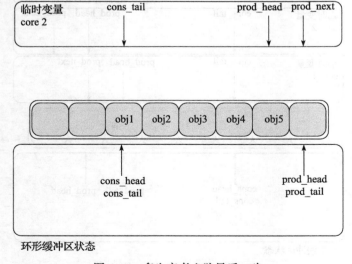

图 4-11　多生产者入队最后一步

更多关于无锁环形缓冲区的说明，请查阅 DPDK 编程文档和源代码这里就不再过多介绍了。

4.5　小结

原子操作适用于对单个 bit 位或者单个整型数的操作，不适用于对临界资源进行长时间的保护。

自旋锁主要用来防止多处理器中并发访问临界区，防止内核抢占造成的竞争。另外，自旋锁不允许任务睡眠（持有自旋锁的任务睡眠会造成自死锁——因为睡眠有可能造成持有锁的内核任务被重新调度，而再次申请自己已持有的锁），它能够在中断上下文中使用。

读写锁实际是一种特殊的自旋锁，适用于对共享资源的访问者划分成读者和写者，读者只对共享资源进行读访问，写者则需要对共享资源进行写操作。写者是排他性的，一个读写锁同时只能有一个写者或多个读者（与 CPU 数相关），但不能同时既有读者又有写者。

无锁队列中单生产者——单消费者模型中不需要加锁，定长的可以通过读指针和写指针进行控制队列操作，变长的通过读指针、写指针、结束指针控制操作。

（一）多对多（一）模型中正常逻辑操作是要对队列操作进行加锁处理。加锁的性能开销较大，一般采用无锁实现，DPDK 中就是采用的无锁实现，加锁的性能开销较大，DPDK 中采用的无锁数据结构实现，非常高效。

每种同步互斥机制都有其适用场景，我们在使用的时候应该扬长避短，最大限度地发挥它们的优势，这样才能编写高性能的代码。另外，在 DPDK 代码中，这些机制都在用户空间中实现，便于移植，所以又可以为编写其他用户空间的代码提供参考和便利。

Chapter 5 | 第 5 章

报 文 转 发

对于一个报文的整个生命周期如何从一个对接运营商的外部接口进入一个路由器，再通过一个连接计算机的内部接口发送出去的过程，大家应该是充满好奇和疑问的，整个报文处理的流程就如同计算机的中央处理器对于指令的处理具有重复性、多样性、复杂性和高效性。只有弄清其中每个环节才能帮助我们更有效地提高网络报文的处理能力。

5.1 网络处理模块划分

首先我们来看基本的网络包处理主要包含哪些内容：

网络报文的处理和转发主要分为硬件处理部分与软件处理部分，由以下模块构成：

❏ Packet input：报文输入。

❏ Pre-processing：对报文进行比较粗粒度的处理。

❏ Input classification：对报文进行较细粒度的分流。

❏ Ingress queuing：提供基于描述符的队列 FIFO。

❏ Delivery/Scheduling：根据队列优先级和 CPU 状态进行调度。

❏ Accelerator：提供加解密和压缩 / 解压缩等硬件功能。

❏ Egress queueing：在出口上根据 QOS 等级进行调度。

❏ Post processing：后期报文处理释放缓存。

❏ Packet output：从硬件上发送出去。

如图 5-1 所示，我们可以看到在浅色和阴影对应的模块都是和硬件相关的，因此要提升这部分性能的最佳选择就是尽量多地去选择网卡上或网络设备芯片上所提供的一些和网络特定功能相关的卸载的特性，而在深色软件部分可以通过提高算法的效率和结合 CPU 相关的并行指令来提升网络性能。了解了网络处理模块的基本组成部分后，我们再来看不同的转发框架下如何让这些模块协同工作完成网络包处理。

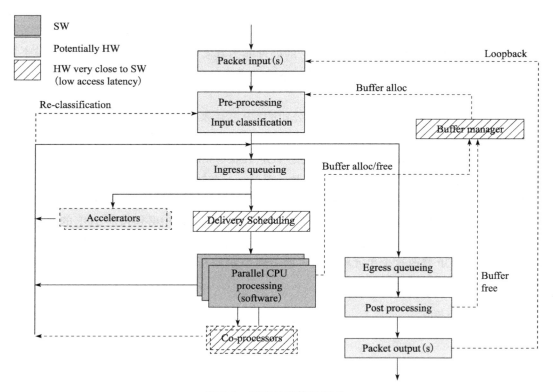

图 5-1　网络处理模块细分

5.2　转发框架介绍

传统的 Network Processor（专用网络处理器）转发的模型可以分为 run to completion（运行至终结，简称 RTC）模型和 pipeline（流水线）模型。

1. pipeline 模型

从名字上，就可以看出 pipeline 模型借鉴于工业上的流水线模型，将一个功能（大于模块级的功能）分解成多个独立的阶段，不同阶段间通过队列传递产品。这样，对于一些 CPU 密集和 I/O 密集的应用，通过 pipeline 模型，我们可以把 CPU 密集的操作放在一个微处理引擎上执行，将 I/O 密集的操作放在另外一个微处理引擎上执行。通过过滤器可以为不同的操作分配不同的线程，通过连接两者的队列匹配两者的处理速度，从而达到最好的并发效率。

2. run to completion 模型

run to completion（运行至终结）模型是主要针对 DPDK 一般程序的运行方法，一个程序中一般会分为几个不同的逻辑功能，但是这几个逻辑功能会在一个 CPU 的核上运行，我们可以进行水平扩展使得在 SMP 的系统中多个核上执行一样逻辑的程序，从而提高单位时间内事务处理的量。但是由于每个核上的处理能力其实都是一样的，并没有针对某个逻辑功能进行优化，因此在这个层面上与 pipeline 模型比较，run to completion 模型是不高效的。

我们分别通过 Ezchip 和 AMCC 这家公司的 NP 芯片来进行举例说明网络处理器上是如何使用这两种转发模型的。

如图 5-2 所示，在 NPA 中最主要的就是 TOP(Task Optimized Processor) 单元，每个 TOP 单元都是对特定的事务进行过优化的特殊微处理单元，在处理特定的事务时会在性能上有较大的提升，一个报文从 Input 进入后会经历五个不同的 TOP 单元，每个 TOP 的输出又会是下个 TOP 的输入，但是这种硬件模型决定了在报文的不同处理中必须按照 TOP 的顺序来进行，不可能先进行报文修改再进行报文查找。如果需要这种顺序的报文处理，NPA 也可以实现，但必须从 TOP 修改这个单元将报文再回传到 TOP 解析上，但这样包的处理速度会大幅下降。

Ezchip-传统的pipeline 模型

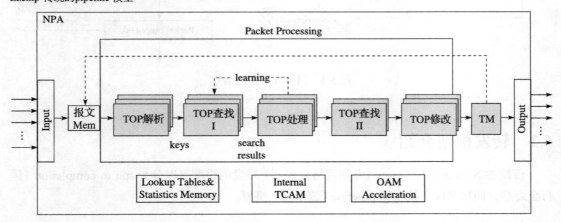

图 5-2　Ezchip NPA 基于 pipeline 的转发模型

如图 5-3 所示，在 AMCC 345x 的模型中，对于报文的处理没有特殊的运算单元，只有两个 NP 核，两个 NP 核利用已烧录的微码进行报文的处理，如果把运行的微码看成处理报文的逻辑，两个 NP 核上总共可以跑 48 个任务，每个任务的逻辑都共享一份微码，则同一时刻可以处理 48 份网络报文。

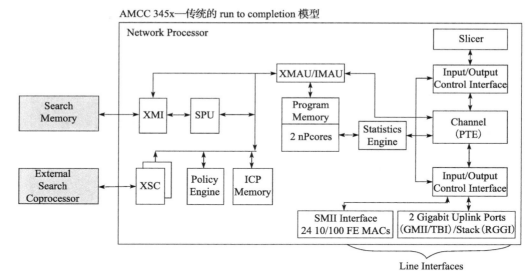

图 5-3 AMCC 345x 基于 run to completion 的转发模型

表 5-1 总结了 pipeline 和 run to completion（RTC）这两种 NP 的优缺点。

表 5-1 NP RTC 与 pipeline 的比较

优缺点	NP pipeline 模型	NP RTC 模型
开发	开发复杂，需要考虑不同的 stage，部分工作只能在指定的 stage 做	编程和普通面向过程的汇编较为相似
性能	有专用的处理单元，Cache 的访问有优化，性能很好	通过多核并行处理报文，性能较好
扩展性	不好	较好

　　在了解了专用的网络处理器的转发模型后，我们如何把它们的思想运用到通用 CPU 上呢？通用 CPU 可以保证所写包处理软件的通用性，最大程度地保护开发成果，降低开发成本，而且可以按需使用硬件，部分资源进行计算密集型的数据处理，部分资源进行 I/O 密集型的报文处理，最大限度地降低资本投入。可是，通用处理器真的能高效处理网络报文吗？答案是肯定的，我们现在就来看看基于通用 IA 平台的 DPDK 中是怎么利用专用网络处理器中的这两种模型来进行高速包处理的。

　　从图 5-4a 的 run to completion 的模型中，我们可以清楚地看出，每个 IA 的物理核都负责处理整个报文的生命周期从 RX 到 TX，这点非常类似前面所提到的 AMCC 的 NP 核的作用。

　　在图 5-4b 的 pipeline 模型中可以看出，报文的处理被划分成不同的逻辑功能单元 A、B、C，一个报文需分别经历 A、B、C 三个阶段，这三个阶段的功能单元可以不止一个并且可以分布在不同的物理核上，不同的功能单元可以分布在相同的核上（也可以分布在不同的核上），从这一点可以看出，其对于模块的分类和调用比 EZchip 的硬件方案更加灵活。以下我们来看 DPDK 中这两种方法的优缺点。

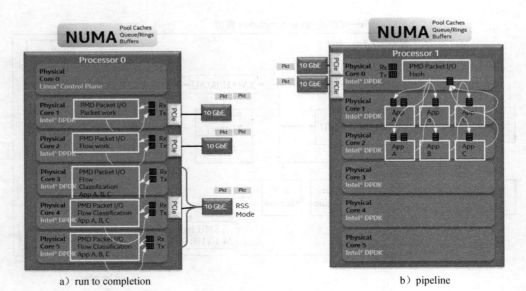

a）run to completion

b）pipeline

图 5-4   DPDK 转发模型

表 5-2   DPDK RTC 与 pipeline 的比较

优缺点	DPDK pipeline 模型	DPDK RTC 模型
开发	利用脚本方式可以快速配置需要的网络单元，迅速构建网络产品所需的功能	调用 DPDK 的 API 接口实现网络功能，需要二次开发较慢
性能	多核之间会有缓存一致性的问题	会有处理流程上的依赖问题
扩展性	不好	较好

5.2.1   DPDK run to completion 模型

普通的 Linux 网络驱动中的扩展方法如下：把不同的收发包队列对应的中断转发到指定核的 local APIC（本地中断控制器）上，并且使得每个核响应一个中断，从而处理此中断对应的队列集合中的相关报文。而在 DPDK 的轮询模式中主要通过一些 DPDK 中 eal 中的参数 -c、-1、-1 core s 来设置哪些核可以被 DPDK 使用，最后再把处理对应收发队列的线程绑定到对应的核上。每个报文的整个生命周期都只可能在其中一个线程中出现。和普通网络处理器的 run to completion 的模式相比，基于 IA 平台的通用 CPU 也有不少的计算资源，比如一个 socket 上面可以有独立运行的 16 运算单元（核），每个核上面可以有两个逻辑运算单元（thread）共享物理的运算单元。而多个 socket 可以通过 QPI 总线连接在一起，这样使得每一个运算单元都可以独立地处理一个报文并且通用处理器上的编程更加简单高效，在快速开发网络功能的同时，利用硬件 AES-NI、SHA-NI 等特殊指令可以加速网络相关加解密和认证功能。run to completion 模型虽然有许多优势，但是针对单个报文的处理始终集中在一个逻辑单元上，无法利用其他运算单元，并且逻辑的耦合性太强，而流水线模型正好解决了以上的问题。下面我们来看 DPDK 的流水线模型，DPDK 中称为 Packet Framework。

5.2.2 DPDK pipeline 模型

pipeline 的主要思想就是不同的工作交给不同的模块，而每一个模块都是一个处理引擎，每个处理引擎都只单独处理特定的事务，每个处理引擎都有输入和输出，通过这些输入和输出将不同的处理引擎连接起来，完成复杂的网络功能，DPDK pipeline 的多处理引擎实例和每个处理引擎中的组成框图可见图 5-5 中两个实例的图片：zoom out（多核应用框架）和 zoom in（单个流水线模块）。

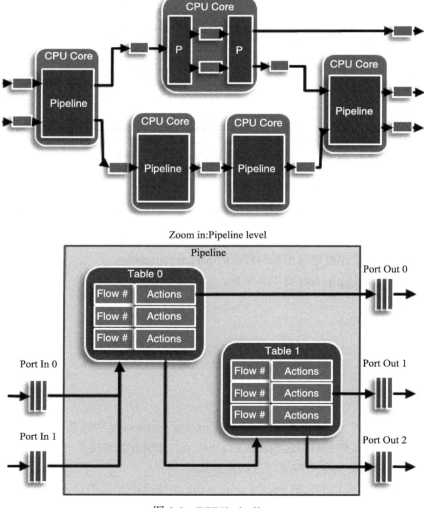

图 5-5　DPDK pipeline

Zoom out 的实例中包含了五个 DPDK pipeline 处理模块，每个 pipeline 作为一个特定功能的包处理模块。一个报文从进入到发送，会有两个不同的路径，上面的路径有三个模块（解析、分类、发送），下面的路径有四个模块（解析、查表、修改、发送）。Zoom in 的图示中代表在查表的 pipeline 中有两张查找表，报文根据不同的条件可以通过一级表或两级表的查询从不同的端口发送出去。

此外，从图 5-5 中的 pipeline level 我们知道，DPDK 的 pipeline 是由三大部分组成的，逻辑端口（port）、查找表（table）和处理逻辑（action）。DPDK 的 pipeline 模型中把网络端口作为每个处理模块的输入，所有的报文输入都通过这个端口来进行报文的输入。查找表是每个处理模块中重要的处理逻辑核心，不同的查找表就提供了不同的处理方法。而转发逻辑指明了报文的流向和处理，而这三大部分中的主要类型可参见表 5-3。

表 5-3　DPDK Port、Table、Action 支持的类型

Pipeline 要素	选　　项
逻辑端口（port）	硬件队列、软件队列、IP Fragmentation、IP Reassembly、发包器、内核网络接口、Source/Sink
查找表（Table）	Exact Match、哈希、Access Control List (ACL)、Longest Prefix Match (LPM)、数组、Pattern Matching
处理逻辑（action）	缺省处理逻辑：发送到端口，发送到查找表，丢弃 报文修改逻辑：压入队列，弹出队列，修改报文头 报文流：限速、统计、按照 APP ID 分类 报文加速：加解密、压缩 负载均衡

用户可以根据以上三大类构建数据自己的 pipeline，然后把每个 pipeline 都绑定在指定的核上从而使得我们能快速搭建属于我们自己的 packet framework。

现在 DPDK 支持的 pipeline 有以下几种：

❑ Packet I/O
❑ Flow classification
❑ Firewall
❑ Routing
❑ Metering
❑ Traffic Mgmt

DPDK 以上的几个 pipeline 都是 DPDK 在 packet framework 中直接提供给用户的，用户可以通过简单的配置文件去利用这些现成的 pipeline，加快开发速度。

以 Routing pipeline 为例可以有以下构建形式：

关于具体如何使用 DPDK 的 packet framework 去快速搭建属于自己的高性能网络应用，可以参考 DPDK 源码中的 sample（ip pipeline）。

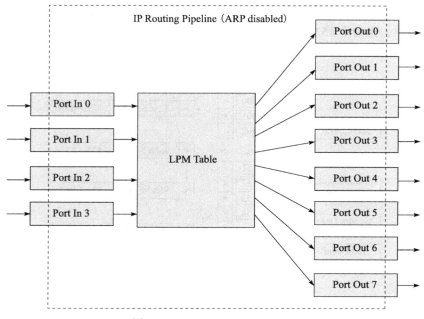

图 5-6 DPDK Routing Pipeline

5.3 转发算法

除了良好的转发框架之外，转发中很重要的一部分内容就是对于报文字段的匹配和识别，在 DPDK 中主要用到了精确匹配（Exact Match）算法和最长前缀匹配（Longest Prefix Matching，LPM）算法来进行报文的匹配从而获得相应的信息。

5.3.1 精确匹配算法

精确匹配算法的主要思想就是利用哈希算法对所要匹配的值进行哈希，从而加快查找速度。决定哈希性能的主要参数是负载参数

$$L=\frac{n}{k}$$

其中：$n=$ 总的数据条目，$k=$ 总的哈希桶的条目。

当负载参数 L 值在某个合理的数值区间内时哈希算法效率会比较高。L 值越大，发生冲突的几率就越大。哈希中冲突解决的办法主要有以下两种：

1. 分离链表（Separate chaining）

所有发生冲突的项通过链式相连，在查找元素时需要遍历某个哈希桶下面对应的链表中的元素，优点是不额外占用哈希桶，缺点是速度较慢。从图 5-7 中可以看到，John Smith 和

Sandra Dee 做完哈希以后都落入 152 这个哈希桶，这两个条目通过链表相连，查找 Sandra Dee 这个条目时，先命中 152 对应的哈希桶，然后通过分别匹配 152 下面链表中的两个元素找到 Sandra Dee 这个条目。

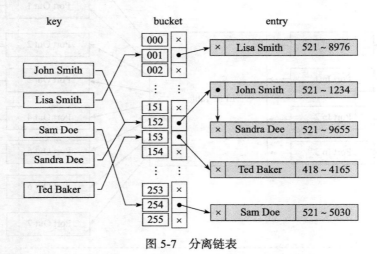

图 5-7　分离链表

2. 开放地址（Open addressing）

所有发生冲突的项自动往当前所对应可使用的哈希桶的下一个哈希桶进行填充，不需要链表操作，但有时会加剧冲突的发生。如图 5-8 所示，还查看 John Smith 和 Sandra Dee 这两个条目，都哈希到 152 这个条目，John Smith 先放入 152 中，当 Sandra Dee 再次需要加入 152 中时就自动延后到 153 这个条目。

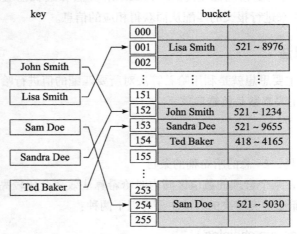

图 5-8　开放地址

介绍了哈希相关的一些基础后，我们来看下 DPDK 的具体实现。DPDK 中主要支持

CRC32 和 J hash，这里主要介绍 CRC 相关的内容和优化。

其实，精确匹配主要需要解决两个问题：进行数据的签名（哈希），解决哈希的冲突问题。CRC32 和 J hash 是两个数字签名的不同算法。我们先来看下 CRC。

CRC 检验原理实际上就是在一个 p 位二进制数据序列之后附加一个 r 位二进制检验码（序列），从而构成一个总长为 n ＝ p ＋ r 位的二进制序列；附加在数据序列之后的这个检验码与数据序列的内容之间存在着某种特定的关系。如果因干扰等原因使数据序列中的某一位或某些位发生错误，这种特定关系就会被破坏。因此，通过检查这一关系，就可以实现对数据正确性的检验。

CRC 中的两个主要概念如下：

（1）多项式模 2 运行：

实际上是按位异或（Exclusive OR）运算，即相同为 0，相异为 1，也就是不考虑进位、借位的二进制加减运算。如：10011011+11001010=01010001。

（2）生成多项式：

当进行 CRC 检验时，发送方与接收方需要事先约定一个除数，即生成多项式，一般记作 G(x)。生成多项式的最高位与最低位必须是 1。常用的 CRC 码的生成多项式有：

CRC8=X8+X5+X4+1

CRC–CCITT=X16+X12+X5+1

CRC16=X16+X15+X5+1

CRC12=X12+X11+X3+X2+1

CRC32=X32+X26+X23+X22+X16+X12+X11+X10+X8+X7+X5+X4+X2+X1+1

每一个生成多项式都可以与一个代码相对应，如 CRC8 对应代码 100110001。

计算示例：

设需要发送的信息为 M=1010001101，产生多项式对应的代码为 P=110101，R=5。在 M 后加 5 个 0，然后对 P 做模 2 除法运算，得余数 r(x) 对应的代码：01110。故实际需要发送的数据是 101000110101110，见图 5-9。

在 CRC32 的算法上 DPDK 做了以下的优化：

首先，将数据流按照 8 字节（优先处理）和 4 字节为单位进行处理，以 8 字节为例：

方法一：当支持 CRC32_SSE42_x64 时，可以直接使用 IA 的硬件指令来一次处理：指令 8crc32q。

方法二：当支持 CRC32_SSE42 时，可以直接使用 IA 的硬件指令来一次处理：指令 crc32l。

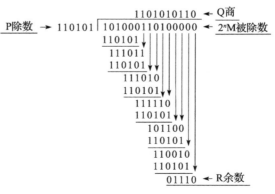

图 5-9　CRC 计算示例

方法三：当不允许或不能使用硬件相关指令进行加速操作时，可以直接使用查表的方法进行，利用空间换时间。

具体的哈希性能，DPDK 有相关的单元测试，有兴趣的读者可以参考 DPDK 的源代码。在处理哈希的冲突时用了如下的定义：

```
struct rte_ 哈希 _ 哈希桶 {
    struct rte_ 哈希 _signatures signatures[RTE_ 哈希 _ 哈希桶 _ENTRIES];
    /* Includes dummy key index that always contains index 0 */
    uint32_t key_idx[RTE_ 哈希 _ 哈希桶 _ENTRIES + 1];
    uint8_t °ag[RTE_ 哈希 _ 哈希桶 _ENTRIES];
} __rte_cache_aligned;
```

在 rte 的一个哈希桶中将会有 RTE_ 哈希 _ 哈希桶 _ENTRIES 个 entry 来解决冲突问题，可以说融合了分离链表和开放地址方法的优点。

在处理哈希、找到对应的数据时，DPDK 提供了 rte_ 哈希 _lookup_multi。这个函数利用了 multi-buffer 的方式降低了指令之间的依赖，增强了并行性，加快了哈希处理速度。

5.3.2 最长前缀匹配算法

最长前缀匹配（Longest Prefix Matching，LPM）算法是指在 IP 协议中被路由器用于在路由表中进行选择的一个算法。

因为路由表中的每个表项都指定了一个网络，所以一个目的地址可能与多个表项匹配。最明确的一个表项——即子网掩码最长的一个——就叫做最长前缀匹配。之所以这样称呼它，是因为这个表项也是路由表中与目的地址的高位匹配得最多的表项。

例如，考虑下面这个 IPv4 的路由表（这里用 CIDR 来表示）：

192.168.20.16/28

192.168.0.0/16

在要查找地址 192.168.20.19 的时候，这两个表项都"匹配"。也就是说，当两个表项都包含着要查找的地址。这种情况下，前缀最长的路由就是 192.168.20.16/28，因为它的子网掩码（/28）比其他表项的掩码（/16）要长，使得它更加明确。

DPDK 中 LPM 的具体实现综合考虑了空间和时间，见图 5-10。

前缀的 24 位共有 2^24 条条目，每条对应每个 24 位前缀，每个条目关联到最后的 8 位后缀上，最后的 256 个条目可以按需进行分配，所以说空间和时间上都可以兼顾。

当前 DPDK 使用的 LPM 算法就利用内存的消耗来换取 LPM 查找的性能提升。当查找表条目的前缀长度小于 24 位时，只需要一次访存就能找到下一条，根据概率统计，这是占较大概率的，当前缀大于 24 位时，则需要两次访存，但是这种情况是小概率事件。

LPM 主要结构体为：一张有 2^24 条目的表，多个有 2^8 条目的表。第一级表叫做 tbl24，第二级表叫做 tbl8。

❑ tbl24 中条目的字段有：

```
struct rte_lpm_tbl24_entry {
    /* Stores Next hop or group index (i.e. gindex)into tbl8. */
    union {
        uint8_t next_hop;
        uint8_t tbl8_gindex;
    };
    /* Using single uint8_t to store 3 values. */
    uint8_t valid     :1; /**< Validation °ag. */
    uint8_t ext_entry :1; /**< External entry. */
    uint8_t depth     :6; /**< Rule depth. */
};
```

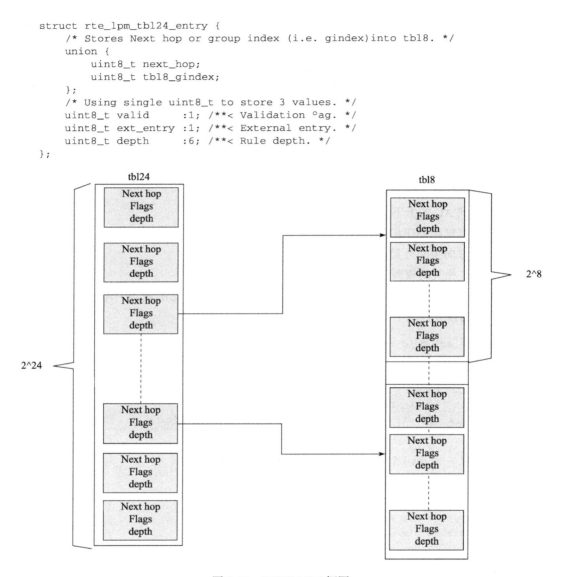

图 5-10　DPDK LPM 框图

❑ tbl8 中每条 entry 的字段有：

```
struct rte_lpm_tbl8_entry {
    uint8_t next_hop; /**< next hop. */
    /* Using single uint8_t to store 3 values. */
    uint8_t valid       :1; /**< Validation °ag. */
    uint8_t valid_group :1; /**< Group validation °ag. */
    uint8_t depth       :6; /**< Rule depth. */
};
```

用 IP 地址的前 24 位进行查找时，先看 tbl24 中的 entry，当 valid 字段有效而 ext_entry

为 0 时，直接命中，查看 next_hop 知道下一跳。当 valid 为 1 而 ext_entry 为 1 时，查看 next_hop 字段知道 tbl8 的 index，此时根据 IP 中的后 8 位确定 tbl8 中具体 entry 的下标，然后根据 rte_lpm_tbl8_entry 中的 next_hop 找下一跳地址。

同样，关于具体的 LPM 性能，DPDK 也有相关的单元测试，有兴趣的读者可以参考 DPDK 的源代码。

5.3.3　ACL 算法

ACL 库利用 N 元组的匹配规则去进行类型匹配，提供以下基本操作：

❑ 创建 AC（access domain）的上下文。

❑ 加规则到 AC 的上下文中。

❑ 对于所有规则创建相关的结构体。

❑ 进行入方向报文分类。

❑ 销毁 AC 相关的资源。

现在的 DPDK 实现允许用户在每个 AC 的上下文中定义自己的规则，AC 规则中的字段用以下方式结构体进行表示：

```
struct rte_acl_field_def {
    uint8_t  type;        /**< type - RTE_ACL_FIELD_TYPE_*. */
    uint8_t  size;        /**< size of field 1,2,4, or 8. */
    uint8_t  field_index; /**< index of field inside the rule. */
    uint8_t  input_index; /**< 0-N input index. */
    uint32_t offset;      /**< offset to start of field. */
};
```

如果要定义一个 ipv4 5 元组的过滤规则，可以用以下方式：

```
struct rte_acl_field_def ipv4_defs[NUM_FIELDS_IPV4] = {
    {
        .type = RTE_ACL_FIELD_TYPE_BITMASK,
        .size = sizeof(uint8_t),
        .field_index = PROTO_FIELD_IPV4,
        .input_index = PROTO_FIELD_IPV4,
        .offset = offsetof(struct ipv4_5tuple, proto),
    },
    {
        .type = RTE_ACL_FIELD_TYPE_MASK,
        .size = sizeof(uint32_t),
        .field_index = SRC_FIELD_IPV4,
        .input_index = SRC_FIELD_IPV4,
        .offset = offsetof(struct ipv4_5tuple, ip_src),
    },
    {
        .type = RTE_ACL_FIELD_TYPE_MASK,
```

```
            .size = sizeof(uint32_t),
            .field_index = DST_FIELD_IPV4,
            .input_index = DST_FIELD_IPV4,
            .offset = offsetof(struct ipv4_5tuple, ip_dst),
    },
    {
            .type = RTE_ACL_FIELD_TYPE_RANGE,
            .size = sizeof(uint16_t),
            .field_index = SRCP_FIELD_IPV4,
            .input_index = SRCP_FIELD_IPV4,
            .offset = offsetof(struct ipv4_5tuple, port_src),
    },
    {
            .type = RTE_ACL_FIELD_TYPE_RANGE,
            .size = sizeof(uint16_t),
            .field_index = DSTP_FIELD_IPV4,
            .input_index = SRCP_FIELD_IPV4,
            .offset = offsetof(struct ipv4_5tuple, port_dst),
    },
};
```

而定义规则时有以下几个字段需要注意：

priority：定义了规则的优先级。

category_mask：表明规则属于哪个分类。

userdata：当最高优先级的规则匹配时，会使用此 userdata 放入 category_mask 中指定的下标中。

ACL 常用的 API 见表 5-4。

表 5-4 DPDK ACL 常用 API

ACL API	说　明
rte_acl_create	创建 AC 的上下文
rte_acl_add_rules	增加规则到 AC 的上下文
rte_acl_build	创建 AC 的运行时结构体
rte_acl_classify	匹配 AC 的规则

ACL 主要思路就是创建了 Tier 相关的数据结构，匹配字段中每个字段中的每个字节都会作为 Tier 中的一层进行匹配，每一层都作为到达最终匹配结果的一个路径。关于具体的 ACL 相关的使用，有兴趣的读者可以参考 DPDK 的源代码。

5.3.4 报文分发

Packet distributor（报文分发）是 DPDK 提供给用户的一个用于包分发的 API 库，用于进行包分发。主要功能可以用图 5-11 进行描述。

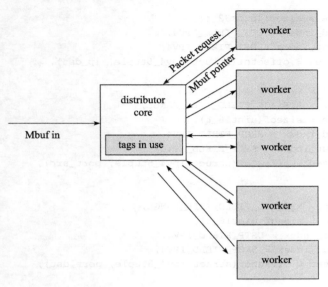

图 5-11 DPDK Redistributor 框图

从图 5-11 中可以看出，一般是通过一个 distributor 分发到不同的 worker 上进行报文处理，当报文处理完后再通过 worker 返回给 distributor，具体实现可以参考 DPDK 的源代码。本书只列举出以下几个点：

- Mbuf 中的 tag 可以通过硬件的卸载功能从描述符中获取，也可以通过纯软件获取，DPDK 的 distributor 负责把新产生的 stream 关联到某一个 worker 上并记录此 Mbuf 中的哈希值，等下一次同样 stream 的报文再过来的时候，只会放到同一 tag 对应的编号最小的 worker 中对应的 backlog 中。
- distributor 主要处理的函数是 rte_distributor_process，它的主要作用就是进行报文分发，并且如果第一个 worker 的 backlog 已经满了，可能会将相同的流分配到不同的 worker 上。
- worker 通过 rte_distributor_get_pkt 来向 distributor 请求报文。
- worker 将处理完的报文返回给 distributor，然后 distributor 可以配合第 3 章提到的 ordering 的库来进行排序。

5.4 小结

本章着重讲述了 DPDK 的数据报文转发模型以及常用的基本转发算法，包括两种主要使用的模式 run to completion 和 pipeline，然后详细介绍了三种转发算法和一个常用的 DPDK 报文分发库。通过本章的内容，读者可以了解基本的网络包处理流程和 DPDK 的工作模式。

第 6 章 *Chapter 6*

PCIe 与包处理 I/O

前面各章主要讨论 CPU 上数据包处理的各种相关优化技术。从本章开始，我们的视线逐步从 CPU 转移到网卡 I/O。这一章将会从 CPU 与 I/O 的总线 PCIe 开始，带领读者领略 CPU 与网卡 DMA 协同工作的整个交互过程，量化分析 PCIe 数据包传输的理论带宽。以此为基础，进一步剖析性能优化的思考过程，分享实践的心得体会。

6.1 从 PCIe 事务的角度看包处理

6.1.1 PCIe 概览

PCI Express（Peripheral Component Interconnect Express）又称 PCIe，它是一种高速串行通信互联标准。格式说明由外设组件互联特别兴趣小组 PCI-SIG（PCI Special Interest Group）维护，以取代传统总线通信架构，如 PCI、PCI-X 以及 AGP。

理解包在 PCIe 上如何传输，首先需要了解 PCIe 是一种怎样的数据传输协议规范。

PCIe 规范遵循开放系统互联参考模型（OSI），自上而下分为事务传输层、数据链路层、物理层，如图 6-1a 所示。对于特定的网卡（如图 6-1b 所示），PCIe 一般作为处理器外部接口，把物理层朝 PCIe 根组件（Root Complex）方向的流量叫做上游流量（upstream 或者 inbound），反之叫做下游流量（downstream 或者 outbound）。

6.1.2 PCIe 事务传输

如果在 PCIe 的线路上抓取一个 TLP（Transaction Layer Packet，事务传输层数据包），其格式就如图 6-2 所示，它是一种分组形式，层层嵌套，事务传输层也拥有头部、数据和校验部分。应用层的数据内容就承载在数据部分，而头部定义了一组事务类型。表 6-1 列出了所有支持的 TLP 包类型。对于 CPU 从网卡收发包来说，用到的 PCIe 的事务类型主要以 Memory Read/Write（MRd/MWr）和 Completion with Data（CpID）为主。

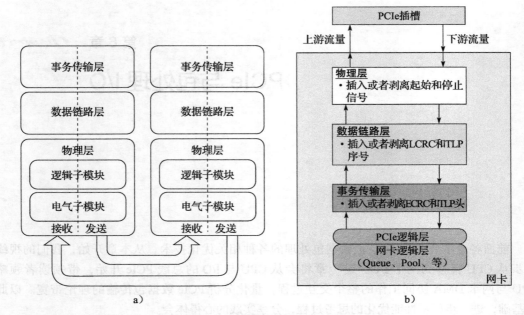

图 6-1　PCIe 协议栈及网卡视图

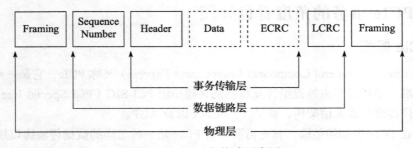

图 6-2　PCIe 包格式示意图

表 6-1　TLP 类型

TLP 包类型	缩写名
Memory Read Request	MRd
Memory Read Request-Locked access	MRdLk
Memory Write Request	MWr
IO Read	IORd
IO Write	IOWr

（续）

TLP 包类型	缩写名
Configuration Read(Type 0 and Type 1)	CfgRd0，CfgRd1
Configuration Write(Type 0 and Type 1)	CfgWr0，CfgWr1
Message Request without Data	Msg
Message Request with Data	MsgD
Completion without Data	Cpl
Completion with Data	CplD
Completion without Data-associated with Locked Memory Read Requests	CplLk
Completion with Data-associated with Locked Memory Read Requests	CplDLk

　　应用层数据作为有效载荷被承载在事务传输层之上，网卡从线路上接收的以太网包整个作为有效载荷在 PCIe 的事务传输层上进行内部传输。当然，对于 PCIe 事务传输层操作而言，应用层数据内容是透明的。一般网卡采用 DMA 控制器通过 PCIe Bus 访问内存，除了对以太网数据内容的读写外，还有 DMA 描述符操作相关的读写，这些操作也由 MRd/MWr 来完成。

　　既然应用层数据只是作为有效载荷，那么 PCIe 协议的三层栈有多少额外开销呢？图 6-3 列出了每个部分的长度。物理层开始和结束各有 1B 的标记，整个数据链路层占用 6B。TLP 头部 64 位寻址占用 16B（32 位寻址占用 12B），TLP 中的 ECRC 为可选位。所以，对于一个完整的 TLP 包来说，除去有效载荷，额外还有 24B 的开销（TLP 头部以 16B 计算）。

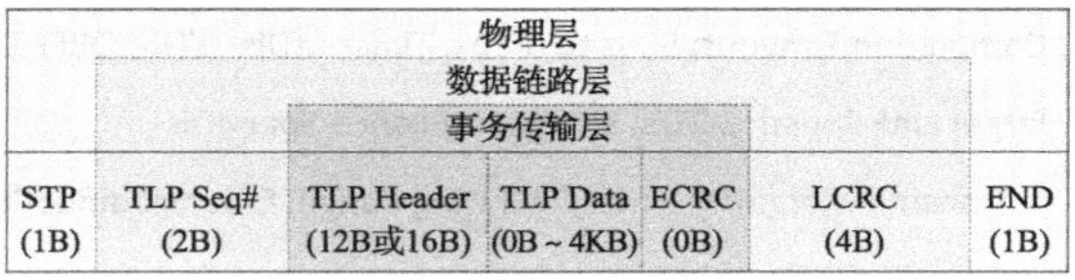

物理层						
	数据链路层					
		事务传输层				
STP (1B)	TLP Seq# (2B)	TLP Header (12B或16B)	TLP Data (0B ~ 4KB)	ECRC (0B)	LCRC (4B)	END (1B)

图 6-3　TLP 包开销

6.1.3　PCIe 带宽

　　一个 PCIe 链路可以由多条 Lane 组成，目前 PCIe 链路可以支持 1、2、4、8、12、16 和 32 个 Lane，即 ×1、×2、×4、×8、×12、×16 和 ×32 宽度的 PCIe 链路。每一个 Lane 上使用的总线频率与 PCIe 总线使用的版本相关。

　　PCIe 逐代的理论峰值带宽都有显著提升，Gen1 到 Gen2 单路传输率翻倍，Gen2 到 Gen3 虽然传输率没有翻倍，但随着编码效率的提升，实际单路有效传输仍然有接近一倍的提升，Gen1 和 Gen2 采用 8b/10b 编码，Gen3 采用 128b/130b 编码，如表 6-2 所示。

表 6-2　PCIe 编码和带宽

Gen	编码	传输率	每路带宽
Gen1	8b/10b	2.5GT/s	2Gbit/s(250MB/s) per direction
Gen2	8b/10b	5.0GT/s	4Gbit/s(500MB/s) per direction
Gen3	128b/130b	8.0GT/s	7.877Gbit/s(~1000MB/s) per direction

以 8b/10b 编码为例，每 10 个比特传输 8 个比特（1 个字节）的有效数据。以 GEN2x8 5.0Gbit/s 为例，500M*10b/s 相当于 500MB/s 单向每路，对于 8 路就有 4GB/s 的理论带宽。

要查看特定 PCIe 设备的链路能力和当前速率，可以用 Linux 工具 lspci 读取 PCIe 的配置寄存器（Configuration Space），图 6-4 就是一个 Gen2×8 的网卡端口显示的信息。

```
Capabilities: [a0] Express (v2) Endpoint, MSI 00
              DevCap: MaxPayload 512 bytes, PhantFunc 0, Latency L0s <512ns, L1 <64us
                      ExtTag-AttnBtn-AttnInd-PwrInd-RBE+ FLReset+
              DevCtl: Report errors: Correctable+ Non-Fatal+ Fatal+ Unsupported+
                      RlxdOrd+ ExtTag-PhantFunc-AuxPwr-NoSnoop+ FLReset-
                      MaxPayload 256 bytes, MaxReadReq 512 bytes
              DevSta: CorrErr+ UncorrErr-FatalErr-UnsuppReq+ AuxPwr-TransPend-
              LnkCap: Port #2, Speed 5GT/s, Width x8, ASPM L0s, Exit Latency L0s <1us, L1 <8us
                      ClockPM-Surprise-LLActRep-BwNot-ASPMOptComp-
              LnkCtl: ASPM Disabled; RCB 64 bytes Disabled-CommClk+
                      ExtSynch-ClockPM-AutWidDis-BWInt-AutBWInt-
              LnkSta: Speed 5GT/s, Width x8, TrErr-Train-SlotClk+ DLActive-BWMgmt-ABWMgmt-
              DevCap2: Completion Timeout: Range ABCD, TimeoutDis+, LTR-, OBFF Not Supported
              DevCtl2: Completion Timeout: 50us to 50ms, TimeoutDis-, LTR-, OBFF Disabled
              LnkCtl2: Target Link Speed: 5GT/s, EnterCompliance-SpeedDis-
                      Transmit Margin: Normal Operating Range, EnterModifiedCompliance-ComplianceSOS-
                      Compliance De-emphasis: -6dB
              LnkSta2: Current De-emphasis Level: -6dB, EqualizationComplete-, EqualizationPhase1-
                      EqualizationPhase2-, EqualizationPhase3-, LinkEqualizationRequest-
```

图 6-4 Gen2×8 的网卡端口显示的信息

对于 TLP 包开销有一定认识之后，就会比较好理解为什么 PCIe 理论带宽对于实际在其上的业务只具有参考意义。

6.2 PCIe 上的数据传输能力

可是除了 TLP 的协议开销以外，有时还会有实现开销的存在。比如有些网卡可能会要求每个 TLP 都要从 Lane0 开始，甚至要求从偶数的时钟周期开始。由于存在这样的实现因素影响，有效带宽还会进一步降低。

接下来做一个实验，64B 数据的单纯写操作，在 Gen2×8 的链路上，计算 upstream 方向上的有效带宽。这里把具体实现造成的影响也考虑在内。这样对于一个 64B 写，就需要 12 个时钟周期，如图 6-5 所示。

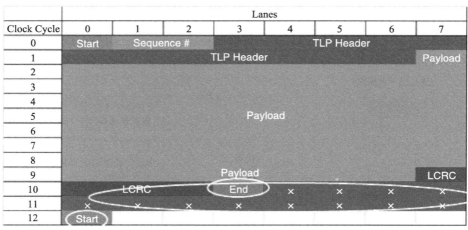

图 6-5　64B MWr TLP 布局

4GB/s 的物理速率下，每个时钟周期能传输 8B，因而单个时钟周期消耗 2ns。12 个时钟周期需要 24ns。该 24ns 其实只传输 64B 有效数据，因此有效传输率在 2.66GB/s 左右（64B/24ns）。相比 4GB/s 的物理带宽，其实只有 66.6%（64B/96B）的有效写带宽。

这只是一个 PCIe 内存写的例子。真实的网卡收发包由 DMA 驱动，除了写包内容之外，还有一系列的控制操作。这些操作也会进一步影响 PCIe 带宽的利用。下面就走进 PCIe TLP 的上层应用——由 DMA 控制器主导的应用层包传输。

6.3　网卡 DMA 描述符环形队列

DMA（Direct Memory Access，直接存储器访问）是一种高速的数据传输方式，允许在外部设备和存储器之间直接读写数据。数据既不通过 CPU，也不需要 CPU 干预。整个数据传输操作在 DMA 控制器的控制下进行。除了在数据传输开始和结束时做一点处理外，在传输过程中 CPU 可以进行其他的工作。

网卡 DMA 控制器通过环形队列与 CPU 交互。环形队列由一组控制寄存器和一块物理上连续的缓存构成。主要的控制寄存器有 Base、Size、Head 和 Tail。通过设置 Base 寄存器，可以将分配的一段物理连续的内存地址作为环形队列的起始地址，通告给 DMA 控制器。同样通过 Size 寄存器，可以通告该内存块的大小。Head 寄存器往往对软件只读，它表示硬件当前访问的描述符单元。而 Tail 寄存器则由软件来填写更新，通知 DMA 控制器当前已准备好被硬件访问的描述符单元。

图 6-6 所示为 Intel® 82599 网卡的收发描述符环形队列。硬件控制所有 Head 和 Tail 之间的描述符。Head 等于 Tail 时表示队列为空，Head 等于 Next（Tail）时表示队列已满。环形队列中每一条记录就是描述符。描述符的格式和大小根据不同网卡各不相同。以 Intel® 82599 网卡为例，一个描述符大小为 16B，整个环形队列缓冲区的大小必须是网卡支持的最大 Cache line（128B）的整数倍，所以描述符的总数是 8 的倍数。当然，环形队列的起始地址也需要对齐到最大 Cache line 的大小。

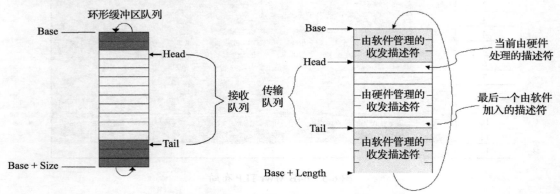

图 6-6 Intel® 82599 网卡的收发描述符

这里不展开介绍描述符里具体的内容，如有兴趣可以参考对应网卡的数据手册。无论网卡是工作在中断方式还是轮询方式下，判断包是否接收成功，或者包是否发送成功，都会需要检查描述符中的完成状态位（Descriptor Done，DD）。该状态位由 DMA 控制器在完成操作后进行回写。

无论进行收包还是发包，网卡驱动软件需要完成最基本的操作包括，1）填充缓冲区地址到描述符；2）移动尾指针；3）判断描述符中的完成状态位。对于收方向，还有申请重填所需的缓冲区的操作。对于发方向，还有释放已发送数据缓冲区的操作。除了这些基本操作之外，还有一些必需的操作是对于描述符写回内容或者包的描述控制头（mbuf）的解析、处理和转换（例如，Scatter-Gather、RSS flag、Offloading flag 等）。

对于收发包的优化，一个很重要的部分就是对这一系列操作的优化组合。很明显，这些操作都不是计算密集型而是 I/O 密集型操作。从 CPU 执行指令来看，它们由一些计算操作、大量的内存访存操作和少量 MMIO 操作组成。所以，CPU 上软件优化的目标是以最少的指令执行时间来完成这些操作，从而能够处理更多的数据包。

然而，从整体优化的角度，这还比较片面。因为除了 CPU 软件运行的影响之外，还有另外一个重要部分的影响，那就是 I/O 带宽效率。它决定了有多少数据包能够进入到 CPU。就像前面的小节中介绍的，应用层在 PCIe TLP 上的开销决定了有效的可利用带宽（注意，内存带宽远高于单槽 PCIe 带宽。DMA 操作可以利用 Intel® 处理器的 Direct Data IO（DDIO）技术，从而减少对内存的访问。因此带宽瓶颈一般出现在 PCIe 总线上。如果是对整系统存储密集型 workload 性能进行优化，内存控制器的带宽也需要加以评估）。

6.4　数据包收发——CPU 和 I/O 的协奏

DMA 控制器通过一组描述符环行队列与 CPU 互操作完成包的收发。环形队列的内容部分位于主存中，控制部分通过访问外设寄存器的方式完成。

从 CPU 的角度来看，主要的操作分为系统内存（可能是处理器的缓存）的直接访问和对外部寄存器 MMIO 的操作。对于 MMIO 的操作需经过 PCIe 总线的传输。由于外部寄存器访问的数据宽度有限（例如，32bit 的 Tail 寄存器），其 PCIe 事务有效传输率很低。另外由于 PCIe 总线访问的高时延特性，在数据包收发中应该尽量减少操作来提高效率。本节后续部分会继续讨论 MMIO 操作的优化。对于前者 CPU 直接访存部分，这会在 7.2 节更系统地介绍，从减少 CPU 开销的角度来讨论更有效访存的方法。

从 PCIe 设备上 DMA 控制器的角度来看，其操作有访问系统内存和 PCIe 设备上的片上内存（in-chip memory）。这里不讨论片上内存。所以从 DMA 控制器来讲，我们主要关注其通过 PCIe 事务传输的访问系统内存操作。绝大多数收发包的 PCIe 带宽都被这类操作消耗。所以很有必要去了解一下都有哪些操作，我们也会在本节进行介绍，并分析如何优化这类操作。

6.4.1　全景分析

在收发上要追求卓越的性能，奏出美妙的和弦，全局地认识合奏双方每一个交互动作对后续的调优是一个很好的知识铺垫。这里先抛开控制环形队列的控制寄存器访问，单从数据内容在 CPU、内存以及网卡（NIC）之间游走的过程，全局地认识一下收发的底层故事。考虑到 Intel® 处理器 DDIO 技术的引入，DMA 引擎可直接对 CPU 内部的 Cache 进行操作，将数据存放在 LLC（Last Level Cache）。下面的示例中，我们采用了理想状态下整个包处理过程都在 LLC 中完成的情况。

图 6-7 是全景转发操作交互示意，其所编序号并不严格表征执行顺序。例如，接收侧的重填和发送侧的回收并不一定在接收或者发送的当前执行序列中。

接收方向：

1）CPU 填充缓冲地址到接收侧描述符。

2）网卡读取接收侧描述符获取缓冲区地址。

3）网卡将包的内容写到缓冲区。

4）网卡回写接收侧描述符更新状态（确认包内容已写完）。

5）CPU 读取接收侧描述符以确定包接收完毕。

（其中，1）和 5）是 CPU 读写 LLC 的访存操作；2）是 PCIe downstream 方向的操作；而 3）和 4）是 PCIe upstream 方向的操作。）

6）CPU 读取包内容做转发判断。

7）CPU 填充更改包内容，做发送准备。

（6）和7）属于转发操作，并不是收发的必要操作，都只是 CPU 的访存操作，不涉及 PCIe。）

发送方向：

8）CPU 读发送侧描述符，检查是否有发送完成标志。

9）CPU 将准备发送的缓冲区地址填充到发送侧描述符。

10）网卡读取发送侧描述符中地址。

11）网卡根据描述符中地址，读取缓冲区中数据内容。

12）网卡写发送侧描述符，更新发送已完成标记。

（其中，8）和9）是 CPU 读写 LLC 的访存操作；10）和11）是 PCIe downstream 方向的操作；而12）是 PCIe upstream 方向的操作。）

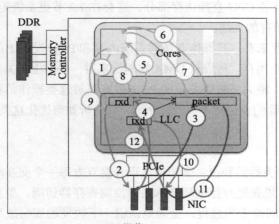

1. CPU 填充缓冲地址到接收侧描述符
2. 网卡读取接收侧描述符获取缓冲区地址
3. 网卡将包的内容写到缓冲区地址处
4. 网卡回写接收侧描述符更新状态（确认包内容已写完）
5. CPU 读取接收侧描述符以确定包接收完毕
6. CPU 读取包内容做转发判断
7. CPU 填充更改包内容，做发送准备
8. CPU 读发送侧描述符，检查是否有发送完成标志
9. CPU 将准备发送的缓冲区地址填充到发送侧描述符
10. 网卡读取发送侧描述符中地址
11. 网卡根据描述符中地址，读取缓冲区中数据内容
12. 网卡写发送侧描述符，更新发送已完成标记

图 6-7 转发操作交换示意

这里有意地将访存操作和 PCIe 操作进行了区分，{2,10,11} 属于 PCIe downstream 操作，{3,4,12} 属于 PCIe upstream 操作，其余均是 CPU 访问内存操作。如果考虑到控制寄存器（TAIL register）的 MMIO，其属于 PCIe 的 downstream 操作。这里有一点需要注意，由于读请求和完成确认是成对出现的，因此对于 downstream 方向的读操作其实仍旧有 upstream 方向上的完成确认消息。这也是 upstream 方向上的带宽压力更大的原因。

分析理论接口带宽的最大值，对性能优化很重要。它能作为标尺，真实地反映还有多少空间可以优化。PCIe 有很高的物理带宽，以 PCIe Gen2 × 8 为例，其提供了 4GB 的带宽，但净荷带宽远没有那么高，那净荷带宽有多高呢？由于包通过 DMA 交互操作在主存和设备之间移动，因此其对 PCIe 的消耗并不只有包内容本身，还包括上面介绍的描述符的读写 {2,4,10,12}。

只有知道了每个操作的开销后，才能推算出一个理论的净荷带宽。6.5 节将会结合示例讲述如何粗略地计算这样的理论净荷带宽。

6.4.2　优化的考虑

通过 DMA 收发的全景介绍，读者对这些活动的细节已经有所理解。访问内存操作的调优放到 7.2 节去描述，本节主要从 PCIe 带宽调优的角度讲述可以用到的方法。

（1）减少 MMIO 访问的频度。

高频度的寄存器 MMIO 访问，往往是性能的杀手。接收包时，尾寄存器（tail register）的更新发生在新缓冲区分配以及描述符重填之后。只要将每包分配并重填描述符的行为修改为滞后的批量分配并重填描述符，接收侧的尾寄存器更新次数将大大减少。DPDK 是在判断空置率小于一定值后才触发重填来完成这个操作的。发送包时，就不能采用类似的方法。因为只有及时地更新尾寄存器，才会通知网卡进行发包。但仍可以采用批量发包接口的方式，填充一批等待发送的描述符后，统一更新尾寄存器。

（2）提高 PCIe 传输的效率。

每个描述符的大小是固定的，例如 16Byte。每次读描述符或者写描述符都触发一次 PCIe 事务，显然净荷小，利用率低。如果能把 4 个操作合并成整 Cache Line 大小来作为 PCIe 的事务请求（PCIe 净荷为 64Byte），带宽利用率就能得到提升。

另外，在发送方向，发送完成后回写状态到描述符。避免每次发送完成就写回，使用批量写回方式（例如，网卡中的 RS bit），可以用一次 PCIe 的事务来完成批量（例如，32 个为一组）的完成确认。

（3）尽量避免 Cache Line 的部分写。

DMA 引擎在写数据到缓冲区的过程中，如果缓冲区地址并不是 Cache Line 对齐或者写入的长度不是整个 Cache Line，就会发生 Cache Line 的部分写。Cache Line 的部分写会引发内存访问 read-modify-write 的合并操作，增加额外的读操作，也会降低整体性能。所以，DPDK 在 Mempool 中分配 buffer 的时候，会要求对齐到 Cache Line 大小。

一个很直观的例子就是对于 64B 包的处理，网卡硬件去除报文 CRC（报文净荷 60B），与网卡硬件不去除报文 CRC（净荷 64B）相比，收发性能要更差一些。

6.5　PCIe 的净荷转发带宽

了解完所有 DMA 控制器在 PCIe 上的操作后，离真实理论有效带宽就又近了一步。本节就一步步来计算这个理论值，这里以 2×10GE 的 82599 为例，其 Gen2×8 的 PCIe 提供 4000MB/s 的单向带宽。根据上节分析，我们知道 upstream 带宽压力要高于 downstream，所以转发瓶颈主要需要分析 upstream 方向。对于净荷的大小，这里选取对带宽压力最大的 64B 大小的数据包。

首先，找出所有 upstream 方向上有哪些操作。它们有 {3,4,12} 的 upstream 写操作和 {2,10,11} 所对应的读请求。然后，列出每个操作实际占用的字节数，最后计算出每包转发实际所消耗的字节数。

（1）接收方向，包数据写到内存。

由于 82599 的 TLP 会对齐偶数周期，且从 LANE0 起始每个 TLP，所以 64B 的数据内容会占用 96B（12 个周期）大小的字节。

（2）接收方向，描述符回写。

考虑到 82599 倾向于整 Cache Line（64B）写回，占用 96B。一个 Cache Line 可以容纳 4 个描述符。所以，对于单个包，只占 1/4 的开销，为 96B/4=24B。

（3）发送方向，描述符回写。

由于发送方向采用了 RS bit，所以每 32 个包才回写一次，开销很小可以忽略。

（4）接收方向，描述符读请求。

对于读请求，TLP 的数据部分为空，故只有 24B 字节开销。因为 82599 的偶数时钟周期对齐，所以实际占用 32B。同样一次整 Cache Line 的读，获取 4 个描述符。计算占用开销：32B/4=8B。

（5）发送方向，描述符读请求。

同上，占用 8B。

（6）发送方向，包数据读请求。

每个包都会有一次读请求，占用 32B。

根据上面的介绍，每转发一个 64 字节的包的平均转发开销接近于 168 字节（96+24+8+8+32）。如果计算包转发率，就会得出 64B 报文的最大转发速率为 4000MB/s/168B=23.8Mp/s。

6.6　Mbuf 与 Mempool

DPDK Mbuf 以及 Mempool（内存池）在 DPDK 的开发者手册里已经有比较详细的介绍。本节主要探讨数据包在 DPDK 内存组织形式方面的优化考虑，也为后面如何在 CPU 上优化收发包做铺垫。因为不管接收还是发送，Mbuf 和描述符之间都有着千丝万缕的关系，前者可看做是进入软件层面后的描述符。

6.6.1　Mbuf

为了高效访问数据，DPDK 将内存封装在 Mbuf（struct rte_mbuf）结构体内。Mbuf 主要用来封装网络帧缓存，也可用来封装通用控制信息缓存（缓存类型需使用 CTRL_MBUF_FLAG 来指定）。Mbuf 结构报头经过精心设计，原先仅占 1 个 Cache Line。随着 Mbuf 头部携带的信息越来越多，现在 Mbuf 头部已经调整成两个 Cache Line，原则上将基础性、频繁访问的数据放在第一个 Cache Line 字节，而将功能性扩展的数据放在第二个 Cache Line 字节。
Mbuf 报头包含包处理所需的所有数据，对于单个 Mbuf 存放不下的巨型帧（Jumbo Frame），
Mbuf 还有指向下一个 Mbuf 结构的指针来形成帧链表结构。所有应用都应使用 Mbuf 结构来
传输网络帧。

对网络帧的封装及处理有两种方式：将网络帧元数据（metadata）和帧本身存放在固定大
小的同一段缓存中；或将元数据和网络帧分开存放在两段缓存里。前者的好处是高效：对缓
存的申请及释放均只需要一个指令，缺点是因为缓存长度固定而网络帧大小不一，大部分帧
只能使用填 0（padding）的方式填满整个缓存，较为耗费内存空间。后者的优点则是相对自
由：帧数据的大小可以任意，同时对元数据和网络帧的缓存可以分开申请及释放；缺点是低
效，因为无法保证数据存于一个 Cache Line 中，可能造成 Hit Miss。

为保持包处理的效率，DPDK 采用了前者。网络帧元数据的一部分内容由 DPDK 的网卡
驱动写入。这些内容包括 VLAN 标签、RSS 哈希值、网络帧入口端口号以及巨型帧所占的
Mbuf 个数等。对于巨型帧，网络帧元数据仅出现在第一个帧的 Mbuf 结构中，其他的帧该信
息为空。具体内容请参见第 7 章。Mbuf 的结构如图 6-8 所示。

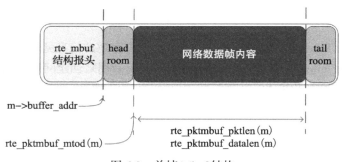

图 6-8　单帧 Mbuf 结构

图 6-8 包含了一个 Mbuf 的基本组成。其中，Mbuf 头部的大小为两个 Cache Line，之后
的部分为缓存内容，其起始地址存储在 Mbuf 结构的 buffer_addr 指针中。在 Mbuf 头部和实
际包数据之间有一段控制头空间（head room），用来存储和系统中其他实体交互的信息，如
控制信息、帧内容、事件等。head room 的长度可由 RTE_PKTMBUF_HEADROOM 定义。

head room 的起始地址保存在 Mbuf 的 buff_addr 指针中，在 lib/librte_port/rte_port.h 中也
有实用的宏，用来获得从 buff_addr 起始特定偏移量的指针和数据，详情请参考 rte_port.h 源
码中 RTE_MBUF_METADATA_UINT8_PTR 以及 RTE_MBUF_METADATA_UINT8 等宏。数
据帧的起始指针可通过调用 rte_pktmbuf_mtod(Mbuf) 获得。

数据帧的实际长度可通过调用 rte_pktmbuf_pktlen (Mbuf) 或 rte_pktmbuf_datalen (Mbuf)
获得，但这仅限于单帧 Mbuf。巨型帧的单帧长度只由 rte_pktmbuf_datalen(Mbuf) 返回，而
rte_pktmbuf_pktlen(Mbuf) 用于访问巨型帧所有帧长度的总和，如图 6-9 所示。

rte_pktmbuf_pktlen(m)=rte_pktmbuf_datalen(m1)+rte_pktmbuf_datalen(m2)+rte_pktmbuf_datalen(m3)

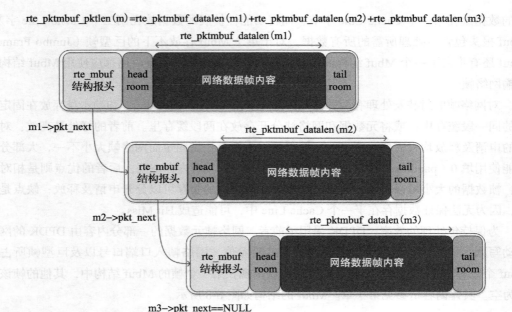

图 6-9 巨型帧 Mbuf 结构

创建一个新的 Mbuf 缓存需从所属内存池（关于内存池的信息见 6.6.2 节）申请。创建的函数为 rte_pktmbuf_alloc() 或 rte_ctrlmbuf_alloc()，前者用来创建网络帧 Mbuf，后者用来创建控制信息 Mbuf。初始化该 Mbuf 则由 rte_pktmbuf_init() 或 rte_ctrlmbuf_init() 函数完成。这两个函数用来初始化一些 Mbuf 的关键信息，如 Mbuf 类型、所属内存池、缓存起始地址等。初始化函数被作为 rte_mempool_create 的回调函数。

释放一段 Mbuf 实际等于将其放回所属的内存池，其缓存内容在被重新创建前不会被初始化。

除了申请和释放外，对 Mbuf 可执行的操作包括：

❑ 获得帧数据长度——rte_pktmbuf_datalen()
❑ 获得指向数据的指针——rte_pktmbuf_mtod()
❑ 在帧数据前插入一段内容——rte_pktmbuf_prepend()
❑ 在帧数据后增加一段内容——rte_pktmbuf_append()
❑ 在帧数据前删除一段内容——rte_pktmbuf_adj()
❑ 将帧数据后截掉一段内容——rte_pktmbuf_trim()
❑ 连接两段缓存——rte_pktmbuf_attach()，此函数会连接两段属于不同缓存区的缓存，称为间接缓存（indirect buffer）。对间接缓存的访问效率低于直接缓存（意为一段缓存包含完整 Mbuf 结构和帧数据），因此请仅将此函数用于网络帧的复制或分段。
❑ 分开两段缓存——rte_pktmbuf_detach()

❑ 克隆 Mbuf——rte_pktmbuf_clone()，此函数作为 rte_pktmbuf_attach 的更高一级抽象，将正确设置连接后 Mbuf 的各个参数，相对 rte_pktmbuf_attach 更为安全。

6.6.2　Mempool

　　DPDK 的内存管理与硬件关系紧密，并为应用的高效存取服务。在 DPDK 中，数据包的内存操作对象被抽象化为 Mbuf 结构，而有限的 rte_mbuf 结构对象则存储在内存池中。内存池使用环形缓存区来保存空闲对象。内存池在内存中的逻辑表现如图 6-10 所示。

　　当一个网络帧被网卡接收时，DPDK 的网卡驱动将其存储在一个高效的环形缓存区中，同时在 Mbuf 的环形缓存区中创建一个 Mbuf 对象。当然，两个行为都不涉及向系统申请内存，这些内存已经在内存池被创建时就申请好了。Mbuf 对象被创建好后，网卡驱动根据分析出的帧信息将其初始化，并将其和实际帧对象逻辑相连。对网络帧的分析处理都集中于 Mbuf，仅在必要的时候访问实际网络帧。这就是内存池的双环形缓存区结构。

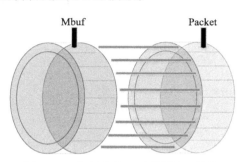

图 6-10　内存池的双环形缓存区结构

　　为增加对 Mbuf 的访问效率，内存池还拥有内存通道 /Rank 对齐辅助方法。内存池还允许用户设置核心缓存区大小来调节环形内存块读写的频率。

　　实践证明，在内存对象之间补零，以确保每个对象和内存的一个通道和 Rank 起始处对齐，能大幅减少未命中的发生概率且增加存取效率。在 L3 转发和流分类应用中尤为如此。内存池以更大内存占有量的代价来支持此项技术。在创建一个内存池时，用户可选择是否启用该技术。

　　多核 CPU 访问同一个内存池或者同一个环形缓存区时，因为每次读写时都要进行 Compare-and-Set 操作来保证期间数据未被其他核心修改，所以存取效率较低。DPDK 的解决方法是使用单核本地缓存一部分数据，实时对环形缓存区进行块读写操作，以减少访问环形缓存区的次数。单核 CPU 对自己缓存的操作无须中断，访问效率因而得到提高。当然，这个方法也并非全是好处：该方法要求每个核 CPU 都有自己私用的缓存（大小可由用户定义，也可为 0，或禁用该方法），而这些缓存在绝大部分时间都没有能得到百分之百运用，因此一部分内存空间将被浪费。

6.7　小结

　　本章带领读者探访了 I/O 和 CPU 之间关于数据包处理的各项技术及优化细节。下一章就将进入到网卡内部，去探究网卡性能调试的方法。

网卡性能优化

前面介绍了 PCIe 这一层级的细节，接下来就从 DPDK 在软件设计、硬件平台选择和配置以及软件平台的设置等方面深入分析和介绍怎样完成网卡性能优化，并且跑出最优的性能。

7.1　DPDK 的轮询模式

DPDK 采用了轮询或者轮询混杂中断的模式来进行收包和发包，此前主流运行在操作系统内核态的网卡驱动程序基本都是基于异步中断处理模式。

7.1.1　异步中断模式

当有包进入网卡收包队列后，网卡会产生硬件（MSIX/MSI/INTX）中断，进而触发 CPU中断，进入中断服务程序，在中断服务程序（包含下半部）来完成收包的处理。当然为了改善包处理性能，也可以在中断处理过程中加入轮询，来避免过多的中断响应次数。总体而言，基于异步中断信号模式的收包，是不断地在做中断处理，上下文切换，每次处理这种开销是固定的，累加带来的负荷显而易见。在 CPU 比 I/O 速率高很多时，这个负荷可以被相对忽略，问题不大，但如果连接的是高速网卡且 I/O 频繁，大量数据进出系统，开销累加就被充分放大。中断是异步方式，因此 CPU 无需阻塞等待，有效利用率较高，特别是在收包吞吐率比较低或者没有包进入收包队列的时候，CPU 可以用于其他任务处理。

当有包需要发送出去的时候，基于异步中断信号的驱动程序会准备好要发送的包，配置好发送队列的各个描述符。在包被真正发送完成时，网卡同样会产生硬件中断信号，进而触发 CPU 中断，进入中断服务程序，来完成发包后的处理，例如释放缓存等。与收包一样，发送过程也会包含不断地做中断处理，上下文切换，每次中断都带来 CPU 开销；同上，CPU 有效利用率高，特别是在发包吞吐率比较低或者完全没有发包的情况。

7.1.2　轮询模式

DPDK 起初的纯轮询模式是指收发包完全不使用任何中断，集中所有运算资源用于报文处理。但这不是意味着 DPDK 不可以支持任何中断。根据应用场景需要，中断可以被支持，最典型的就是链路层状态发生变化的中断触发与处理。

DPDK 纯轮询模式是指收发包完全不使用中断处理的高吞吐率的方式。DPDK 所有的收发包有关的中断在物理端口初始化的时候都会关闭，也就是说，CPU 这边在任何时候都不会收到收包或者发包成功的中断信号，也不需要任何收发包有关的中断处理。DPDK 到底是怎么知道有包进入到网卡，完成收包？到底怎么准备发包，知道哪些包已经成功经由网卡发送出去呢？

前面已经详细介绍了收发包的全部过程，任何包进入到网卡，网卡硬件会进行必要的检查、计算、解析和过滤等，最终包会进入物理端口的某一个队列。前面已经介绍了物理端口上的每一个收包队列，都会有一个对应的由收包描述符组成的软件队列来进行硬件和软件的交互，以达到收包的目的。前面第 6 章已经详细介绍了描述符。DPDK 的轮询驱动程序负责初始化好每一个收包描述符，其中就包含把包缓冲内存块的物理地址填充到收包描述符对应的位置，以及把对应的收包成功标志复位。然后驱动程序修改相应的队列管理寄存器来通知网卡硬件队列里面的哪些位置的描述符是可以有硬件把收到的包填充进来的。网卡硬件会把收到的包一一填充到对应的收包描述符表示的缓冲内存块里面，同时把必要的信息填充到收包描述符里面，其中最重要的就是标记好收包成功标志。当一个收包描述符所代表的缓冲内存块大小不够存放一个完整的包时，这时候就可能需要两个甚至多个收包描述符来处理一个包。

每一个收包队列，DPDK 都会有一个对应的软件线程负责轮询里面的收包描述符的收包成功的标志。一旦发现某一个收包描述符的收包成功标志被硬件置位了，就意味着有一个包已经进入到网卡，并且网卡已经存储到描述符对应的缓冲内存块里面，这时候驱动程序会解析相应的收包描述符，提取各种有用的信息，然后填充对应的缓冲内存块头部。然后把收包缓冲内存块存放到收包函数提供的数组里面，同时分配好一个新的缓冲内存块给这个描述符，以便下一次收包。

每一个发包队列，DPDK 都会有一个对应的软件线程负责设置需要发送出去的包，DPDK 的驱动程序负责提取发包缓冲内存块的有效信息，例如包长、地址、校验和信息、VLAN 配置信息等。DPDK 的轮询驱动程序根据内存缓存块中的包的内容来负责初始化好每一个发包描述符，驱动程序会把每个包翻译成为一个或者多个发包描述符里能够理解的内容，然后写入发包描述符。其中最关键的有两个，一个就是标识完整的包结束的标志 EOP (End Of Packet)，另外一个就是请求报告发送状态 RS (Report Status)。由于一个包可能存放在一个或者多个内存缓冲块里面，需要一个或者多个发包描述符来表示一个等待发送的包，EOP 就是驱动程序用来通知网卡硬件一个完整的包结束的标志。每当驱动程序设置好相应的发包描述符，硬件就可以开始根据发包描述符的内容来发包，那么驱动程序可能会需要知道什么时候发包完成，然后回收占用的发包描述符和内存缓冲块。基于效率和性能上的考虑，驱动程序可能不需要每一个发包描述符都报告发送结果，RS 就是用来由驱动程序来告诉网卡硬件什么时候需要报告发送结果的一个标志。不同的硬件会有不同的机制，有的网卡硬件要求每一个包都要报告发送结果，有的网卡硬件要求相隔几个包或者发包描述符再报告发送结果，而且可以由驱动程序来设置具体的位置。

发包的轮询就是轮询发包结束的硬件标志位。DPDK 驱动程序根据需要发送的包的信息和内容，设置好相应的发包描述符，包含设置对应的 RS 标志，然后会在发包线程里不断查询发包是否结束。只有设置了 RS 标志的发包描述符，网卡硬件才会在发包完成时以写回的形式告诉发包结束。不同的网卡可能会有不同的写回方式，比如基于描述符的写回，比如基于头部的写回，等等。当驱动程序发现写回标志，意味着包已经发送完成，就释放对应的发包描述符和对应的内存缓冲块，这时候就全部完成了包的发送过程。

7.1.3 混和中断轮询模式

由于实际网络应用中可能存在的潮汐效应，在某些时间段网络数据流量可能很低，甚至完全没有需要处理的包，这样就会出现在高速端口下低负荷运行的场景，而完全轮询的方式会让处理器一直全速运行，明显浪费处理能力和不节能。因此在 DPDK R2.1 和 R2.2 陆续添加了收包中断与轮询的混合模式的支持，类似 NAPI 的思路，用户可以根据实际应用场景来选择完全轮询模式，或者混合中断轮询模式。而且，完全由用户来制定中断和轮询的切换策略，比如什么时候开始进入中断休眠等待收包，中断唤醒后轮询多长时间，等等。

图 7-1 所示为 DPDK 的例子程序 l3fwd-power，使用了 DPDK 支持的中断加轮询的混合模式。应用程序开始就是轮询收包，这时候收包中断是关闭的。但是当连续多次收到的包的个数为零的时候，应用程序定义了一个简单的策略来决定是否以及什么时候让对应的收包线程进入休眠模式，并且在休眠之前使能收包中断。休眠之后对应的核的运算能力就被释放出来，完全可以用于其他任何运算，或者干脆进入省电模式，取决于内核怎么调度。当后续有任何包收到的时候，会产生一个收包中断，并且最终唤醒对应的应用程序收包线程。线程被唤醒后，就会关闭收包中断，再次轮询收包。当然，应用程序完全可以根据不同的需要来定义不同的策略来让收包线程休眠或者唤醒收包线程。

DPDK 的混合中断轮询机制是基于 UIO 或 VFIO 来实现其收包中断通知与处理流程的。如果是基于 VFIO 的实现，该中断机制是可以支持队列级别的，即一个接收队列对应一个中断号，这是因为 VFIO 支持多 MSI-X 中断号。但如果是基于 UIO 的实现，该中断机制就只支持一个中断号，所有的队列共享一个中断号。

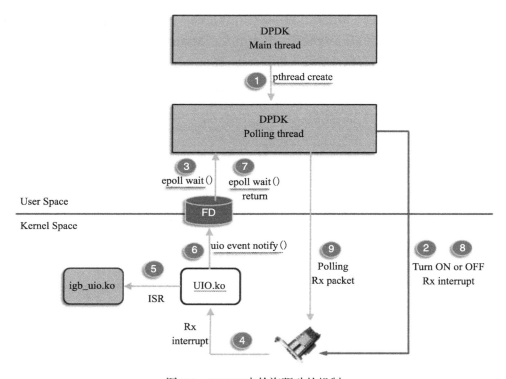

图 7-1　DPDK 中轮询驱动的机制

当然混合中断轮询模式相比完全轮询模式，会在包处理性能和时延方面有一定的牺牲，比如由于需要把 DPDK 工作线程从睡眠状态唤醒并运行，这样会引起中断触发后的第一个接收报文的时延增加。由于时延的增加，需要适当调整 Mbuf 队列的大小，以避免当大量报文同时到达时可能发生的丢包现象。在应用场景下如何更高效地利用处理器的计算能力，用户需要根据实际应用场景来做出最合适的选择。

7.2　网卡 I/O 性能优化

7.2.1　Burst 收发包的优点

DPDK 的收发包是一个相对复杂的软件运算过程，其中主要包含 Mbuf 的分配或者释放，以及描述符的解析或者构造，涉及多次数据结构访问，包含读和写。只要涉及比较多的数据访问，尽可能多让数据访问都能在处理器缓存中完成（cache hit），是实现高性能的重要手段。反之，cache miss 会导致内存访问，引入大量延迟，是高性能杀手。处理器缓存是分级存在于处理器中的，每一级都有不同的容量和速度以及延时。在 Linux 系统上，可以通过"dmidecode memory"查看到处理器内缓存的信息。

图 7-2 可以看出 CPU 的三级缓存，每一级缓存容量都不一样，速度也不同。例如 "Socket Designation: L1-Cache" 指的是一级缓存，其大小为 "Maximum Size: 1152KB" 指出其开销为 1152KB。如何能有效编写软件来高效利用 cache 呢？

```
Handle 0x0018, DMI type 7, 19 bytes
Cache Information
        Socket Designation: L1-Cache
        Configuration: Enabled, Not Socketed, Level 1
        Operational Mode: Write Back
        Location: Internal
        Installed Size: 1152 kB
        Maximum Size: 1152 kB
        Supported SRAM Types:
                Synchronous
        Installed SRAM Type: Synchronous
        Speed: Unknown
        Error Correction Type: Single-bit ECC
        System Type: Instruction
        Associativity: 8-way Set-associative
Handle 0x0019, DMI type 7, 19 bytes
Cache Information
        Socket Designation: L2-Cache
        Configuration: Enabled, Not Socketed, Level 2
        Operational Mode: Varies With Memory Address
        Location: Internal
        Installed Size: 4608 kB
        Maximum Size: 4608 kB
        Supported SRAM Types:
                Synchronous
        Installed SRAM Type: Synchronous
        Speed: Unknown
        Error Correction Type: Single-bit ECC
        System Type: Unified
        Associativity: 8-way Set-associative
Handle 0x001A, DMI type 7, 19 bytes
Cache Information
        Socket Designation: L3-Cache
        Configuration: Enabled, Not Socketed, Level 3
        Operational Mode: Varies With Memory Address
        Location: Internal
        Installed Size: 46080 kB
        Maximum Size: 46080 kB
        Supported SRAM Types:
                Synchronous
        Installed SRAM Type: Synchronous
        Speed: Unknown
        Error Correction Type: Single-bit ECC
        System Type: Unified
        Associativity: Fully Associative
```

图 7-2　Linux 查询 Cache 信息

Burst 收发包就是 DPDK 的优化模式，它把收发包复杂的处理过程进行分解，打散成不同的相对较小的处理阶段，把相邻的数据访问、相似的数据运算集中处理。这样就能尽可能减少对内存或者低一级的处理器缓存的访问次数，用更少的访问次数来完成更多次收发包运算所需要数据的读或者写。

Burst 从字面理解，可译为突发模式，是一次完成多个数据包的收发，比如 8、16 甚至 32 个数据包一次接收或者发送，由 DPDK 函数调用者来决定。

网卡的收发包描述符一般为 16 或者 32 字节（以 Intel 82599, X710 为例），而网卡对收包描述符的回写都会一次处理 4 个或者 8 个，以提高效率。而处理器缓存基本单位（以 Intel 处理器 Cache Line 为例）一般为 64 字节，可以看到一个处理器缓存单位可以存放 4 个或者

2 个收包描述符。处理器缓存的预取（Prefetch）机制会每次存取相邻的多个缓存单位，因而 Burst 收发包可以更充分地利用处理器缓存的存取机制。假设处理器一次更新 4 个缓存单位，可以更新 16 个 16 字节的描述符，如果每次只更新 1 个描述符，那么一次处理器缓存更新的 16 个描述符可能有 15 个被扔弃了，这样效率就很低。可以看出基于网卡硬件的特点和处理器的特点，Burst 收发包会更有效地利用处理器和缓存机制，明显提高收发包效率。

　　Burst 收发包是 DPDK 普遍使用的软件接口，用户可以设定每次调用收发包函数所处理的包的个数。具体函数接口如下。

- ❑ static inline uint16_t rte_eth_rx_burst (uint8_t port_id, uint16_t queue_id, struct rte_mbuf **rx_pkts, const uint16_t nb_pkts);
- ❑ static inline uint16_t rte_eth_tx_burst (uint8_t port_id, uint16_t queue_id, struct rte_mbuf **tx_pkts, uint16_t nb_pkts);

　　可以看到，收包函数和发包函数的最后一个参数就是指定一次函数调用来处理的包的个数，当设置为 1 时，其实就是每次收一个包或者发一个包。可以看到 DPDK 大部分示例程序里面默认的 Burst 收发包是 32 个。为什么 Burst 模式收发包能减少内存访问次数，提高性能呢？图 7-3 是最简单的收发包的过程，在收到包以后，应用程序还可能会有很多运算，然后才是发包处理。

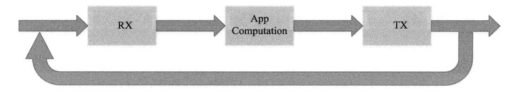

图 7-3　数据收发处理的简化流程

　　如果每次只收一个包，然后处理，最后再发送出去。那么在收一个包的时候发生内存访问或者低一级的处理器缓存访问的时候，往往会把临近的数据一并同步到处理器缓存中，因为处理器缓存更新都是按固定 cache line（例如 64 字节）加载的。到中间计算的时候为了空出处理器缓存，把前面读取的数据又废弃了，下一次需要用到临近数据的时候又需要重新访问低一级处理器缓存，甚至是直接内存访问。而 Burst 模式收包则一次处理多个包，在第一次加载数据的时候载入的临近数据可能恰好是下一个包需要用到的数据，这时候就可能会发生收两个包或者更多包需要加载的数据只需要一次内存访问或者低级别的处理器缓存访问。这样就用更少的内存访问或者低级别的处理器缓存访问完成了更多个包的收包处理，总体上就节省了平均单个包收包所需的时间，提高了性能。

　　如果每次只发送一个包，在内存访问或者处理器缓存同步的时候，同样是按照 cache line 大小加载或同步数据，一样会有一些数据同步了却不需要使用，这就造成了内存访问和处理器缓存同步能力的浪费。而 Burst 模式发包则是一次处理多个包，可以用更少的内存访问或者低级处理器缓存同步为更多的发包处理服务，总体上节约了平均每个包发送所需的时间，提高了性能。

7.2.2 批处理和时延隐藏

当翻阅优化手册查看指令开销时，常会遇到两个概念：时延和吞吐。这两个值能比较完整地描述一条指令在 CPU 多发执行单元的开销。

1）时延（Latency）：处理器核心执行单元完成一条指令（instruction）所需要的时钟周期数。

2）吞吐（Throughput）：处理器指令发射端口再次允许接受相同指令所需等待的时钟周期数。

时延描述了前后两个关联操作的等待时间，吞吐则描述了指令的并发能力。在时延相对固定的情况下，要提升指令执行的整体性能，利用有些指令的多发能力就显得很重要。基于这两个概念，我们可以从一个小例子来理解多发和时延隐藏，见图 7-4。

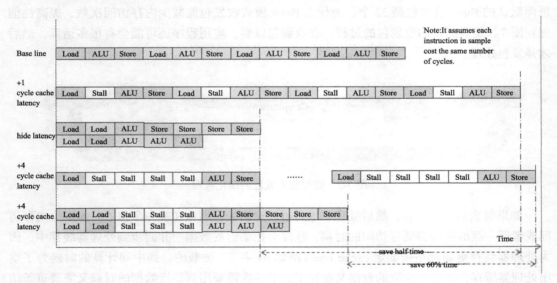

图 7-4　时延隐藏示例

为了简化模型，假设有一组事务只有三条指令（取 load，算 ALU，存 store）。每条指令都等待前一条完成才能开始。另外，假设每条指令的时延和吞吐都是 1 个时钟周期。第 1 行为单路执行 4 次该事务的基准时间开销，总共 12 个时钟周期。假设每个事务之间互不依赖。如果有两路执行单元且取和算（Load 和 ALU）指令的吞吐变为 0.5 个周期（取指令允许两路并发），开销时间可以如第 3 行所示，可以缩小到 7 个时钟周期。

更接近真实场景的是，读取内存并不单纯只有指令开销，还有访存开销。即使读取的数据已经在处理器的第一级缓存 L1 里，也至少需要 3 ~ 4 个时钟周期，这里以 4 周期计算。

如果顺序依次执行，如第 4 行所示，将需要 28 个时钟周期，每一个取指令发出后，需要等待 4 个周期。如第 5 行所示，虽然每个 load 指令仍然需要等待 4 个周期，但第 2 列的取指令，实际只有三个失速周期而不是四个。这就是取指令时延的隐藏技术。可以想象的是，如果有更多的独立重复事务，能够隐藏的时延会更多。

另一个值得注意的问题是，利用 CPU 指令乱序多发的能力，掩藏指令延迟的一个有效的方法是批量处理无数据前后依赖关系的独立事务。对于重复事务执行，通常采用循环逐次操作。对于较复杂事务，编译器很难大量地去乱序不同迭代序列下的指令。为了达到批量处理下乱序时延隐藏的效果，常用的做法是在一个序列中铺开执行多个事务，以一个合理的步进迭代。如果仔细观察 DPDK 收发包的处理函数，就会发现这个方法在很多地方得到应用。

以接收包来为例，主要的操作流程如图 7-5 所示。它们分别是检查 DD 标志，包描述符处理，分配新缓存，重填描述符，更新描述符环尾指针。我们已经知道，收包是一个内存访问密集型工作，读写（load/store）占据了很大比重。批量化操作在这里就有了用武之地。

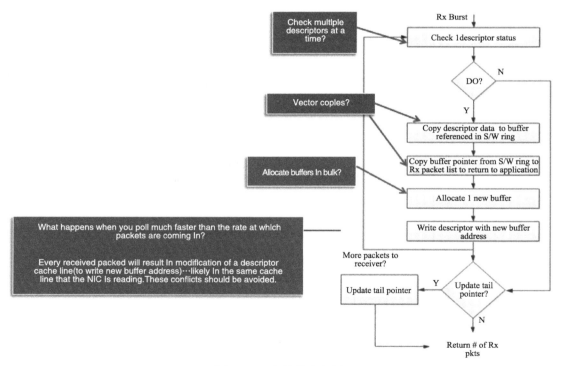

图 7-5　逐包接收流程图

仔细观察这些主干操作，除了更新尾指针的操作，大都可以进行批量操作。尾指针的更新并非每包进行，一个原因是减少 MMIO 的访问开销，另一个原因是减少 cache line 的竞争。

理论上，收包过程会发生 CPU 与 DMA 竞争访问同一个 cache line 上数据的情况（操作同一个 cache line 上的不同描述符）。一种是读写竞争，即 CPU 周期性检查 DD 标识的读操作，与 DMA 的写回操作。另一种是写写竞争，即 CPU 的重填描述符操作，与 DMA 的写回操作。考虑到 Intel® IA 处理器缓存一致性的原则，一致性会导致额外的同步开销，特别是对写权限的获得。

我们知道当条件允许时，网卡 DMA 倾向于写回整个 cache line 的数据。如图 7-6 所示，如果能条件控制好尾指针的移动步幅（cache line 长度的整数倍），就可以有效避免第二种的写写竞争。这一点在做批量处理时同样需要加以考虑。

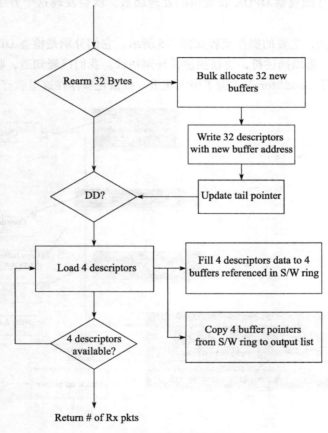

图 7-6　批量收包流程图

图 7-6 进行批处理的改造，考虑到 Intel® 82599 网卡的描述符大小为 16 B，而 Intel® 处理器一个 cache line 的大小为 64B，网卡也倾向于整 cache line 的写回。另外以 4 为粒度不至于浪费太多的指令在无效的包操作上。在 5 个主干操作中，分配新缓存，重填描述符，更新描述符环尾指针是个很大的比重。如果把其从检查 DD 标志和包描述符处理操作路径中分

离，可以缩短处理周期，也有助于做固定粒度的缓存分配和重填操作。这样延迟重填的方式，也能保证 CPU 写操作迟于 DMA 写操作整数倍个 cache line 的大小，从而避免 cache line 的写写竞争。

以 DPDK 中的代码为例，在 ixgbe 驱动的收包部分，有一段使用批处理方式处理收包的过程（bulk），设计初衷就是为了尽可能减少内存访问时延或者低一级处理器缓存同步访问的次数。该收包过程先扫描收包队列是否有 8 个包可以收取，如果有，解析收包描述符到相应的备份 Mbuf 缓存中，然后重复这个过程，直到最多收到 32 个包，或者没有包可以收取。然后查看是否已经达到需要分配 Mbuf 的阈值，如果到了，一次性分配多个 Mbuf。最后才是根据需要读取 burst 收包的数目，把存在备份 Mbuf 缓存中的 Mbuf 传递出去。可以看出以上把整个收包过程细分为三个相对较小的步骤，但是每个步骤都尽量处理更多数量的包（例如每次 8 个，最多 32 个）。Bulk 收包的模式是尽可能并行化处理，相对每次把一个包的解析、Mbuf 分配、返回处理完再处理下一个，它的好处就是可以更充分地利用每一次从内存中读取的数据，或者更少地访问低一级的处理器缓存。

Bulk 收包只有在满足一些条件下才有可能被使用，在 ixgbe 的驱动程序可以看到如下的注释，很好地解释了什么情况下 Bulk 收包函数被允许使用。

```
/*
 * Make sure the following pre-conditions are satis©ed:
 *   rxq->rx_free_thresh >= RTE_PMD_IXGBE_RX_MAX_BURST
 *   rxq->rx_free_thresh < rxq->nb_rx_desc
 *   (rxq->nb_rx_desc % rxq->rx_free_thresh) == 0
 *   rxq->nb_rx_desc<(IXGBE_MAX_RING_DESC-RTE_PMD_IXGBE_RX_MAX_BURST)
 * Scattered packets are not supported.  This should be checked
 * outside of this function.
 */
```

7.2.3　利用 Intel SIMD 指令进一步并行化包收发

进行批量处理改造之后，性能确实得到了很大提升，那是否还有改进空间呢。从访存的角度，再来审视一下 CPU 访存的带宽。从图 7-7 可以看到，在 Intel® E5-2600 系列处理器上，每个时钟周期，对处理器第一级缓存（L1 cache）可以进行 32byte 读和 16byte 写。在 Intel® E5-2600v3 处理器上，对处理器第一级缓存的访问能力更是翻倍的。在包收发的工作中，大量的工作都是内访问操作，那如何才能完整地利用好这样的带宽吞吐能力呢。

依然以读操作（load 的时延为 1，吞吐为 0.5）为例，在 Intel® 64 位系统上，即使利用两路多发，一个时钟周期下两个 64 位读最大只能访问 16byte 数据。在 Intel® E5-2600 系列处理器上，只占到最大带宽的一半。那怎么样才能尽可能的利用到全部带宽呢？答案就是 SIMD 指令。

Intel® SSE 指令提供了 128bit 的寄存器，AVX 提供了 256bit 寄存器。同样是两个读操作，两路 SSE 读操作就能完整利用 Sandy Bridge 平台的带宽，而两路 AVX 读操作可以用满

Haswell 的读带宽。这就是用 SIMD 指令来优化包吞吐的潜力。

Metric	Nehalem	Sandy Bridge	Haswell	Comments
Instruction Cache	32K	32K	32K	
L1 Data Cache（DCU）	32K	32K	32K	
Hit Latency（cycle）	4/5/7	4/5/7	4/5/7	No index/nominal /non-flat seg
Bandwidth （bytes/cycle）	16+16	32+16	64+32	2 loads+1 store
L2 Unified Cache （MLC）	256K	256K	256K	
Hit Latency（cycle）	10	12	12	Nominal load
BW （bytes/cycle）	32	32	64	HSW doubled MLC hit BW

图 7-7 Intel® CPU 缓存访问速度和带宽

当然要利用好这一点，需要克服一些障碍。SIMD 指令虽好，但对使用的数据的格式（data memory layout）有一定要求。SIMD 指令使用的寄存器相对位宽比较宽，而自然数据结构中很多 8bit、16bit 的数据，甚至一些描述符格式定义并不是字节对齐的，用 SIMD 指令需要频繁做微小的调整格式。有时候，这些调整的开销是不可忽视的。以前的通信应用是存储受限的环境，今时不同往日，存储是比较廉价与充分的。

当前的 Mbuf 头部的数据格式就是经过多次权衡考量后得出的。其中有一些 MARKER，比如 rx_descriptor_fields1，从其开始的 128bit 数据，都是由描述符解析转换而来。shuffle 指令可以高效地帮助数据格式转换，加上其他模板化的操作来帮助最后运行时数据微调。关于使用 SIMD 指令进行优化的具体实现，可以参考相关代码继续深入理解。

当追求极端性能时，有时不得不割舍一些功能，做一些妥协和权衡。有些网卡驱动 PMD 中，实现了多套收发函数。有的针对全功能（支持大包聚合、功能卸载等），有的针对高性能（向量化 PMD）。这些都是针对不同需求而做的区别实现。

7.3 平台优化及其配置调优

DPDK 本身对性能做了很多优化，但实际上要在某个平台上跑出最优的性能也不是一件容易的事情，这其中就涉及硬件软件各个方面的配置和注意事项，这里会系统地介绍各个相关的环节和值得注意的配置。

硬件及软件平台的配置或者参数对性能的影响可能是巨大的，DPDK 本身就是为了充分地挖掘硬件的潜能和减少不必要的运算。本质上来讲，硬件系统决定了包处理的可能的最好性能，最主要包含但不仅限于以下几项硬件的参数：CPU，主板所使用的外围芯片（例如 Intel 的南桥北桥芯片），PCIe，内存控制器和内存芯片，网卡。但是怎么最大限度地发挥这些硬件的性能，怎样取得最好的包处理性能，上述硬件的参数和配置就显得尤为重要。所以，一开始不同的硬件的选择是最重要的一步，然后就是硬件的物理连接和布局（这里主要是内存条的布局和网卡的布局）。

软件平台的配置对能不能充分发挥硬件的性能也是同样关键。主要包含但不仅限于 BIOS 的固件版本，BIOS 的选项配置，操作系统的选择和内核版本，以及编译器的版本。对于 DPDK 来讲，最终使用哪些插在不同 PCIe 插槽上面的网卡的端口，以及使用位于哪个 CPU 插口上的物理核（或者逻辑核），同样对最终的包处理的性能是很重要的。所以，硬件系统决定了包处理理论的最大性能，而硬件系统的连接和布局，以及硬件系统的配置选择使用，软件系统的配置，则决定了最终实际能达到的最好性能。以下从不同方面来探讨不同的要素对性能的影响，以及一定程度上最优的选择和配置。

7.3.1　硬件平台对包处理性能的影响

硬件平台对包处理性能的影响是显而易见的，对于需要高性能的用户来说，一般需要选用 Intel® 最新一代 Xeon® 服务器系统。我们顺着处理器、内存与外设的角度来看硬件平台。

无需多言，CPU 的不同频率对性能有直接的线性影响。其次，不同的 CPU 所支持的指令集可能会不一样，新一代的 CPU 架构可能会带来一些更优的指令集，能够显著地改善或者提高某些方面的性能。最明显的例子就是 Intel 处理器的 SSE 和 AVX 指令集在最近几代处理器上都有升级和换代，DPDK 的开发者已经利用这些新指令来做软件优化，已经实现了网卡的高速收发包（Vector PMD）和部分基础库（ACL 库，rte_memcpy）。Intel 网卡的驱动程序目前都实现了基于 Vector 指令（例如 SSE, AVX）的驱动程序，得益于处理器支持对应的矢量运算指令集，在实践中得到了更高的性能。另外一个例子就是 AES NI 的指令集，被广泛用于加解密运算处理。通常而言，不同的 CPU 型号一般都对应不同的处理器内缓存，其大小、性能、延时甚至硬件实现方式都可能不同，而 DPDK 充分利用了处理器内的缓存，尽量减少内存的访问，所以更好性能的处理器内缓存对包处理的性能的影响是很大的。对于多 CPU 系统来讲，不同的 CPU 之间的连接方式和规格可能有很大不同，从而对跨 CPU 的数据访问性能有很大的影响。从技术原理角度，DPDK 应用程序应该尽量避免或者减少跨 CPU 的数据访问，但是实际上，大量软件有历史遗留问题，用户仍可能会涉及这样的操作。在 Linux 系统上，可以用命令" cat /proc/cpuinfo"来查看当前处理器的型号、频率、处理器内缓存大小、核的数量以及一些特殊指令的支持情况等。

图 7-8 中" model name: Intel (R) Xeon (R) CPU E5-2699 V3 @ 2.30GHZ"指出了处理器的型号和频率等信息，其中"flags: fpu vme …"则指出了处理器所支持的一些特有功能或者指令。

内存控制器及内存条本身以及内存条的物理布局，同样对包处理性能有很大的影响，不同的内存存储技术以及内存条所支持的最大频率，决定了内存访问的性能。一般来讲，服务器平台上的内存控制器都支持多通道（memory channel），而且 DPDK 也利用了这种技术特点，所以内存条的物理布局显得很重要。一般要确保每一个内存通道上面都均匀地插有内存条，这样能在物理布局上支持多通道内存的并发访问，提供最好的包处理性能。在 Linux 系统上，可以通过命令"dmidecode memory"来查看内存条的容量、频率以及物理布局等信息。

```
processor       : 63
vendor_id       : GenuineIntel
cpu family      : 6
model           : 63
model name      : Intel(R) Xeon(R) CPU E5-2699 v3 @ 2.30GHz
stepping        : 2
microcode       : 0x1d
cpu MHz         : 2300.000
cache size      : 46080 KB
physical id     : 1
siblings        : 28
core id         : 16
cpu cores       : 18
apicid          : 97
initial apicid  : 97
fpu             : yes
fpu_exception   : yes
cpuid level     : 15
wp              : yes
flags           : fpu vme de pse tsc msr pae mce cx8 apic sep mtrr pge mca cmov pat pse36
clflush dts acpi mmx fxsr sse sse2 ss ht tm pbe syscall nx pdpe1gb rdtscp lm constant_tsc
arch_perfmon pebs bts rep_good nopl xtopology nonstop_tsc aperfmperf eagerfpu pni pclmulqd
q dtes64 monitor ds_cpl vmx smx est tm2 ssse3 fma cx16 xtpr pdcm pcid dca sse4_1 sse4_2 x2
apic movbe popcnt tsc_deadline_timer aes xsave avx f16c rdrand lahf_lm abm arat epb pln pt
s dtherm tpr_shadow vnmi flexpriority ept vpid fsgsbase tsc_adjust bmi1 hle avx2 smep bmi2
 erms invpcid rtm xsaveopt
bugs            :
bogomips        : 4593.49
clflush size    : 64
cache_alignment : 64
address sizes   : 46 bits physical, 48 bits virtual
power management:
```

图 7-8   /proc/cpuinfo 的信息

```
Handle 0x002E, DMI type 17, 34 bytes
Memory Device
        Array Handle: 0x001C
        Error Information Handle: Not Provided
        Total Width: 72 bits
        Data Width: 72 bits
        Size: 8192 MB
        Form Factor: DIMM
        Set: None
        Locator: DIMM_E1
        Bank Locator: CPU 1
        Type: <OUT OF SPEC>
        Type Detail: Synchronous
        Speed: 1067 MHz
        Manufacturer: 0x44
        Serial Number: Unknown
        Asset Tag: Unknown
        Part Number: Unknown
        Rank: 1
        Configured Clock Speed: Unknown
```

图 7-9   查看系统内存通道信息

图 7-9 中"Size: 8192 MB"显示了单条内存的大小，"Locator: DIMM_E1"则指出了内存条的物理位置，"Bank Locator: CPU 1"则指出了内存条是直接连在处理器 1 上，"Speed: 1067 MHz"则显示了当前的内存运行频率。对于双路服务器，访问本地内存与远端内存会带来性能差异。因此，在内存的分配与管理上需要注意，在 DPDK 的接口函数参数接口中，会

看到很多的 Socket 这样的参数，用 0 或者 1 表征 Socket 0（Node 0）或者 Socket1（Node 1）。在很多技术手册中，也有用 socket1 和 socket2 来表征双路系统，这只是起点数字标识位不同，差异可忽视。

PCIe 接口是高速以太网卡进出系统的通道，所以 PCIe 的接口直接决定了数据进出通道的大小。当前主流的 PCIe 规范可能支持 PCIe Gen2 或者 PCIe Gen3，性能差一倍。PCIe 支持不同的数据宽度（例如 x4，x8，x16），显而易见，所提供的最大速率是不同的。

在多处理器平台上，不同的 PCIe 插槽可能连接在不同的处理器上，跨处理器的 PCIe 设备访问会引入额外的 CPU 间通信，对性能的影响大。PCIe 插槽与具体哪路 CPU 连接，在主板设计上基本确定，建议软件开发人员查找硬件手册来确定插槽属于哪个 CPU 节点。图 7-10 展示了一个典型的双路服务器上的 PCIe 插槽与处理器的连接关系，软件开发者可以咨询硬件工程师获得类似信息，图中所示 PCIe 带宽为双向数值。如果看不到物理插卡的具体位置（较少场合），一个简单的软件方法是查看 PCIe 地址中总线编号，如果小于 80（例如 0000:03:00.0），是连接到 CPU0 上，大于等于 80（比如 0000:81:00.0），则是连接在 CPU1 上。软件识别方法并不可靠，且会随着操作系统与驱动程序变化。

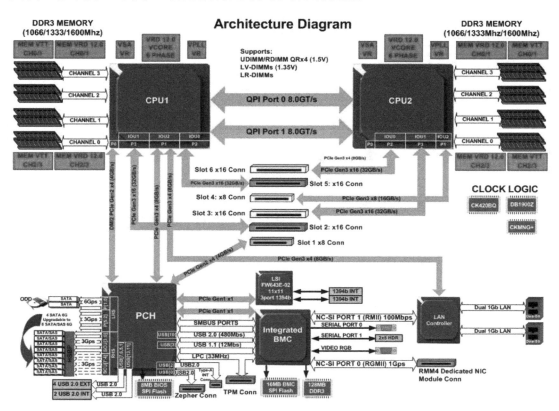

图 7-10　一个典型双路服务器上的 PCIe 插槽与连接

关于双路服务器更多资料，可以详细参见图 7-11 和［Ref7-1］。

PCIe 插槽的速率匹配，以 Intel® XL710-40G 系列网卡为例，本身支持 PCIe Gen3 × 8，所以要想获得最好的包处理性能，需要插在同样支持 PCIe Gen3 x8 的插槽上，如果插到了 PCIe Gen2 的物理接口，系统不能提供足够的带宽，进而限制了所能达到的网卡速率。在 Linux 平台上，可以通过命令"lspci -vvv"来查看各个 PCIe 接口和设备的参数。需要额外提到的一个 PCIe 特性就是"Extended Tag"，这是 PCIe 规范上定义的一个特性，对 40G 或者更高速率的网卡影响很大。一般都需要使能才能提供足够好的性能，而系统默认设置多是关闭的，打开这个设置有几个选项：

❑ 这就需要 BIOS 支持使能（Enable）；

❑ 或者通过像 Linux 系统上面的命令"setpci"；

❑ 或者 DPDK 提供的功能使能。

图 7-11 中"LnkSta: Speed 8GT/s, Width x8, …"指出了当前 PCIe 设备的速度和 lane 的数量。

```
2:00.1 Ethernet controller: Intel Corporation Ethernet Controller XL710 for 40GbE QSFP+ (rev 01)
        Subsystem: Intel Corporation Ethernet Converged Network Adapter XL710-Q2
        Control: I/O- Mem+ BusMaster+ SpecCycle- MemWINV- VGASnoop- ParErr- Stepping- SERR+ FastB2B- DisINTx+
        Status: Cap+ 66MHz- UDF- FastB2B- ParErr- DEVSEL=fast >TAbort- <TAbort- <MAbort- >SERR- <PERR- INTX-
        Latency: 0, Cache Line Size: 32 bytes
        Interrupt: pin A routed to IRQ 336
        Region 0: Memory at c8000000 (64-bit, prefetchable) [size=8M]
        Region 3: Memory at c9800000 (64-bit, prefetchable) [size=32K]
        Expansion ROM at c9b80000 [disabled] [size=512K]
        Capabilities: [40] Power Management version 3
                Flags: PMEClk- DSI+ D1- D2- AuxCurrent=0mA PME(D0+,D1-,D2-,D3hot+,D3cold+)
                Status: D0 NoSoftRst+ PME-Enable- DSel=0 DScale=1 PME-
        Capabilities: [50] MSI: Enable- Count=1/1 Maskable+ 64bit+
                Address: 0000000000000000  Data: 0000
                Masking: 00000000  Pending: 00000000
        Capabilities: [70] MSI-X: Enable+ Count=129 Masked-
                Vector table: BAR=3 offset=00000000
                PBA: BAR=3 offset=00001000
        Capabilities: [a0] Express (v2) Endpoint, MSI 00
                DevCap: MaxPayload 2048 bytes, PhantFunc 0, Latency L0s <512ns, L1 <64us
                        ExtTag+ AttnBtn- AttnInd- PwrInd- RBE+ FLReset+
                DevCtl: Report errors: Correctable- Non-Fatal- Fatal- Unsupported-
                        RlxdOrd+ ExtTag+ PhantFunc- AuxPwr- NoSnoop- FLReset-
                        MaxPayload 256 bytes, MaxReadReq 512 bytes
                DevSta: CorrErr+ UncorrErr- FatalErr- UnsuppReq+ AuxPwr- TransPend-
                LnkCap: Port #0, Speed 8GT/s, Width x8, ASPM L1, Exit Latency L0s <2us, L1 <16us
                        ClockPM- Surprise- LLActRep- BwNot- ASPMOptComp+
                LnkCtl: ASPM L1 Enabled; RCB 64 bytes Disabled- CommClk+
                        ExtSynch- ClockPM- AutwidDis- BWInt- AutBWInt-
                LnkSta: Speed 8GT/s, Width x8, TrErr- Train- SlotClk+ DLActive- BWMgmt- ABWMgmt-
                DevCap2: Completion Timeout: Range ABCD, TimeoutDis+, LTR-, OBFF Not Supported
                DevCtl2: Completion Timeout: 50us to 50ms, TimeoutDis-, LTR-, OBFF Disabled
                LnkSta2: Current De-emphasis Level: -6dB, EqualizationComplete-, EqualizationPhase1-
                        EqualizationPhase2-, EqualizationPhase3-, LinkEqualizationRequest-
        Capabilities: [e0] Vital Product Data
                Product Name: XL710 40GbE Controller
                Read-only fields:
                        [PN] Part number:
                        [EC] Engineering changes:
                        [FG] Unknown:
                        [LC] Unknown:
                        [MN] Manufacture ID:
                        [PG] Unknown:
                        [SN] Serial number:
                        [V0] Vendor specific:
                        [RV] Reserved: checksum good, 0 byte(s) reserved
                Read/write fields:
                        [V1] Vendor specific:
                End
```

图 7-11　查看 PCIe 设备信息

对包处理性能影响最大的当然还是网卡本身，网卡依据设计规格，会提供不同的物理连接方式。对远端系统，比如 2×10Gbit/s、4×10Gbit/s、或者 1×40Gbit/s、2×40Gbit/s 之类，网卡上大多焊接了一块以太网处理芯片，这块芯片会决定网卡的主要处理能力。简单地说，看到 2 个 40Gbit/s 的光口，并不代表这块网卡具备 80Gbit/s 的处理能力，在计算网卡处理能力的时候，关键要了解芯片的处理能力。哪怕是一家公司生产的同样速率的网卡，如果芯片选自不同厂家，最终包处理性能可能会差异比较大。除了芯片之外，另一个重要性能因素就是 PCIe 接口，这是连接系统的主要接口。不同的 PCIe 规格（Gen2 或 Gen3）和槽宽度（×4，×8，×16），决定了理论极限吞吐能力。比如说，PCIe Gen3×8 这样的接口，是无法实现 100Gbit/s 这样的高速接口的。网卡要插入到系统的 PCIe 插槽，如前所述，这里有个 PCIe 匹配协商的过程，一个 PCIe Gen3 的接口是可以降级兼容 PCIe Gen2 的插槽，实现数据收发，但这个降级会大幅降低网卡所能提供的理论最好性能。当前主流服务器平台都已经支持 PCIe Gen3 的插槽，此处只是举例说明一个可能性能下降的因素。

最新的 Intel 高速网卡 XL710 会携带固件（firmware）出厂，固件能带来功能与性能上的差异性，在发现性能问题时，请注意检查固件的版本，通常推荐跟进最新的固件版本，它可能解决了老版本存在的一些问题，甚至会影响到性能的一些问题。另外，目前业界主流网卡一般都支持多队列收发包，支持收包 RSS（Receive Side Scaling）时分发进多个队列，然后利用多线程与多核来进行并行处理，提高整系统性能。在有些网卡，特别是一些超高速（40G 或者更高速率）网卡，一个队列往往不能达到最理想的性能，这时候就需要使用多个队列来收发包，并且要正确地设置 RSS 功能，确保收到的包能被均匀分发到所使用的队列上，从而达到最理想的收发包性能。

7.3.2　软件平台对包处理性能的影响

软件平台的配置正确与否决定了能不能最终达到或者接近硬件能提供的最好的包处理性能。一般而言，高性能与省电是一对矛盾共同体，如果需要实现最好的性能，往往需要关闭所有省电或者降频模式。BIOS 的设置异常重要，为了达到高性能，需要关闭 CPU 以及设备的省电模式，让内存运行在所支持的最高频率上面，等等。

操作系统一般需要选用比较新的内核版本，并且是广泛使用和没有发现严重问题的操作系统，例如 Fedora20-64 位的系统。因为有些版本的操作系统，尽管有正式发布版本的内核，但是发布后可能会发现一些问题，有些问题可能会很严重地影响到一些重要的系统功能，甚至会涉及包处理的性能。这样就需要下载一个非常稳定、而且没有发现对包处理性能有重大影响问题的内核版本（例如 3.18），来进行重新安装。DPDK 广泛使用了大页（2M 或者 1G）机制，以 Linux 系统为例，1G 的大页一般不能在系统加载后动态分配，所以一般会在内核加载的时候设置好需要用到的大页。例如，增加内核启动参数 "default_hugepagesz=1G hugepagesz=1G hugepages=8" 来配置好 8 个 1G 的大页。在 Linux 系统上，可以通过命令 "cat /proc/meminfo" 来查看系统加载后的内存状况和大页的分配状况。

图 7-12 中 "Hugepages_Total: 8" 显示了系统共有 8 个大页，"Hugepagesize: 1048576 kB" 则指明了每个大页为 1GB 的大小。

DPDK 的软件线程一般都需要独占一些处理器的物理核或者逻辑核来完成稳定和高性能的包处理，如果硬件平台的处理器有足够多的核，一般都会预留出一些核来给 DPDK 应用程序使用。例如，增加内核启动参数 "isolcpus=2, 3, 4, 5, 6, 7, 8"，使处理器上 ID 为 2，3，4，5，6，7，8 的逻辑核不被操作系统调度。

DPDK 本身为了达到包处理的高性能，对网卡端口选择、PCIe 参数配置、处理器以及多核处理器核的选择都有一些额外的要求。对于 DPDK 版本 2.1，可以修改编译参数来使能 "extended tag"，具体就是修改 "config/common_linux" 里如下的两项参数。Extended Flag（8 位宽）被打开后，（在一些老的系统上，默认不打开）只有 5 位会被有效使用，支持 32 路并发，完全 Enable 后，8 位同时使用，能最大支持 256 个并发请求，在 40Gbit/s 或者更高速端口会体现出性能差异。修改 PCIe Extended Tag 可能涉及 BIOS 的配置与升级。

```
CONFIG_RTE_PCI_CONFIG=y
CONFIG_RTE_PCI_EXTENDED_TAG="on"
```

MemTotal:	65918896 kB
MemFree:	56019272 kB
MemAvailable:	56854160 kB
Buffers:	103532 kB
Cached:	784660 kB
SwapCached:	0 kB
Active:	620876 kB
Inactive:	480316 kB
Active(anon):	222420 kB
Inactive(anon):	3188 kB
Active(file):	398456 kB
Inactive(file):	477128 kB
Unevictable:	15792 kB
Mlocked:	15792 kB
SwapTotal:	16457724 kB
SwapFree:	16457724 kB
Dirty:	0 kB
Writeback:	0 kB
AnonPages:	228896 kB
Mapped:	226616 kB
Shmem:	10040 kB
Slab:	187032 kB
SReclaimable:	70252 kB
SUnreclaim:	116780 kB
KernelStack:	10640 kB
PageTables:	18432 kB
NFS_Unstable:	0 kB
Bounce:	0 kB
WritebackTmp:	0 kB
CommitLimit:	45222868 kB
Committed_AS:	1407488 kB
VmallocTotal:	34359738367 kB
VmallocUsed:	474728 kB
VmallocChunk:	34325068564 kB
HugePages_Total:	8
HugePages_Free:	0
HugePages_Rsvd:	0
HugePages_Surp:	0
Hugepagesize:	1048576 kB
DirectMap4k:	13160 kB
DirectMap2M:	1964032 kB
DirectMap1G:	67108864 kB

图 7-12　查看系统内存信息

在双路处理器系统上遵循就近原则，DPDK 一般要求尽量避免使用跨处理器的核来处理网卡设备上的收发包，所以需要了解核 ID 和处理器的对应关系，以及网卡端口和处理器的连接关系。在 Linux 系统上，可以通过命令 "lscpu" 来查看核 ID 和处理器的对应关系。

图 7-13 中 "NUMA node0 CPU (s): 0-17, 36-53" 指出处理器核 0 到 17，以及 36 到 53 都位于处理器 0，而其他的则核位于处理器 1。

在 Linux 系统上，可以使用命令 "lspci -nn | grep Eth" 来查看网卡设备及 PCI 设备地址。

图 7-14 中 "82:00.0 Ethernet controller [0200]: Intel Corporation Ethernet controller XL710 for 40GbE QSFP+" 指出了 PCIe 地址为 "0000:82:00.0" 是一个 Intel XL710 的网卡端口，它是插在靠近 Node1 的 CPU 的 PCIe 插槽上。

以 Intel® 40G NIC - XL710 为例，因为网卡设计为支持最多 PCIe Gen3 x8，所以一个 PCIe 插槽的带宽没法支撑双向 40Gbit/s 的转发，这就需要两块网卡来实现双向 40Gbit/s 的转发。同时由于受网卡硬件限制，单个队列不能达到小包（例如 128 字节）的线速，所以一般每个端口需要用到 2 个甚至 4 个队列来做转发。

```
Architecture:          x86_64
CPU op-mode(s):        32-bit, 64-bit
Byte Order:            Little Endian
CPU(s):                64
On-line CPU(s) list:   0-63
Thread(s) per core:    1
Core(s) per socket:    18
Socket(s):             2
NUMA node(s):          2
Vendor ID:             GenuineIntel
CPU family:            6
Model:                 63
Model name:            Intel(R) Xeon(R) CPU E5-2699 v3 @ 2.30GHz
Stepping:              2
CPU MHz:               2300.000
CPU max MHz:           2300.0000
CPU min MHz:           1200.0000
BogoMIPS:              4593.49
Virtualization:        VT-x
L1d cache:             32K
L1i cache:             32K
L2 cache:              256K
L3 cache:              46080K
NUMA node0 CPU(s):     0-17,36-53
NUMA node1 CPU(s):     18-35,54-63
```

图 7-13　查看系统 CPU 信息

```
03:00.0 Ethernet controller [0200]: Intel Corporation Ethernet Controller 10-Gigabit X540-AT2 [8086:1528] (rev 01)
03:00.1 Ethernet controller [0200]: Intel Corporation Ethernet Controller 10-Gigabit X540-AT2 [8086:1528] (rev 01)
05:00.0 Ethernet controller [0200]: Intel Corporation Ethernet Controller X710 for 10GbE SFP+ [8086:1572] (rev 01)
05:00.1 Ethernet controller [0200]: Intel Corporation Ethernet Controller X710 for 10GbE SFP+ [8086:1572] (rev 01)
05:00.2 Ethernet controller [0200]: Intel Corporation Ethernet Controller X710 for 10GbE SFP+ [8086:1572] (rev 01)
05:00.3 Ethernet controller [0200]: Intel Corporation Ethernet Controller X710 for 10GbE SFP+ [8086:1572] (rev 01)
81:00.0 Ethernet controller [0200]: Broadcom Corporation NetXtreme BCM5751 Gigabit Ethernet PCI Express [14e4:1677] (rev 01)
82:00.0 Ethernet controller [0200]: Intel Corporation Ethernet Controller XL710 for 40GbE QSFP+ [8086:1583] (rev 01)
82:00.1 Ethernet controller [0200]: Intel Corporation Ethernet Controller XL710 for 40GbE QSFP+ [8086:1583] (rev 01)
84:00.0 Ethernet controller [0200]: Intel Corporation Ethernet Controller X710 for 10GbE SFP+ [8086:1572] (rev 01)
84:00.1 Ethernet controller [0200]: Intel Corporation Ethernet Controller X710 for 10GbE SFP+ [8086:1572] (rev 01)
86:00.0 Ethernet controller [0200]: Intel Corporation Ethernet Controller XL710 for 40GbE QSFP+ [8086:1583] (rev 01)
86:00.1 Ethernet controller [0200]: Intel Corporation Ethernet Controller XL710 for 40GbE QSFP+ [8086:1583] (rev 01)
```

图 7-14　查看网卡的 PCIe 设备信息

　　假如要实现 2 个 Intel® 40G NIC - XL710 端口的 128 字节的小包双向线速收发包，两个端口位于两块不同的物理网卡上面，假设其 PCI 地址为 0000:82:00.0 和 0000:85:00.0，每个端口用 4 个队列来进行收发包，用 DPDK（版本 2.1）示例程序 l3fwd 来进行转发，那么一共需要用 8 个位于 Node1 处理器上的核，假设其 ID 为 20，21，22，23，24，25，26，27。那么运行参数可以是如下。

```
'./l3fwd -c 0xff00000 -n 4 -w 82:00.0 -w 85:00.0 -- -p 0x3 -config'(0,0,20),(0,1,21),(0,2,22),(0,3,23),(1,0,24),(1,1,25),(1,2,26),(1,3,27)''.
```

　　L3fwd 中 Config 括号内参数意义是（port_id, queue_id, core_id），此时每个端口使用了 4 个队列，每个网卡端口上的某个队列都有专用核来处理收或者发，为了达到理想的负载均衡，必须要让每个队列都能均匀地收到包，每个核都能均匀地负担收发包，使得 RSS 功能理想的运作。而为了让包能够尽量均匀地分发到各个队列，在产品开发与测试过程，需要配置足够多的测试流，以 IPV4 的 RSS 为例，那就可以配置足够多的不同的源 IP 地址，l3fwd 需要保持正确不变的目的 IP 地址用于路由。图 7-15 以 IXIA 测试仪表为例，可以很好地配置不同的流，一个简单的办法就是把源 IP 地址配置成为随机，这样理论上就有无数多个流，因而所发出去的包理论上也就能非常均匀地分发到端口的不同队列上。

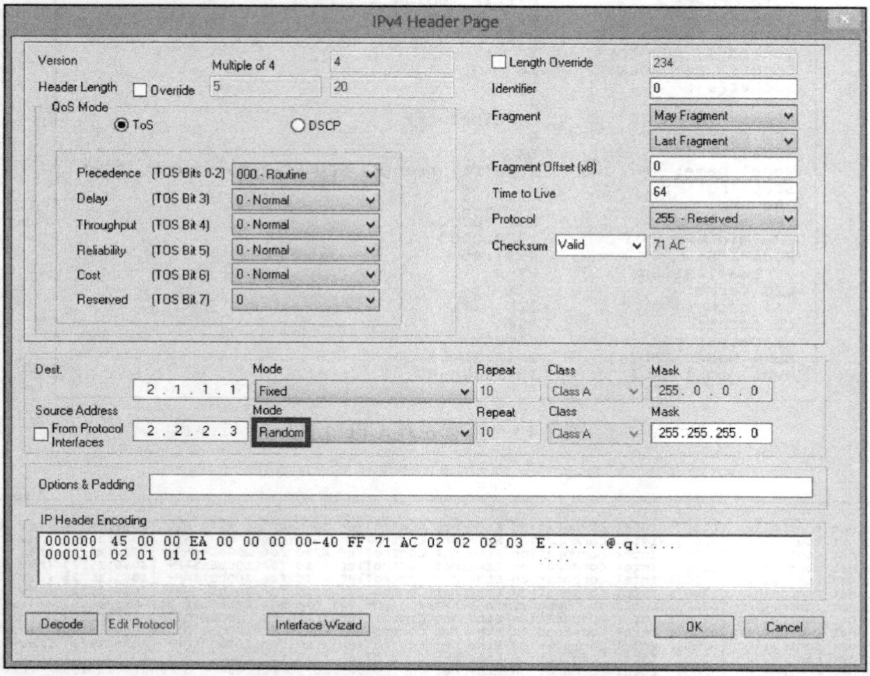

图 7-15 利用 IXIA 测试仪表构造源 IP 随机的数据流

真实场景下的数据流是无法提前预知的，如何实现负载均衡不在此处讨论。但同样，如果进出流量比较均衡地处理，系统性能比较平滑；反之，如果指派了 4 个队列，但数据只是进入某个队列，则会出现不均衡处理，进而可能出现性能问题。监测，调整流量入口的均衡处理算法是一个值得特别关注的地方。

7.4 队列长度及各种阈值的设置

7.4.1 收包队列长度

收包队列的长度就是每个收包队列分配的收包描述符个数，每个收包描述符都会分配有对应的 Mbuf 缓存块。收包队列的长度就表示了在软件驱动程序读取所收到的包之前最大的缓存包的能力，长度越长，则可以缓存更多的包，长度越短，则缓存更少的包。而网卡硬件本身就限定了可以使用的最大的队列长度。收包队列长度太长，则需要分配更多的内存缓存块（Mbuf），需要占用更多地资源，同时 Mbuf 的分配和释放可能需要花费更多的处理时间片。收包队列太短，则为每个队列分配的 Mbuf 要相对较少，但是有可能用来缓存收进来的包的收包描述符和 Mbuf 都不够，容易造成丢包。可以看到 DPDK 很多示例程序里面默认的收包队列长度是 128，这就是表示为每一个收包队列都分配 128 个收包描述符，这是一个适应大多数场景的经验值。但是在某些更高速率的网卡收包的情况下，128 就可能不一定够了，或者在某些场景下发现丢包现象比较容易的时候，就需要考虑使用更长的收包队列，例如可以使用 512 或者 1024。

7.4.2　发包队列长度

发包队列的长度就是每个发包队列分配的发包描述符个数，每个发包描述符都会有对应的 Mbuf 缓存块，里面包含了需要发送包的所有信息和内容。与收包队列的长度类似，长的发包队列可以缓存更多的需要发送出去的包，当然也需要分配更多的内存缓存块（Mbuf)，占用更多的内存资源；而短的发包队列则只能缓存相对较少的需要发送出去的包，分配相对较少的内存缓存块，占用相对较少的内存资源。发包队列长，可以缓存更多的包，不会浪费网卡硬件从内存读取包及其他信息的能力，从而可以更充分利用硬件的发包能力。发包队列短，则可能会发生网卡硬件在发送完所有队列的包后需要等待一定时间来让驱动程序准备好后续的需要发出去的包，这样就浪费了发包的能力，长期累积下来，也是造成丢包的一种原因。可以看到 DPDK 的示例程序里面默认的发包队列长度使用的是 512，这就表示为每一个发包队列都分配 512 个发包描述符，这是一个适用大部分场合的经验值。当处理更高速率的网卡设备时，或者发现有丢包的时候，就应该考虑更长的发包队列，例如 1024。

7.4.3　收包队列可释放描述符数量阈值（rx_free_thresh）

在 DPDK 驱动程序收包过程中，每一次收包函数的调用都可能成功读取 0、1 或者多个包。每读出一个包，与之对应的收包描述符就是可以释放的了，可以配置好用来后续收包过程。由收发包过程知道，需要更新表示收包队列尾部索引的寄存器来通知硬件。实际上，DPDK 驱动程序并没有每次收包都更新收包队列尾部索引寄存器，而是在可释放的收包描述符数量达到一个阈值（rx_free_thresh）的时候才真正更新收包队列尾部索引寄存器。这个可释放收包描述符数量阈值在驱动程序里面的默认值一般都是 32，在示例程序里面，有的会设置成用户可配参数，可能设置成不同的默认值，例如 64 或者其他。设置合适的可释放描述符数量阈值，可以减少没有必要的过多的收包队列尾部索引寄存器的访问，改善收包的性能。具体的阈值可以在默认值的基础上根据队列的长度进行调整。

7.4.4　发包队列发送结果报告阈值（tx_rs_thresh）

任何发包处理完成后，需要有网卡硬件通过一定机制通知软件发包动作已经完成，对应的发包描述符就可以再次使用，并且对应的 Mbuf 可以释放或者做其他用途了。从收发包的过程知道，网卡可以有不同的机制来通知软件，大同小异，一般都是通过回写发包描述符特定的字段来完成通知的动作。这种回写可以是一个位，也可能是一个字节，甚至更多字节。这种回写的动作涉及网卡与内存的数据交互，要求每一个包发送完都回写显然是效率很低的，所以就有了发送结果报告阈值（tx_rs_thresh）。这个阈值的存在允许软件在配置发包描述符的同时设定一个回写标记，只有设置了回写标记的发包描述符硬件才会在发包完成后产生写回的动作，并且这个回写标记是设置在一定间隔（阈值）的发包描述符上。这个机制可以减少不必要的回写的次数，从而能够改善性能。当然，不同的网卡硬件允许设定的阈值可能不一样，有的网卡可能要求回写标志的间隔不能超过一定数量的发包描述符，超过的话，就可能发生不可预知的结果。有的网卡甚至会要求每一个包发送完毕都要回写，这样就要求每一个包所使用的最后一个发包描述符都要设置回写标记。可以看到在 Intel XL710 i40e 驱动程序里面，默认的阈值是 32，用户可以根据硬件的要求设置不同的发包完成结果报告阈值。阈值太小，则回写频繁，导致性能较低；阈值太大，则回写次数较少，性能相对较好，但是占用的发包描述符时间较长，有可能会浪费硬件的发包能力，造成丢包。

7.4.5 发包描述符释放阈值（tx_free_thresh）

当网卡硬件读取完发包描述符，并且 DMA 完成整个包的内容的传送后，硬件就会根据发送结果回写标记来通知软件发包过程全部完成。这时候，这些发包描述符就可以释放或者再次利用了，与之对应的 Mbuf 也可以释放了。实际上，过于频繁的释放动作不能很好地利用处理器缓存的数据，效率较低，从而可能影响性能。这样就有了发包描述符释放阈值，只有当可以用来重新配置的发包描述符数量少于阈值的时候，才会启动描述符和 Mbuf 的释放动作，而不是每次看到有发包完成就释放相应的发包描述符和 Mbuf。可以看到在 DPDK 驱动程序里面，默认值是 32，用户可能需要根据实际使用的队列长度来调整。发包描述符释放阈值设置得过大，则可能描述符释放的动作很频繁发生，影响性能；发包描述符释放阈值设置过小，则可能每一次集中释放描述符的时候耗时较多，来不及提供新的可用的发包描述符给发包函数使用，甚至造成丢包。

7.5 小结

网卡性能的优化还涉及怎么更好地利用网卡硬件本身的功能特点。系统优化需要很好地利用软件和硬件平台的各种可以优化细节共同地达到优化的目的。本章从网卡、处理器、内存、PCIe 接口等硬件系统，以及 BIOS、操作系统和 DPDK 软件编写角度总结了影响系统性能的元素，讨论了怎样配置和使用来展示出网卡的最优性能。后续章节会继续介绍高速网卡在并行化处理以及智能化、硬件卸载方面的一些新功能。

流分类与多队列

多队列与流分类是当今网卡通用的技术。利用多队列及流分类技术可以使得网卡更好地与多核处理器、多任务系统配合,从而达到更高效 IO 处理的目的。

接下来的章节将以 Intel 的网卡为例,主要介绍其多队列和流分类是如何工作的,各种分类方式适用于哪些场景,DPDK 又是如何利用网卡的这些特性。关于详细的 Intel 网卡信息,可以参考 [Ref8-2]、[Ref8-3]、[Ref8-4]。

8.1 多队列

8.1.1 网卡多队列的由来

说起网卡多队列,顾名思义,也就是传统网卡的 DMA 队列有多个,网卡有基于多个 DMA 队列的分配机制。图 8-1 是 Intel® 82580 网卡的示意图,其很好地指出了多队列分配在网卡中的位置。

网卡多队列技术应该是与处理器的多核技术密不可分的。早期的多数计算机,处理器可能只有一个核,从网卡上收到的以太网报文都需要这个处理器核处理。随着半导体技术发展,处理器上核的数量在不断增加,与此同时就带来问题:网卡上收到的报文由哪个核来处

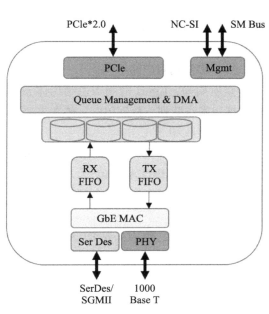

图 8-1 82580 网卡的简易框图

理呢？怎样支持高速网卡上的报文处理？如何分配到不同的核上去处理？随着网络 IO 带宽的不断提升，当端口速率从 10Mbit/s/100Mbit/s 进入 1Gbit/s/10Gbit/s，单个处理器核不足以满足高速网卡快速处理的需求，2007 年在 Intel 的 82575、82598 网卡上引入多队列技术，可以将各个队列通过绑定到不同的核上来满足高速流量的需求。常见的多队列网卡有 Intel 的82580，82599 和 XL710 等，随着网卡的升级换代，可支持的队列数目也在不断增加。除此以外，多队列技术也可以用来进行流的分类处理（见 8.2 节），以及解决网络 IO 的服务质量（QoS），针对不同优先级的数据流进行限速和调度。

网卡多队列技术是一个硬件手段，需要结合软件将它很好地利用起来从而达到设计的需求。利用该技术，可以做到分而治之，比如为每个应用分配一个队列，应用就可以根据自己的需求来对数据包进行控制。比如视频数据强调实时性，而对数据的准确性要求不高，这样我们可以为其队列设置更高的发送优先级，或者说使用更高优先级的队列，为了达到较好的实时性，我们可以减小队列对应的带宽。而对那些要求准确性但是不要求实时的数据（比如电子邮件的数据包队列），我们可以使用较低的优先级和更大的带宽。当然这个前提也是在网卡支持基于队列的调度的基础上。但是如果是不支持多队列的网卡，所有的报文都进入同一个队列，那如何保证不同应用对数据包实时性和准确性的要求呢？那就需要软件支持复杂的调度算法来统一管理它们，这不但给处理器带来了很大的额外开销，同时也很难满足不同应用的需求。

8.1.2　Linux 内核对多队列的支持

先让我们以 Linux kernel 为例，来看看它是如何使用网卡多队列的特性。在这里先不考虑 Linux socket 的上层处理。数据包在 kernel 内部完成数据包的网络层转发，Linux NAPI 和Qdisc 技术在这方面是被广泛应用的技术。

（1）多队列对应的结构

众所周知，Linux 的网卡由结构体 net_device 表示，一个该结构体可对应多个可以调度的数据包发送队列，数据包的实体在内核中以结构体 sk_buff（skb）表示。

（2）接收端

网卡驱动程序为每个接收队列设定相应的中断号，通过中断的均衡处理，或者设置中断的亲和性（SMP IRQ Affinity），从而实现队列绑定到不同的核。而对网卡而言，下面的流分类小节将介绍如何将流量导入到不同的队列中。

（3）发送端

Linux 提供了较为灵活的队列选择机制。dev_pick_tx 用于选取发送队列，它可以是driver 定制的策略，也可以根据队列优先级选取，按照 hash 来做均衡。也就是利用 XPS（Transmit Packet Steering，内核 2.6.38 后引入）机制，智能地选择多队列设备的队列来发送数据包。为了达到这个目标，从 CPU 到硬件队列的映射需要被记录。这个映射的目标是专门地分配队列到一个 CPU 列表，这些 CPU 列表中的某个 CPU 来完成队列中的数据传输。这有两点优势。第一点，设备队列上的锁竞争会被减少，因为只有很少的 CPU 对相同的队列进行竞争。（如果每个 CPU 只有自己的传输队列，锁的竞争就完全没有了。）第二点，传输时的缓存不命中（cache miss）的概率相应减少。下面的代码简单说明了在发送时队列的选取是考虑在其中的。

```
int dev_queue_xmit(struct sk_buff *skb)
{
        struct net_device *dev = skb->dev;
        txq = netdev_pick_tx(dev, skb);                      //选出一个队列。
        spin_lock_prefetch(&txq->lock);
        dev_put(dev);
}

struct netdev_queue *netdev_pick_tx(struct net_device *dev,
                struct sk_buff *skb)
{
        int queue_index = 0;

        if (dev->real_num_tx_queues != 1) {
                const struct net_device_ops *ops = dev->netdev_ops;
        if (ops->ndo_select_queue)
                queue_index = ops->ndo_select_queue(dev, skb);
                // 按照 driver 提供的策略来选择一个队列的索引
        else
                queue_index = __netdev_pick_tx(dev, skb);
                queue_index = dev_cap_txqueue(dev, queue_index);
        }

        skb_set_queue_mapping(skb, queue_index);
        return netdev_get_tx_queue(dev, queue_index);
}
```

（4）收发队列一般会被绑在同一个中断上。如果从收队列 1 收上来的包从发队列 1 发出去，cache 命中率高，效率也会高。

总的来说，多队列网卡已经是当前高速率网卡的主流。Linux 也已经提供或扩展了一系列丰富接口和功能来支持和利用多队列网卡。图 8-2 描述了 CPU 与缓存的关系，CPU 上的单个核都有私有的 1 级和 2 级缓存，3 级缓存由多核共享，有效利用缓存能提高性能，软件应减少数据在不同核的 cache 中搬移。

对于单队列的网卡设备，有时也会需要负载分摊到多个执行单元上执行，在没有多队列支持的情况下，就需要软件来均衡流量，我们来看一看 Linux 内核是如何处理的（见图 8-3）：

在接收侧，RPS（Receive Packet Steering）在接收端提供了这样的机制。RPS 主要是把软中断的负载均衡到 CPU 的各个 core 上，网卡驱动对每个流生成一个 hash 标识，这个 hash 值可以通过四元组（源 IP 地址 SIP，源四层端口 SPORT，目的 IP 地址 DIP，目的四层端口 DPORT）来计算，然后由中断处理的地方根据这个 hash 标识分配到相应的 core 上去，这样就可以比较充分地发挥多核的能力了。通俗点来说，就是在软件层面模拟实现硬件的多队列网卡功能。

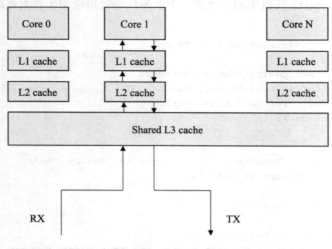

图 8-2 CPU 缓存

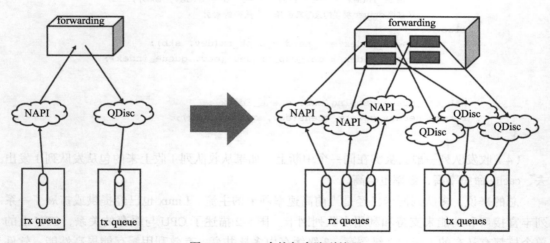

图 8-3 Linux 内核与多队列处理

在发送侧，无论来自哪个 CPU 的数据包只能往这唯一的队列上发送。

8.1.3 DPDK 与多队列

那么对于 DPDK 而言，其多队列是如何支持的呢。如果我们来观察 DPDK 提供的一系列以太网设备的 API，可以发现其 Packet I/O 机制具有与生俱来的多队列支持功能，可以根据不同的平台或者需求，选择需要使用的队列数目，并可以很方便地使用队列，指定队列发送或接收报文。由于这样的特性，可以很容易实现 CPU 核、缓存与网卡队列之间的亲和性，从而达到很好的性能。从 DPDK 的典型应用 l3fwd 可以看出，在某个核上运行的程序从指定的队列上接收，往指定的队列上发送，可以达到很高的 cache 命中率，效率也就会高。

除了方便地做到对指定队列进行收发包操作外，DPDK 的队列管理机制还可以避免多核处理器中的多个收发进程采用自旋锁产生的不必要等待。

以 run to completion 模型为例，可以从核、内存与网卡队列之间的关系来理解 DPDK 是如何利用网卡多队列技术带来性能的提升。

- ❑ 将网卡的某个接收队列分配给某个核，从该队列中收到的所有报文都应当在该指定的核上处理结束。
- ❑ 从核对应的本地存储中分配内存池，接收报文和对应的报文描述符都位于该内存池。
- ❑ 为每个核分配一个单独的发送队列，发送报文和对应的报文描述符都位于该核和发送队列对应的本地内存池中。

可以看出不同的核，操作的是不同的队列，从而避免了多个线程同时访问一个队列带来的锁的开销。但是，如果逻辑核的数目大于每个接口上所含的发送队列的数目，那么就需要有机制将队列分配给这些核。不论采用何种策略，都需要引入锁来保护这些队列的数据。

以 DPDK R2.1 提供的 l3fwd 示例为例：

```
        nb_tx_queue = nb_lcores;
        ......
        ret = rte_eth_dev_con©gure(portid, nb_rx_queue,
                    (uint16_t)nb_tx_queue, &port_conf);
每个核对应的结构中记录了操作的队列
        queueid = 0;
        for (lcore_id = 0; lcore_id < RTE_MAX_LCORE; lcore_id++) {
            if (rte_lcore_is_enabled(lcore_id) == 0)
                continue;
                ......
            ret = rte_eth_tx_queue_setup(portid, queueid, nb_txd,
                            socketid, txconf);
            ......
            qconf->tx_queue_id[portid] = queueid;
            queueid++;
        }
在逻辑核对应的线程中：
        queueid = qconf->tx_queue_id[port];
        ......
        ret = rte_eth_tx_burst(port, queueid, m_table, n);
```

除了队列与核之间的亲和性这个主要的目的以外，网卡多队列机制还可以应用于 QoS 调度、虚拟化等。

8.1.4 队列分配

我们可以将不同队列中的包收至不同的核去处理，但是网卡是如何将网络中的报文分发到不同的队列呢？以 Intel 网卡为例，我们先来看看包的接收过程，包的接收从网卡侧看来可以分成以下几步：

1）监听到线上的报文。

2）按照地址过滤报文（图 8-4 中的 L2 Filters）。

3）DMA 队列分配（图 8-4 中的 Pool Select + Queue Select）。

4）将报文暂存在接收数据的先进先出缓存中（FIFO）。

5）将报文转移到主存中的指定队列中。

6）更新接收描述符的状态。

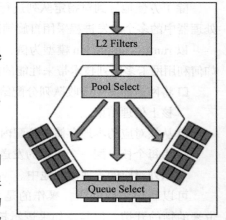

图 8-4　多队列选择顺序

从上面的步骤可以看出，DMA 队列的分配是在网卡收包过程中的关键一步。那么如何进行队列分配？根据哪些关键信息？ Pool Select 是与虚拟化策略相关的（比如 VMDQ）；从 Queue Select 来看，在接收方向常用的有微软提出的 RSS 与英特尔提出的 Flow Director 技术，前者是根据哈希值希望均匀地将包分发到多个队列中。后者是基于查找的精确匹配，将包分发到指定的队列中。此外，网卡还可以根据优先级分配队列提供对 QoS 的支持。不论是哪一种，网卡都需要对包头进行解析。

下面的章节将较详细地介绍网卡上用于分配队列的负载均衡、流分类及流过滤等技术。

8.2　流分类

本章要讲述的流分类，指的是网卡依据数据包的特性将其分类的技术。分类的信息可以以不同的方式呈现给数据包的处理者，比如将分类信息记录于描述符中，将数据包丢弃或者将流导入某个或者某些队列中。

8.2.1　包的类型

高级的网卡设备可以分析出包的类型，包的类型会携带在接收描述符中，应用程序可以根据描述符快速地确定包是哪种类型的包，避免了大量的解析包的软件开销。以 Intel® XL710 为例，它可以分析出很多包的类型，比如传统的 IP、TCP、UDP 甚至 VXLAN、NVGRE 等 tunnel 报文，该信息可以体现在数据包的接收描述符中。对 DPDK 而言，Mbuf 结构中含有相应的字段来表示网卡分析出的包的类型，从下面的代码可见 Packet_type 由二层、三层、四层及 tunnel 的信息来组成，应用程序可以很方便地定位到它需要处理的报文头部或是内容。

```
struct rte_mbuf {
    ......
    union {
        uint32_t packet_type; /**< L2/L3/L4 and tunnel information. */
        struct {
            uint32_t l2_type:4; /**< (Outer) L2 type. */
            uint32_t l3_type:4; /**< (Outer) L3 type. */
            uint32_t l4_type:4; /**< (Outer) L4 type. */
            uint32_t tun_type:4; /**< Tunnel type. */
            uint32_t inner_l2_type:4; /**< Inner L2 type. */
            uint32_t inner_l3_type:4; /**< Inner L3 type. */
            uint32_t inner_l4_type:4; /**< Inner L4 type. */
        };
    };
    ......
};
```

网卡设备同时可以根据包的类型确定其关键字，从而根据关键字确定其收包队列。上面章节提及的 RSS 及下面提到的 Flow Director 技术都是依据包的类型匹配相应的关键字，从而决定其 DMA 的收包队列。

需要注意的是，不是所有网卡都支持这项功能；还有，就是支持功能的复杂度也有差异。

8.2.2　RSS

负载均衡是多队列网卡最常见的应用，其含义就是将负载分摊到多个执行单元上执行。对应 Packet IO 而言，就是将数据包收发处理分摊到多个核上。

8.1 节提到过网卡的多队列技术，Linux 内核和 DPDK 如何使用多队列，以及内核使用软件的方式达到负载均衡。这里要介绍一种网卡上用于将流量分散到不同的队列中的技术：RSS (Receive-Side Scaling，接收方扩展)，它是和硬件相关联的，必须要有网卡的硬件进行支持，RSS 把数据包分配到不同的队列中，其中哈希值的计算公式在硬件中完成的，也可以定制修改。

然后 Linux 内核通过亲和性的调整把不同的中断映射到不同的 Core 上（见 8.1.2 节中）。DPDK 由于天然地支持多队列的网卡，可以很简便地将接收与发送队列指定给某一个应用。DPDK 的轮询模式的驱动也提供了配置 RSS 的接口。下面就以 XL710 网卡为例，看看其对 RSS 的支持及 DPDK 提供的接口。

简单的说，RSS 就是根据关键字通过哈希函数计算出哈希值，再由哈希值确定队列。关键字是如何确定的呢？网卡会根据不同的数据包类型选取出不同的关键字，见表 8-1。比如 IPV4 UDP 包的关键字就由四元组组成（源 IP 地址、目的 IP 地址、源端口号、目的端口号），IPv4 包的关键字则是源 IP 地址和目的 IP 地址。更为灵活的是，使用者甚至可以修改包类型对应的关键字以满足不同的需求。

表 8-1 RSS 关键字

数据包类型	哈希计算输入
IPV4 UDP	S-IP、D-IP、S-Port、D-Port
IPV4 TCP	S-IP、D-IP、S-Port、D-Port
IPV4 SCTP	S-IP、D-IP、S-Port、D-Port、Verification-Tag
IPV4 OTHER	S-IP、D-IP
IPV6 UDP	S-IP、D-IP、S-Port、D-Port
IPV6 TCP	S-IP、D-IP、S-Port、D-Port
IPV6 SCTP	S-IP、D-IP、S-Port、D-Port、Verification-Tag
IPV6 OTHER	S-IP、D-IP

由哈希值得到分配的队列索引，是由硬件中一个哈希值与队列对应的表来决定的。图 8-5 很好地描述了这个关系。

从这个过程我们可以看出，RSS 是否能将数据包均匀地散列在多个队列中，取决于真实环境中的数据包构成和哈希函数的选取，哈希函数一般选取微软托普利兹算法（Microsoft Toeplitz Based Hash）。Intel® XL710 支持多种哈希函数，可以选用对称哈希（Symmetric Hash），该算法可以保证 Hash（src, dst）=Hash（dst, src）。在某些网络处理的设备中，使用对称哈希可以提高性能，比如一个电信转发设备，对一个连接的双向流有着相似的处理，自然就希望有着对称信息的数据包都

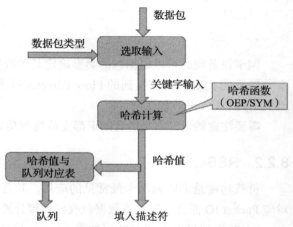

图 8-5 流分类的哈希运算与队列选择

能进入同一个核上处理，比较典型的有防火墙、服务质量保证等应用。如同一个流在不同的核上处理，涉及不同核之间的数据同步，这些会引入额外的开销。

网卡可以支持多种哈希函数，具体看网卡功能与数据手册，看是否可以定制修改。

8.2.3 Flow Director

Flow Director 技术是 Intel 公司提出的根据包的字段精确匹配，将其分配到某个特定队列的技术。

从图 8-6 可以了解到 Flow Director 是如何工作的：网卡上存储了一个 Flow Director 的表，表的大小受硬件资源限制，它记录了需要匹配字段的关键字及匹配后的动作；驱动负责操作这张表，包括初始化、增加表项、删除表项；网卡从线上收到数据包后根据关键字查 Flow Director 的这张表，匹配后按照表项中的动作处理，可以是分配队列、丢弃等。其中关键字的选取同 8.2.1 节中所述，也与包的类型相关，表 8-2 给出了 Intel 网卡中它们的对应关系。

更为灵活的是，使用者也可以为不同包类型指定关键字以满足不同的需求，比如针对 IPV4 UDP 类型的包只匹配目的端口，忽略其他字段。

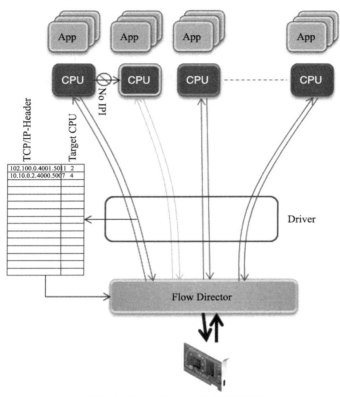

图 8-6　Flow Director 与队列选择

表 8-2　Flow Director 关键字

数据包类型	关键字
IPV4 UDP	S-IP、D-IP、S-Port、D-Port
IPV4 TCP	S-IP、D-IP、S-Port、D-Port
IPV4 SCTP	S-IP、D-IP、S-Port、D-Port、Verification-Tag
IPV4 OTHER	S-IP、D-IP
IPV6 UDP	S-IP、D-IP、S-Port、D-Port
IPV6 TCP	S-IP、D-IP、S-Port、D-Port
IPV6 SCTP	S-IP、D-IP、S-Port、D-Port、Verification-Tag
IPV6 OTHER	S-IP、D-IP

相比 RSS 的负载分担功能，它更加强调特定性。

比如，用户可以为某几个特定的 TCP 对话（S-IP + D-IP + S-Port + D-Port）预留某个队列，那么处理这些 TCP 对话的应用就可以只关心这个特定的队列，从而省去了 CPU 过滤数据包的开销，并且可以提高 cache 的命中率。

8.2.4 服务质量

多队列应用于服务质量（QoS）流量类别：把发送队列分配给不同的流量类别，可以让网卡在发送侧做调度；把收包队列分配给不同的流量类别，可以做到基于流的限速。根据流中优先级或业务类型字段，可以为不同的流指定调度优先级和分配相应的带宽，一般网卡依照 VLAN 标签的 UP（User Priority，用户优先级）字段。网卡依据 UP 字段，将流划分到某个业务类型（TC，Traffic Class），网卡设备根据 TC 对业务做相应的处理，比如确定相对应的队列，根据优先级调度等。

以 Intel® 82599 网卡为例，其使用 DCB 模型在网卡上实现 QoS 的功能。DCB (Data Center Bridge) 是包含了差分服务的一组功能，在 IEEE 802.1Qaz 中有详细的定义，本节的描述主要集中在 UP、TC 及队列之间的关系。

1. 发包方向

下面的图 8-7 和图 8-8 分别给出了在 DCB disable 和 DCB enable 状态下的描述符、报文及发送队列之间的关系。

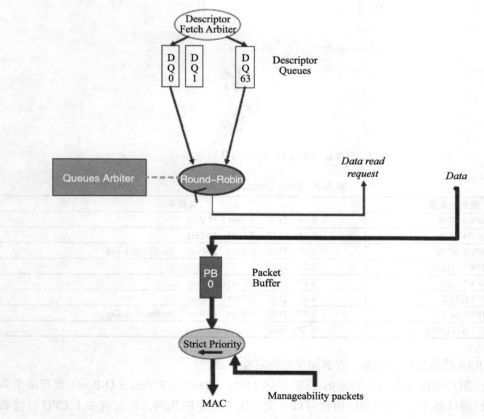

图 8-7　未使能 QoS 的多队列调度

从图 8-7 可以看出，在没有使能 QoS 功能的情况下，对描述符而言，网卡是按照轮询的方式来调度；对数据包而言，网卡从 buffer 0 中获取数据包。

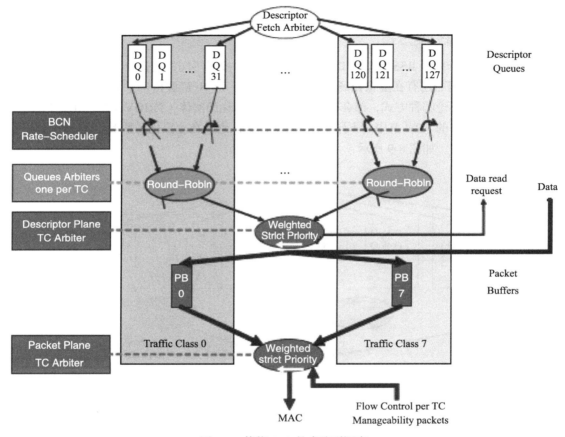

图 8-8　使能 QoS 的多队列调度

从图 8-8 可以看出，在使能 QoS 功能的情况下，先根据 UP 来决策其属于哪个 TC。TC 内部的不同队列之间，网卡通过轮询（Round Robin）的方式获取其描述符。不同的 TC 之间则是依据加权严格优先级（Weighted Strict Priority）来调度，同时不同的 TC 有不同的数据包 buffer。对描述符而言，网卡是依据加权严格优先级调度；对数据包而言，网卡从对应的 buffer 中获取数据包。加权严格优先级是常用的调度算法，其基于优先级来调度，优先级高的描述符或者数据包优先被获取，同时会考虑到权重，权重与为 TC 分配的带宽有关。当然，不同的网卡所采用的调度方法可能不尽相同，具体可参考各网卡的操作手册，这里就不再累述。

2. 收包方向

在使能 QoS 的场景下，与发包方向类似，先根据 UP 来决策其属于哪个 TC。一个 TC

会对应一组队列，然后再使用 RSS 或其他分类规则将其分配给不同队列。TC 之间的调度同样采用加权严格优先级的调度算法。当然，不同的网卡所采用的调度方法可能不尽相同。

8.2.5 虚拟化流分类方式

前面的章节介绍了 RSS、Flow Director、QoS 几种按照不同的规则分配或指定队列的方式。另外，较常用的还有在虚拟化场景下多队列方式。第 10 章虚拟化章节会讲到网卡虚拟化的多种方式。不论哪种方式，都会有一组队列与虚拟化的实体（SRIOV VF/VMDQ POOL）相对应。类似前面的 8.2.4 节中的不同 TC 会对应一组队列，在虚拟化场景下，也有一组队列与虚拟设备相对应，如图 8-9 所示：

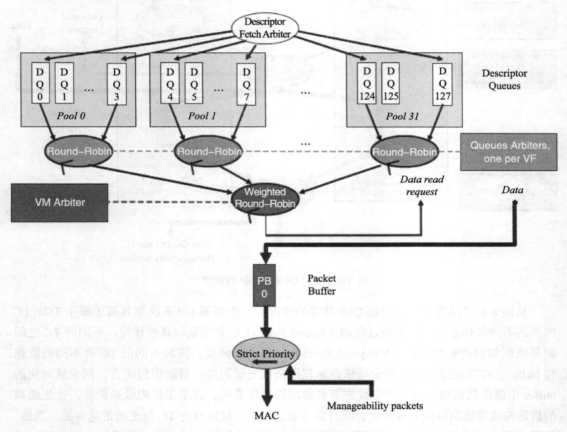

图 8-9　虚拟化的多队列调度

8.2.6 流过滤

流的合法性验证的主要任务是决定哪些数据包是合法的、可被接收的。合法性检查主要包括对外部来的流和内部流的验证。

来自外部的数据包哪些是本地的、可以被接收的，哪些是不可以被接收的？可以被接收的数据包会被网卡送到主机或者网卡内置的管理控制器，其过滤主要集中在以太网的二层功能，包括 VLAN 及 MAC 过滤。在 8.1.4 节中包的接收过程中第二步按照地址过滤数据包（图 8-4 中的 L2 Filters），从这个流程中可以看出它是位于指定队列之前的，过滤无效的非法的数据包。从图 8-10 中可以看出流的过滤可以分为以下几步：

1）MAC 地址的过滤（L2 Filter）。

2）VLAN 标签的过滤。

3）管理数据包的过滤。

不同的网卡可能在组织上有所差异，不过总的来说，就是决定数据包是进入主存、管理控制器或者丢弃的过程。

Intel 网卡大多支持 SRIOV 和 VMDQ 这两类虚拟化的多队列分配方式。网卡内部会有内部交换逻辑处理，得知哪些是合法的报文，并同时可以做到虚拟化实体（SRIOV VF/VMDQ POOL）之间的数据包交换。如图 8-11 所示，图中 Dst MAC/VLAN Filtering 就用来检查 PF 及 VF 对应的 MAC 地址及 VLAN 是真正合法的。与之相对的 Src MAC/VALN anti spoofing 的用途则是检查来自 PF 或者 VF 的数据包其源地址是否是其所属实体的地址，从而防止欺骗的发生。

除此以外，不同的网卡由于设计上的不一样，为了满足流分类的需求，也提供了很多流分类规则技术的应用，比如：

1）N tuple filter：根据 N 元组指定队列。

2）EtherType Filter：根据以太网报文的 EtherType 指定队列。

3）Cloud Filter：针对云应用中的 VXLAN 等隧道报文指定队列等。

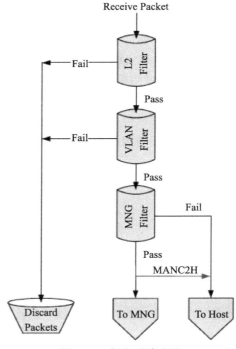

图 8-10 报文过滤流程

8.3 流分类技术的使用

当下流行的多队列网卡往往支持丰富的流分类

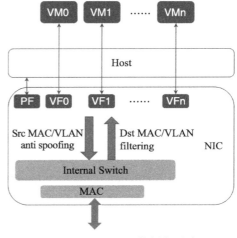

图 8-11 SR-IOV 的报文过滤

技术，我们可以很好地利用这些特定的分类机制，跟软件更好结合以满足多种多样的需求。下面举两个 DPDK 与多队列网卡流分类功能结合的应用。

8.3.1 DPDK 结合网卡 Flow Director 功能

一个设备需要一定的转发功能来处理数据平面的报文，同时需要处理一定量的控制报文。对于转发功能而言，要求较高的吞吐量，需要多个 core 来支持；对于控制报文的处理，其报文量并不大，但需要保证其可靠性，并且其处理逻辑也不同于转发逻辑。那么，我们就可以使用 RSS 来负载均衡其转发报文到多个核上，使用 Flow Director 将控制报文分配到指定的队列上，使用单独的核来处理。(见图 8-12)。对这个实例而言，其好处显而易见：

1）这样可以帮助用户在设计时做到分而治之。

2）节省了软件过滤数据报文的开销。

3）避免了应用在不同核处理之间的切换。

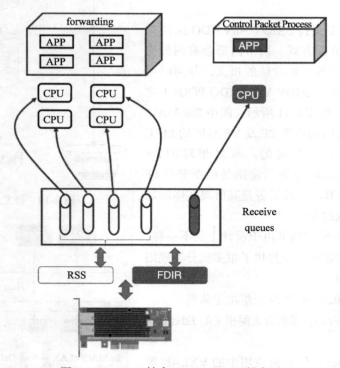

图 8-12　DPDK 结合 Flow Director 的应用

假设使用 DPDK2.1，在一个 Intel 网卡 82599 的物理网口上一共使用 5 个接收队列，其中队列 0-3 用于普通的数据包转发，如图 8-12 中白色部分所示；队列 4 用于处理特定的 UDP 报文 (Source IP=2.2.2.3，Destination IP=2.2.2.5，Source Port = Destination Port=1024)，如图 8-12 中灰色部分所示。有三个核可以用于普通的数据包转发，一个核用于特定的 UDP 报文处理，那么如何利用 DPDK API 配置网卡呢？再回顾 8.1.3 中介绍的 l3fwd 的例子，为了避免使用锁的机制，每个核使用一个单独的发送队列，那么该例中，我们又该如何配置发送队列呢？读者可以按照以下几步操作：

（1）初始化网卡配置

RSS 及 Flow Director 都是靠网卡上的资源来达到分类的目的，所以在初始化配置网卡时，我们需要传递相应的配置信息去使能网卡的 RSS 及 Flow Director 功能。

```
static struct rte_eth_conf port_conf = {
    .rxmode = {
        .mq_mode = ETH_MQ_RX_RSS,
    },
    .rx_adv_conf = {
        .rss_conf = {
            .rss_key = NULL,
            .rss_hf = ETH_RSS_IP | ETH_RSS_UDP
                ETH_RSS_TCP | ETH_RSS_SCTP,
        },
    }, // 为设备使能 RSS。
    fdir_conf = {;
        .mode = RTE_FDIR_MODE_PERFECT,
        .pballoc = RTE_FDIR_PBALLOC_64K,
        .status = RTE_FDIR_REPORT_STATUS,
        .mask = {
            .VLAN_tci_mask = 0x0,
            .ipv4_mask    = {
                .src_ip = 0xFFFFFFFF,
                .dst_ip = 0xFFFFFFFF,
            },
            .ipv6_mask    = {
                .src_ip = {0xFFFFFFFF, 0xFFFFFFFF, 0xFFFFFFFF, 0xFFFFFFFF},
                .dst_ip = {0xFFFFFFFF, 0xFFFFFFFF, 0xFFFFFFFF, 0xFFFFFFFF},
            },
            .src_port_mask = 0xFFFF,
            .dst_port_mask = 0xFFFF,
            .mac_addr_byte_mask = 0xFF,
            .tunnel_type_mask = 1,
            .tunnel_id_mask = 0xFFFFFFFF,
        },
        .drop_queue = 127,
    },// 为设备使能 Flow Director。
};
rte_eth_dev_con©gure(port, rxRings, txRings, &port_conf);
// 配置设备，在该例中 rxRings、txRings 的大小应为 4。
```

（2）配置收发队列

```
mbuf_pool = rte_pktmbuf_pool_create(); // 为数据包收发预留主存空间
for (q = 0; q < rxRings; q ++) {
    retval = rte_eth_rx_queue_setup(port, q, rxRingSize,
```

```
                        rte_eth_dev_socket_id(port),
                        NULL,
                        mbuf_pool);
        if (retval < 0)
            return retval;
    }

    for (q = 0; q < txRings; q ++) {
        retval = rte_eth_tx_queue_setup(port, q, txRingSize,
                        rte_eth_dev_socket_id(port),
                        NULL);
        if (retval < 0)
            return retval;
    }
```
// 配置收发队列，在该例中 rxRings、txRings 的大小应为 4.

（3）启动设备

```
rte_eth_dev_start(port);
```

（4）增加 Flow Director 的分类规则

```
struct rte_eth_fdir_filter arg =
{
    .soft_id = 1,
    .input = {
        .flow_type = RTE_ETH_FLOW_NONFRAG_IPV4_UDP,
        .flow = {
            .udp4_flow = {
                .ip = {.src_ip = 0x03020202, .dst_ip = 0x05020202,}
                .src_port = rte_cpu_to_be_16(1024),
                .dst_port = rte_cpu_to_be_16(1024),
            }
        }
    }
    .action = {
        .rx_queue = 3,
        .behavior= RTE_ETH_FDIR_ACCEPT,
        .report_status = RTE_ETH_FDIR_REPORT_ID,
    }
}
rte_eth_dev_filter_ctrl(port, RTE_ETH_FILTER_FDIR, RTE_ETH_FILTER_ADD, &arg);
```

（5）重新配置 RSS，修改哈希值与队列的对应表。

由于 RSS 的配置是根据接收队列的数目来均匀分配，我们只希望队列 3 接收特别的 UDP 数据流，所以尽管上一步中配置 Flow Director 规则已经指定 UDP 数据包导入到队列 3 中，但是由于 RSS 均衡的作用，非指定 UDP 的数据包会在 0，1，2，3 四个队列均匀分配，数据同样可能达到队列 3，如果希望队列 3 上只收到指定的 UDP 数据流，那就需要修改 RSS

配置，修改哈希值与队列的对应表，从该表中将队列 3 移除。

```
// 配置哈希值与队列的对应表, 82599 网卡该表的大小为 128。
struct rte_eth_rss_reta_entry64 reta_conf[2];
int i, j = 0;
for (idx = 0; idx < 2; idx++) {
    reta_conf[idx].mask = ~0ULL;
    for (i = 0; i < RTE_RETA_GROUP_SIZE; i++, j++) {
        if (j == 3)
            j = 0;
        reta_conf[idx].reta[i] = j;
    }
}
rte_eth_dev_rss_reta_query(port, reta_conf, 128);
```

（6）接着，各应用线程就可以从各自分配的队列中接收和发送报文了。

8.3.2 DPDK 结合网卡虚拟化及 Cloud Filter 功能

针对 Intel® XL710 网卡，PF 使用 i40e Linux Kernel 驱动，VF 使用 DPDK i40e PMD 驱动。使用 Linux 的 Ethtool 工具，可以完成配置操作 cloud filter，将大量的数据包直接分配到 VF 的队列中，交由运行在 VF 上的虚机应用来直接处理。如图 8-13 所示，使用这样的方法可以将一个网卡上的队列分配给 DPDK 和 i40e Linux Kernel 同时处理，很好地结合二者的优势。

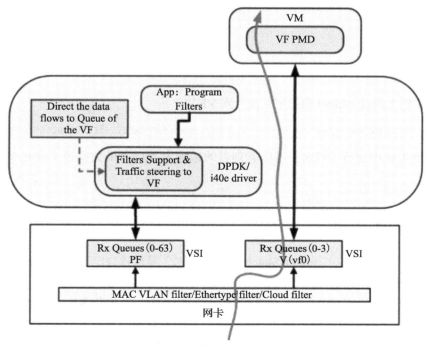

图 8-13　DPDK 结合虚拟化和 cloud filter 的应用

1）Kernel 对协议报文的处理完整性。

2）DPDK 的高性能吞吐，适合运用基于 VF 的网络吞吐密集型应用。

这样的使用方法还可以便于云服务提供商提供简单高效的分发数据包的方式。比如在网络数据与存储数据之间的切分。

假设使用 DPDK2.1 及 i40e-1.3.46 的 Linux kernel 驱动，在一个 Intel® XL710 网卡的物理网口上分配一个 VF，该 VF 在虚拟机中由 DPDK 使用，那么如何配置网卡呢？读者可以在 Linux 系统上按照以下几步操作进行尝试：

1）在启动系统前，在 BIOS 中使能 Intel® VT，并且在内核参数中加上 Intel_iommu=on。

2）加载 XL710 对应的 Linux 内核驱动 i40e.ko。

下载 i40e-1.3.46 驱动的源代码：

```
CFLAGS_EXTRA="-DI40E_ADD_CLOUD_FILTER_OFFLOAD"
make
rmmod i40e
insmod i40e.ko
```

3）生成 VF。

```
echo 1 > /sys/bus/pci/devices/0000:02:00.0/sriov_numvfs
modprobe pci-stub
echo "8086 154c" > /sys/bus/pci/drivers/pci-stub/new_id
echo 0000:02:02.0 > /sys/bus/pci/devices/0000:2:02.0/driver/unbind
echo 0000:02:02.0 > /sys/bus/pci/drivers/pci-stub/bind
```

4）启动虚拟机。

```
qemu-system-x86_64 -name vm0 -enable-kvm -cpu host -m 2048 -smp 4 -drive
©le=dpdk-vm0.img -vnc :4 -device pci-assign,host=02:02.0
```

5）在主机上通过 ethtool 将指定的流导入 VF 中。

```
ethtool -N ethx °ow-type ip4 dst-ip 2.2.2.2 user-def 0xffffffff00000000 action 2 loc 1
```

6）在虚拟机中运行 DPDK，可以看到目的地址为 2.2.2.2 的数据报文将在 VF 的队列 2 上接收到。

8.4 可重构匹配表

可重构匹配表（Reconfigurable Match Table，RMT）是软件自定义网络（Software Defined Networking，SDN）中提出的用于配置转发平面的通用配置模型，图 8-14 给出了 RMT 模型中多级 "Match+Action" 的示意图。如果从 "Match+Action" 的角度来看，网卡的流分类也可以如斯抽象，不同的流分类技术，其区别在于匹配的内容，或者下一步的行为。表 8-3 中按照 "Match+Action" 的特性列出了上面讲述的多个分类技术。详见［Ref8-1］。

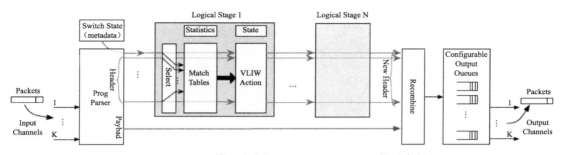

图 8-14　RMT 模型中多级"Match + Action"的示意图

表 8-3　流分类技术对比

技　　术	匹配信息	动　　作
Packet type	Protocol Info	Mark packet type
SRIOV/VMDQ	MAC Address，VLAN ID	Mark to queue set
RSS	IP Address，Port ID…	Director to queue
Flow Director	IP address，Port ID…	Director to Queue/ drop
QoS	UP in VLAN Tag	Mark to queue set
合法性验证	MAC Address，VLAN ID	Mark to queue set/ Director to Queue/ Director to Control engine/ Drop

8.5　小结

当前行业高速网卡芯片提供商数量已经很少，网卡之间的功能差异不大，但细节可能不同，使用具体功能之前，需要参见网卡手册。作为相对成熟的技术，网卡功能大同小异，负载均衡与流分类是网络最基本的功能，利用好网卡硬件特性，可以提高系统性能。充分理解网卡特性，利用好网卡，需要一定的技术积累。

总体上，高速网卡智能化处理发展是个趋势。数据中心期望大量部署基于网络虚拟化的应用，需要对进出服务器系统的数据报文实施安全过滤、差异化服务的策略。在实现复杂网络功能又不占用过多运算资源，智能化网卡被期待来实现这些功能服务。

第 9 章

硬件加速与功能卸载

第 8 章讨论了网卡流分类、多队列与并行处理，本章主要介绍以网卡为主的硬件卸载与智能化发展趋势。与软件实现相比，同样的功能如果硬件来做，可以减少 CPU 的开销。通常，硬件能力强，具有高并发处理特点，有助于大幅提高系统吞吐率与减少时延。按照最流行的说法，软件正在统治这个世界。DPDK 这样的软件着力于性能优化，设计之初就会对芯片硬件功能充分挖掘加以利用。协同化的软硬件设计是一个系统优化设计的基石。

硬件加速实现在哪里，是一个有趣的系统问题，可以实现在通用 CPU 上，也可以实现在芯片组，还可以实现在各种接口卡。和网络数据最直接的接口是网卡，在网卡上进行网络数据卸载是主要思路，也本章的主要专注点。

硬件的缺点在于资源局限，功能固化，一旦设计发布完成，再对功能进行改动就变得非常困难。且硬件的设计与发布时间长，更新周期无法与软件相比。事物发展常有螺旋形态的上升规律，这在软件与硬件的发展过程也是如此。

9.1 硬件卸载简介

多年来，遵循摩尔定律的发展趋势，硬件的能力提升迅速，在一块小小的网卡上，处理器能够提供的性能已经远远超出了简单的数据包接收转发的需求，这在技术上提供了将许多原先软件实现的功能下移由网卡硬件直接完成的可能。同时，我们可以看到，随着技术的发展，硬件将会提供越来越丰富的功能，从以太网，IP 数据报文头部的校验和计算、加解密等功能，发展到对高级协议的分析处理，可以预期，未来硬件直接提供的功能将会占据越来越大的比重。一些成熟的功能更有可能是由硬件而不是软件提供。

对于数据中心服务器，需要处理来自网络中的数据包，解析网络协议，早期受芯片技术限制，网卡功能简单，大量依赖服务器的 CPU 来处理网络协议，服务器的处理能力被消耗在这些处理任务上。互联网诞生至今，过去 25 年，以太网接口技术实现了 1 万倍的飞速跳跃，从 10Mbit/s 发展到 100Gbit/s。随着半导体技术的飞速发展，处理器有越来越强的运算能力，能容纳承载更多的应用，接纳更多的网络数据包构建互联网应用。服务器需要处理来自网络中的大量数据包。同样的半导体技术进步也体现在网卡上，已经可以看到近年来万兆网络在服务器中大量使用。

对于专有网络设备，为了提高处理数据包的速度，数据面和控制面分离是一项常用的技术。简单说，就是复杂的数据包处理进入控制面，进行复杂的控制处理；而在数据面留下简单且类似的包处理，比如：

□ 查表（路由表，访问控制，ARP，调度队列）。

□ 报文校验与头部修改（以太网，IP，隧道报文）。

□ 复杂运算（如加解密与压缩算法）。

基于专门设计的硬件，快速执行数据包的转发和一些简单的报文修改处理可以有效地提高数据的吞吐量和降低发送时延。具体来说，在网络功能节点的设计上，数据面的处理此前大多使用专门的硬件（网络处理器，FPGA，ASIC）来处理这些比较耗时的功能，以提高处理效率。

下面将会按照几个方面来介绍硬件卸载功能。首先我们可以了解 Intel 几代网卡提供的硬件卸载功能，这个发展脉络可以给我们有益的启示。然后，我们将硬件卸载功能分为计算及更新、分片、组包三大类，分门别类进行介绍。

9.2　网卡硬件卸载功能

DPDK 支持的网卡种类已经非常多，本章不会对所有的网卡进行罗列。我们将会选取几种有代表性的 Intel 网卡进行介绍，希望能够为读者提供一个网卡的硬件卸载功能发展脉络。如果读者希望了解更多的细节，有一句话叫做，everything on the Internet，网上能够搜索到每块网卡的说明书及详细的功能介绍。

本章将选取四种有代表性的 Intel 网卡（i350、82599、x550、xl710）作为例子进行比较。本章主要对比网卡的功能差异，具体的功能将在下面的章节说明。

i350 是 1G 的网卡，82599 和 x550 是 10G 的网卡，而 xl710 是 10G/40G 的网卡。可以看到这四种网卡是符合时间轴线（从旧到新）逐步发展而来的，而功能也大致是逐步丰富的，基本代表了业界的脉搏。

　　表 9-1 简略罗列了各种网卡支持的硬件卸载的功能，下面几个节会具体介绍每种功能。当然，本章未必涵盖每种网卡支持的所有的硬件卸载功能，只是选取了一些有助于读者理解硬件卸载功能的特性。

表 9-1　网卡硬件卸载功能比较

		i350	82599	x550	xl710
计算及更新	VLAN	√	√	√	√
	Double VLAN	√	√	√	√
	IEEE1588	√	√	√	√
	IP/TCP/UDP/SCTP 的 Checksum Offload	√	√	√	√
	VXLAN & NVGRE Support			√	√
分片	TCP Segmentation Offload	√	√	√	√
组包	RSC			√	

　　从表 9-1 中可看出，每种硬件支持的功能是类似的，这表明很多有效实用的硬件卸载功能是会在新的各种网卡上继承下来。而同时，新的硬件卸载功能也会逐步被丰富起来。

9.3　DPDK 软件接口

　　网卡的硬件卸载功能可能是基于端口设置，也有可能是基于每个包设置使能，需要仔细区分。在包粒度而言，每个包都对应一个或者多个 Mbuf，DPDK 软件利用 rte_mbuf 数据结构里的 64 位的标识（ol_flags）来表征卸载与状态，ol_flags 的解码信息具体如下，根据下面罗列的名称可以大致了解目前 DPDK 所提供的各项硬件卸载功能。

　　接收侧：

表 9-2　DPDK 软件接口提供的硬件卸载功能（接收侧）

ol-flags 解码信息	功能解释
PKT_RX_VLAN_PKT	接收包带有 VLAN 信息，VLAN 标识被剥离到 Mbuf 中
PKT_RX_RSS_HASH	接收包带有 RSS 的哈希运算结果在 Mbuf 中
PKT_RX_FDIR	接收包带有 FDIR 的信息，在 Mbuf 中
PKT_RX_L4_CKSUM_BAD PKT_RX_IP_CKSUM_BAD	接收侧进行了 checksum 的检查，报文正确性在此显示
PKT_RX_IEEE1588_PTP； PKT_RX_IEEE1588_TMST	IEEE1588 卸载

发送侧：

表 9-3　DPDK 软件接口提供的硬件卸载功能（发送侧）

ol-flags 解码信息	功能解释
PKT_TX_VLAN_PKT	发送时插入 VLAN 标识，VLAN 标识已经在 Mbuf 中
PKT_TX_IP_CKSUM PKT_TX_TCP_CKSUM PKT_TX_SCTP_CKSUM PKT_TX_UDP_CKSUM PKT_TX_OUTER_IP_CKSUM PKT_TX_TCP_SEG PKT_TX_IPV4 PKT_TX_IPV6 PKT_TX_OUTER_IPV4 PKT_TX_OUTER_IPV6	发送时进行 checksum 计算，插入协议头部的 Checksum 字段。这些标志可以用在 TSO，VXLAN/NVGRE 协议的场景下
PKT_TX_IEEE1588_PTP；	IEEE1588 卸载

详细信息参见以下链接：

http://www.dpdk.org/browse/dpdk/tree/lib/librte_mbuf

http://www.dpdk.org/browse/dpdk/tree/app/testpmd

9.4　硬件与软件功能实现

顾名思义，硬件卸载功能是将某些功能下移到硬件实现。这些功能原先一般是由软件承担的，而有了硬件卸载功能，这些工作将不再需要由软件完成。

如果需要使用硬件卸载功能，网卡驱动需要提供相应的 API 给上层应用，通过调用 API 驱动硬件完成相应的工作。而驱动硬件的工作实际上是由网卡驱动程序完成的，网卡驱动程序也是通过硬件提供的接口来驱动硬件。硬件提供的接口一般包括寄存器（Register）和描述符（Descriptor）。寄存器是全局的设置，一般用于开启某项功能或者为某项功能设置全局性的参数配置，一般情况下是基于以太网端口为基本单位。描述符可以看做是每个数据包的属性，和数据包一起发送给硬件，一般用于携带单个数据包的参数或设置。这两种接口提供的一粗一细两种粒度可以有效合作，完成硬件卸载功能的设置。

第 8 章已经提到，网卡的硬件有很多种类，对于硬件卸载功能的支持也各不相同。本书中提到的网卡主要是 Intel 的产品，而其他厂商的网卡也可能提供类似的功能。对于每种具体的硬件设备，具体功能的支持可能有所差异，下面章节对于具体功能的介绍尽量着眼于理论性和通用性，以避免解释和讨论每种网卡的特定实现。读者应该明白不应以本书的描述去确定具体网卡的功能，本书的描述可能是一种综合性的展现。

对于各种各样的硬件卸载功能，按照功能的相似性大致可分成三类，分别是计算及更新功能、分片功能、组包功能。

需要注意的是，下面在分别介绍每种硬件卸载功能时，会指出相关的 DPDK 的代码作为参考。大部分情况下，所列出的代码是对每种网卡的具体实现进行封装后的通用接口，不排除某些网卡支持这种功能而其他网卡不支持或者支持的程度和方式有所差异。因此，读者在使用某种网卡时，可能会发现某种功能无法支持或行为有所不同。针对读者正在使用的网卡，如果要了解是否支持此功能或者功能实现的细节，需要对代码进行更加深入的分析，关注此种网卡的具体实现。

9.5　计算及更新功能卸载

9.5.1　VLAN 硬件卸载

VLAN 虽然只有 4 个字节，但是可以实现以太网中逻辑网络隔离功能，在数据中心、企业网络以及宽带接入中被广泛应用。典型网络处理中，需要对报文的 VLAN Tag 进行识别，判断有无（检测 0x8100），读取剥离，识别转发，以及发送插入。这些是常见操作。大多网卡支持此类卸载操作。

如 9-1 图所示，VLAN 在以太网报文中增加了了一个 4 字节的 802.1q Tag（也称为 VLAN Tag），VLAN Tag 的插入可以完全由软件完成。毫无疑问，如果由软件完成 VLAN Tag 的插入将会给 CPU 带来额外的负荷，涉及一次额外的内存拷贝（报文内容复制），最坏场景下，这可能是上百周期的开销。大多数网卡硬件提供了 VLAN 卸载的功能，VLAN Tag 的插入和剥离由网卡硬件完成，可以减轻服务器 CPU 的负荷。

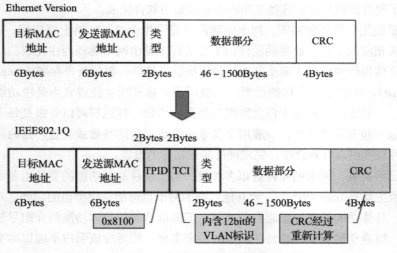

图 9-1　VLAN 在以太网报文数据头部结构

1. 收包时 VLAN Tag 的过滤

VLAN 定义了虚拟网络，只有属于相同 VLAN 的报文，才需要被进一步处理，不属于 VLAN 的报文会被直接丢弃，因此网卡最典型的卸载功能之一就是在接收侧针对 VLAN 进行包过滤。典型实现是在网卡硬件端口设计了 VLAN 过滤表，无法在过滤表中匹配的 VLAN 包会被丢弃，没有 VLAN 信息的以太网则会通过网卡的过滤机制，在 DPDK 中 app/testpmd 提供了测试命令与实现代码。表 9-4 给出了 Testpmd 的命令及功能解释。

表 9-4　Testpmd 的命令及功能解释

Testpmd 的命令	功能解释
vlan set filter (on|off) (port_id)	打开或者关闭端口的 VLAN 过滤功能。不匹配 VLAN 过滤表的 VLAN 包，会被丢弃。
rx_vlan set tpid (value) (port_id)	设置 VLAN 过滤的 TPID 选项。支持多个 TPID
rx_vlan add (vlan_id|all) (port_id)	添加过滤的 VLAN ID，可以添加多个 VLAN，最大支持 VLAN 的表现由网卡数据手册限定
rx_vlan rm (vlan_id|all) (port_id)	删除单个或者所有 VLAN 过滤表项
rx_vlan add (vlan_id) port (port_id) vf (vf_mask)	添加 port/vf 设置 VLAN 过滤表
rx_vlan rm (vlan_id) port (port_id) vf (vf_mask)	删除 port/vf 设置 VLAN 过滤表

现代网卡的过滤机制会直接涉及报文丢弃，软件开发人员常常会碰到无法正常收包的场景，因此需要进行问题分析定位，仔细查看网卡的接收过滤机制，VLAN 过滤是其中的一种可能而已，过滤机制可能会因网卡而异。

2. 收包时 VLAN Tag 的剥离

网卡硬件能够对接收到的包的 VLAN Tag 进行剥离。首先硬件能够对 VLAN 包进行识别，原理上是判断以太帧的以太网类型来确定是否是 VLAN 包。启动这项硬件特性，需要在网卡端口，或者是属于这个网卡端口的队列上设置使能标志，将 VLAN 剥离特性打开，对应到软件，是驱动写配置入相应的寄存器。网卡硬件会从此寄存器中提取配置信息，用于判断是否对收到的以太网数据执行 VLAN 剥离。如果打开剥离功能，则执行此功能；如果没有打开剥离功能，则不执行剥离功能。DPDK 的 app/testpmd 提供了如何基于端口使能与去使能的测试命令。

```
testpmd> vlan set strip (on|off) (port_id)
testpmd> vlan set stripq (on|off) (port_id,queue_id)
```

网卡硬件会将 4 字节的 VLAN tag 从数据包中剥离，VLAN Tag 中包含的信息对上层应用是有意义的，不能丢弃，此时，网卡硬件会在硬件描述符中设置两个域，将需要的信息通知驱动软件，包含此包是否曾被剥离了 VLAN Tag 以及被剥离的 Tag。软件省去了剥离 VLAN Tag 的工作负荷，还获取了需要的信息。对应在 DPDK 软件，驱动对每个接收的数据包进行检测，会依据硬件描述符信息，如果剥离动作发生，需要将 rte_mbuf 数据结构中的

PKT_RX_VLAN_PKT 置位，表示已经接收到 VLAN 的报文，并且将被剥离 VLAN Tag 写入到下列字段。供上层应用处理。

```
Struct rte_mbuf{
    uint16_t vlan_tci;  /**< VLAN Tag Control Identi©er(CPU order) */
}
```

3. 发包时 VLAN Tag 的插入

在发送端口插入 VLAN 在数据包中，是报文处理的常见操作。VLAN Tag 由两部分组成：TPID（Tag Protocol Identifier），也就是 VLAN 的 Ether type，和 TCI（Tag Control Information）。TPID 是一个固定的值，作为一个全局范围内起作用的值，可通过寄存器进行设置。而 TCI 是每个包相关的，需要逐包设置，在 DPDK 中，在调用发送函数前，必须提前设置 mbuf 数据结构，设置 PKT_TX_VLAN_PKT 位，同时将具体的 Tag 信息写入 vlan_tci 字段。

```
struct rte_mbuf{
    uint16_t vlan_tci;  /**< VLAN Tag Control Identi©er(CPU order) */
    }
```

DPDK PMD 会被发送报文函数调用，软件驱动程序会检查 mbuf 的这两部分设置信息，在报文离开网络端口时具体插入 VLAN Tag 信息。下文是 testpmd 中做发送端 VLAN 设置的命令，可以参考代码实现，了解如何利用这个特性。

```
testpmd> tx_vlan set (port_id) vlan_id[, vlan_id_outer]
```

如果在发送端口 0，需要给出去的报文设置 VLAN Tag= 5，可以使用如下命令：

```
tx_vlan set 0 5,
```

或者，如果在发送端口 1，需要给出去的报文设置双层 VLAN，比如内层、外层 VLAN Tag 是 2，3，可以使用如下命令：

```
tx_vlan set 1 2 3
```

4. 多层 VLAN 的支持

VLAN 技术非常流行，使用也很广泛。早期定义时，VLAN 本身只定义了 12 位宽，最多容纳 4096 个虚拟网络，这个限制使得它不适合大规模网络部署，为了解决这个局限，业界发展出了采用双层乃至多层 VLAN 堆叠模式，随着这种模式（也被称为 QinQ 技术）在网络应用中变得普遍，现代网卡硬件大多提供对两层 VLAN Tag 进行卸载，如 VLAN Tag 的剥离、插入。DPDK 的 app/testapp 应用中提供了测试命令。网卡数据手册有时也称 VLAN Extend 模式，这在 DPDK 的代码中被延用。

```
testpmd> vlan set qinq (on|off) (port_id)。
```

- 以 82599，X550 网卡为例，在接收侧，VLAN 过滤与剥离操作是针对双层 VLAN 中的内层 VLAN Tag。
- 以 XL710 网卡为例，VLAN 剥离时能同时剥去内外层 VLAN Tag，并存储在 mbuf 的数据结构中。

对于发包方向，硬件可能只会提供对内层 VLAN 的操作。也就是说，硬件会假设外层 VLAN 已经由软件生成，硬件能够解析此外层 VLAN，并且跳过它对内层进行操作，假如硬件发现某个包只有一层 VLAN，它会假设这个包只有外层 VLAN，而停止对内层操作的功能。

9.5.2　IEEE1588 硬件卸载功能

IEEE1588 定义了 PTP（Precision Timing Protocol，精准时间同步协议），用于同步以太网的各个节点，是一个非常适合使用硬件卸载功能的特性。如我们所知，IEEE1588 为网络设备提供时间同步功能。作为时间同步功能，本身对实时性的要求很高。也就是说，当需要为数据包打上时间戳的时候，希望时间戳能够尽量的精确。如果采用软件的方式，报文修改处理本身消耗大，可能打时间戳和获取时间戳之间已经存在一定的延时，导致时间戳本身不是非常精确。而使用硬件来实现 IEEE1588 的功能，则能够快速完成获取并打时间戳的工作，能有效提高时间戳的精确性。图 9-2 描述了 PTP 的报文格式。

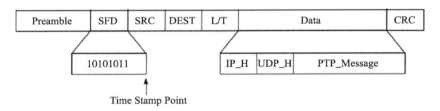

SFD - start frame delimiter
SRC - Source MAC address
DEST - Destination MAC address
L/T - Length/Type

图 9-2　用于 IEEE188 的 PTP 报文格式

PTP 协议说明了 IEEE1588 的基本流程。分为初始化和时间同步两部分。图 9-3 描述了 PTP 相关的消息流程。

在初始化时，每个潜在的可以作为 master 的节点都会发出 sync 包，其中携带了时钟相关的信息。同时，每个节点也在接收别的节点发出的 sync 包，当收到 sync 包时，会将其中的参数和自身进行比较，如果对端的参数较优，则将自己置为 slave 的角色，而将对端节点认为是 master。当然，slave 节点还将继续监听 sync 包，如果它发现还有更优的另外的节点，它将会把 master 节点切换为更优的新节点。另外，slave 还需要支持超时机制，如果它长时间不能从选中的 master 那里收到 sync 包，它将会把自己切换成 master，并重复 master 选举的过程。

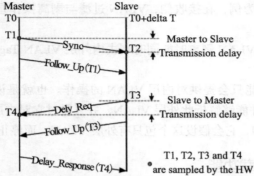

Calculated delta T=[(T2–T1)–(T4–T3)]/2 // assuming symmetric transmission delays
Toffset=–delta T // offset at the Slave

图 9-3　IEEE1588 的 PTP 基本流程

初始化完成后，确定了 master 和 slave 的角色，此时将会开始时间同步过程，因为在 master 和 slave 上时间同步的处理是不同的。

对于 master，需要周期性地发送 sync 包，这些 sync 包需要携带时间戳。基于精确性的考虑，时间戳可由网卡硬件添加，并且在尽量接近物理层的地方实现。而且在 sync 包之后，follow_up 包将接着发送，并且其中包含了 sync 包的时间点。

当 master 收到 delay request 包，master 需要记录时间点，并且以 delay response 包响应。而 slave 节点需要记录每个从选中的 master 发送过来的 sync 包的时间点。

在上述的过程中，硬件承担的责任也就是硬件卸载能够承担的工作是：

1）分辨出哪些包是需要时间戳的。

2）为那些需要的包添加时间戳。既需要在接收方向，也需要在发送方向上进行。

3）需要存储添加的时间戳，从而能够将这个时间戳的值告知软件。

DPDK 在 app/testpmd 内提供了如何使用 IEEE1588 的例子，testpmd 有专门的 1588 转发处理模式，DPDK 基于专用核来实现报文收发，又结合了网卡硬件卸载特性，适合构建基于 IEEE1588 功能的应用。如果我们采用纯粹的软件来实现给包打时间戳的功能，由于软件处理必然会存在的时延问题，时间戳会精度不够准确。在使用 DPDK 测试 1588 前，需要注意打开如下编译配置，再对 DPDK 代码进行编译。

```
CONFIG_RTE_LIBRTE_IEEE1588=y.
```

在 DPDK 代码中，我们可以关注这个函数，int rte_eth_timesync_enable(uint8_t port_id)，通过此函数，调用者可以在收发两个方向上同时使能 IEEE1588 功能。使能 IEEE1588 功能后，硬件将会承担在收发数据包上打时间戳的工作，并且将所打的时间戳的值存储在寄存器中，驱动程序需要读取寄存器以获取时间戳的值。DPDK 已经提供了读取收发的时间戳的函数，int rte_eth_timesync_read_rx_timestamp(uint8_t port_id, struct timespec *timestamp, uint32_t flags) 和 int rte_eth_timesync_ read_tx_timestamp(uint8_t port_id, struct timespec *timestamp)，将收发时间戳的值暴露给调用者，调用者使用此函数获取时间戳后可以完成 IEEE1588 协议栈的操作，而不需要关心时间戳获取的问题。

简单说，DPDK 提供的是打时间戳和获取时间戳的硬件卸载。需要注意，DPDK 的使用者还是需要自己去管理 IEEE1588 的协议栈，DPDK 并没有实现协议栈。

9.5.3　IP TCP/UDP/SCTP checksum 硬件卸载功能

checksum 计算是网络协议的容错性设计的一部分，基于网络传输不可靠的假设，因此在 Ethernet、IPv4、UDP、TCP、SCTP 各个协议层设计中都有 checksum 字段，用于校验包的正确性，checksum 不涉及复杂的逻辑。虽然各个协议定义主体不同，checksum 算法参差不齐，但总体归纳，checksum 依然可以说是简单机械的计算，算法稳定，适合固化到硬件中。需要注意的是，checksum 可以硬件卸载，但依然需要软件的协同配合实现。

在 DPDK 的 app/testpmd 提供了 csum 的转发模式，可以作为编程参考。checksum 在收发两个方向上都需要支持，操作并不一致，在接收方向上，主要是检测，通过设置端口配置，强制对所有达到的数据报文进行检测，即判断哪些包的 checksum 是错误的，对于这些出错的包，可以选择将其丢弃，并在统计数据中体现出来。在 DPDK 中，和每个数据包都有直接关联的是 rte_mbuf，网卡自动检测进来的数据包，如果发现 checksum 错误，就会设置错误标志。软件驱动会查询硬件标志状态，通过 mbuf 中的 ol_flags 字段来通知上层应用。

```
PKT_RX_L4_CKSUM_BAD 表示 4 层协议 checksum 校验失败
PKT_RX_IP_CKSUM_BAD 表示 3 层协议 checksum 校验失败
```

可见，在接收侧利用硬件做 checksum 校验，对程序员是非常简单的工作，但在发送侧就会复杂一些，硬件需要计算协议的 checksum，将且写入合适的位置。在原理上，网卡在设计之初时就依赖软件做额外设置，软件需要逐包提供发送侧上下文状态描述符，这段描述符需要通过 PCIe 总线写入到网卡设备内，帮助网卡进行 checksum 计算。设置上下文状态描述符，在 DPDK 驱动里面已经实现，对于使用 DPDK 的程序员，真正需要做的工作是**设置 rte_mbuf 和改写报文头部**，保证网卡驱动得到足够的 mbuf 信息，完成整个运算。

从设置 mbuf 的角度，如下字段需要关注。

```
/* ©elds to support TX of°oads */
uint64_t tx_of°oad;   /**< combined for easy fetch */
struct {
    uint64_t l2_len:7; /**< L2 (MAC) Header Length. */
    uint64_t l3_len:9; /**< L3 (IP) Header Length. */
    uint64_t l4_len:8; /**< L4 (TCP/UDP) Header Length. */
    uint64_t tso_segsz:16; /**< TCP TSO segment size */
```

IPv6 头部没有 checksum 字段，无需计算。对于 IPv4 的 checksum，在发送侧如果需要硬件完成自动运算与插入，准备工作如下：

```
ipv4_hdr->hdr_checksum = 0;        // 将头部的 checksum 字段清零
ol_ºags |= PKT_TX_IP_CKSUM;        // IP 层 checksum 请求标识置位
```

对于 UDP 或者 TCP，checksum 计算方法一样，准备工作如下：

```
udp_hdr->dgram_cksum = 0;          // 将头部的 checksum 字段清零
ol_ºags |= PKT_TX_UDP_CKSUM;       // UDP 层 checksum 请求标识置位
udp_hdr->dgram_cksum = get_psd_sum(l3_hdr, info->ethertype, ol_ºags); /* 填入 IP
```
层伪头部计算码，具体实现参阅 DPDK 代码 */

对于 SCTP checksum 计算方法一样，准备工作如下：

```
sctp_hdr->hdr_checksum = 0;
ol_ºags |= PKT_TX_SCTP_CKSUM;
```

因为 checksum 通常是需要整个报文参与运算，所以逐包运算对 CPU 是个不小的开销。

9.5.4　Tunnel 硬件卸载功能

以 VxLAN 和 NVGRE 为例说明 Tunnel 相关的硬件卸载功能。

VxLAN 和 NVGRE 的情况相对复杂一些，对于这两个协议的支持程度可能在每种网卡上有所不同。某些网卡可能只提供一些相对简单的 checksum 功能。也就是说，这些网卡具有识别 VxLAN 和 NVGRE 的数据包的能力，并能对其涉及的协议 IP 和 TCP/UDP 提供校验和的功能（可能需要注意，VxLAN 的外层 UDP 的校验和需要固定填写成 0），从而减轻 CPU 的负担。这种校验和的功能可以涵盖外层和内存头。

关于 VxLAN 和 NVGRE 还可能提供更复杂的功能，比如将 VxLAN 或 NVGRE 的外层头添加或剥离的功能卸载到硬件。

从 VxLAN 和 NVGRE 的数据包结构看，它们属于 overlay 的数据包，图 9-4 描述了 VxLAN 数据包的基本结构。无论考虑外层还是内层，都可以将其看成是二层三层的数据包，因此一些二层三层相关的硬件卸载功能可以应用到 VxLAN 和 NVGRE 的数据包上，这些可以视为对 VxLAN 和 NVGRE 的硬件卸载功能的扩展。

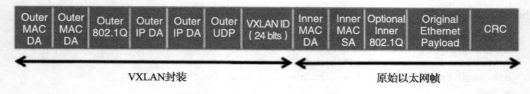

图 9-4　VxLAN 的数据包结构

例如，流的重定向功能可以基于 VxLAN 和 NVGRE 的特定信息，TNI 或 VNI，以及内层的 MAC 或 IP 地址进行重定向。同样地，对 IP 流进行过滤时，也可以根据内层的 IP 信息进行过滤。

如前所述，VxLAN 和 NVGRE 的硬件卸载是较新的功能，因此当前 DPDK（Release2.2）

对其还没有全面支持。目前 DPDK 仅支持对 VxLAN 和 NVGRE 的流进行重定向。

在 dpdk/testpmd 中,可以使用相关的命令行来使用 VxLAN 和 NVGRE 的数据流重定向功能,如下所示:

```
flow_director_filter X mode Tunnel add/del/update mac XX:XX:XX:XX:XX:XX vlan
XXXX tunnel NVGRE/VxLAN tunnel-id XXXX °exbytes (X,X) fwd/drop queue X fd_id X
```

在数据结构 rte_eth_fdir_flow 中增加了 Tunnel(目前只包括 VxLAN 和 NVGRE)数据流相关的定义,参见:

```
union rte_eth_fdir_°ow {
......
    struct rte_eth_tunnel_°ow   tunnel_°ow;
 };
```

读者可参考 tunnel_flow 相关的代码了解 VxLAN 和 NVGRE 的数据流重定向功能的具体实现。

9.6 分片功能卸载

TSO

TSO(TCP Segment Offload)是 TCP 分片功能的硬件卸载,显然这是发送方向的功能。如我们所知,TCP 会协商决定发送的 TCP 分片的大小。对于从应用层获取的较大的数据,TCP 需要根据下层网络的报文大小限制,将其切分成较小的分片发送。

硬件提供的 TCP 分片硬件卸载功能可以大幅减轻软件对 TCP 分片的负担。而且这项功能本身也是非常适合由硬件来完成的,因为它是比较简单机械的实现。在图 9-5 中,我们可以看到,TCP 分片需要将现有的较大的 TCP 分片拆分成较小的 TCP 分片,在这个过程中,不需要提供特殊的信息,仅仅需要复制 TCP 的包头,更新头里面的长度相关的信息,重新计算校验和,显然这些功能对于硬件来说都不是陌生的事情。

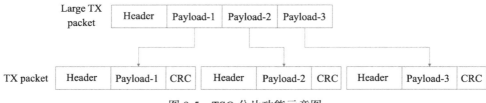

图 9-5 TSO 分片功能示意图

在 dpdk/testpmd 中提供了两条 TSO 相关的命令行:

1)tso set 1400 0:用于设置 tso 分片大小。

2)tso show 0:用于查看 tso 分片的大小。

和 csum 硬件卸载功能类似,tso 分片硬件卸载功能也需要对 mbuf 进行设置,同样从设置 mbuf 的角度，如下字段需要关注。

```
/* ©elds to support TX of°oads */
uint64_t tx_of°oad;   /**< combined for easy fetch */
struct {
    uint64_t l2_len:7; /**< L2 (MAC) Header Length. */
    uint64_t l3_len:9; /**< L3 (IP) Header Length. */
    uint64_t l4_len:8; /**< L4 (TCP/UDP) Header Length. */
    uint64_t tso_segsz:16; /**< TCP TSO segment size */
```

同时 tso 使用了 ol_flag 中的 PKT_TX_TCP_SEG 来指示收发包处理流程中当前的包需要开启 tso 的硬件卸载功能。对 DPDK 具体实现感兴趣的读者可以以上述代码作为切入点来进一步了解更多的细节。

9.7 组包功能卸载

RSC

RSC（Receive Side Coalescing，接收方聚合）是 TCP 组包功能的硬件卸载。硬件组包功能实际上是硬件拆包功能的逆向功能。

硬件组包功能针对 TCP 实现，是接收方向的功能，可以将拆分的 TCP 分片聚合成一个大的分片，从而减轻软件的处理。

当硬件接收到 TCP 分片后，如图 9-6 和图 9-7 所示，硬件可以将多个 TCP 分片缓存起来，并且将其排序，这样，硬件可以将一串 TCP 分片的内容聚合起来。这样多个 TCP 分片最终传递给软件时将会呈现为一个分片，这样带给软件的好处是明显的，软件将不再需要分析处理多个数据包的头，同时对 TCP 包的排序的负担也有所减轻。

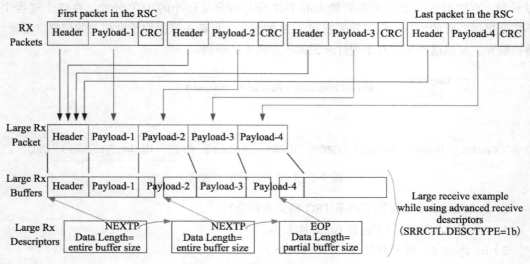

图 9-6　RSC 组包功能示意图 1

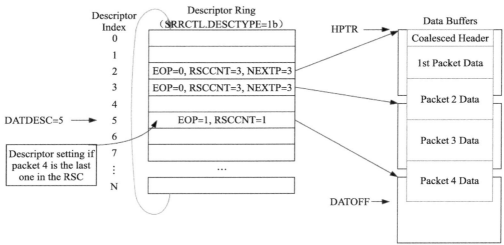

图 9-7 RSC 组包功能示意图 2

图 9-8 描述了网卡在接收处理上的详细流程，对能够分片的数据包进行识别，描述了新分组数据流，现有分组数据流的处理逻辑。以上图片引自 Intel x550 网卡的数据手册，这是一份公开的文档，有兴趣的读者可以从互联网上搜索到并下载进行延伸阅读。

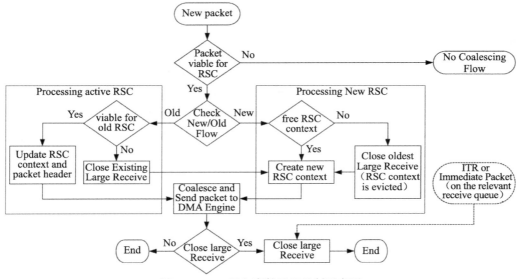

图 9-8 RSC 组包事件处理机制示意图

无疑，RSC 是一种硬件能力，使用此功能时需要先明确硬件支持此能力。同时我们通过配置来开启 RSC 功能。需要关注下面的数据结构：

```
/**
 * A structure used to configure the RX features of an Ethernet port.
```

```
    */
struct rte_eth_rxmode {
    /** The multi-queue packet distribution mode to be used, e.g. RSS. */
    enum rte_eth_rx_mq_mode mq_mode;
    uint32_t max_rx_pkt_len;  /**< Only used if jumbo_frame enabled. */
    uint16_t split_hdr_size;  /**< hdr buf size (header_split enabled).*/
    uint16_t header_split : 1, /**< Header Split enable. */
        hw_ip_checksum  : 1, /**< IP/UDP/TCP checksum of°oad enable. */
        hw_vlan_©lter   : 1, /**< VLAN ©lter enable. */
        hw_vlan_strip   : 1, /**< VLAN strip enable. */
        hw_vlan_extend  : 1, /**< Extended VLAN enable. */
        jumbo_frame     : 1, /**< Jumbo Frame Receipt enable. */
        hw_strip_crc    : 1, /**< Enable CRC stripping by hardware. */
        enable_scatter  : 1, /**< Enable scatter packets rx handler */
        enable_lro      : 1; /**< Enable LRO */
};
```

RSC 是接收方向的功能，因此和描述接收模式的数据结构（即 enable_lro）相关。（LRO 是指 Large Receive Offload，是 RSC 的另一种表述。）

我们可以看到，当对接收处理进行初始化 ixgbe_dev_rx_init 时，会调用 ixgbe_set_rsc，此函数中对 enable_lro 进行判断，如果其为真，则会对 RSC 进行相关设置，从而使用此功能。需要关注具体实现的读者可以研读此段代码。

9.8 小结

硬件卸载功能实际上是网卡功能的增强，通过由网卡硬件提供额外的功能来分担 CPU 的处理负荷。可以认为是有好处而没有额外短处的功能。但需要明确的是，由于硬件多种多样，硬件卸载功能的支持与否以及支持的程度都可能不同，同时应用程序需要了解并使用硬件卸载功能，否则是无法从硬件卸载功能中得到好处的。因此，这对开发者提出了额外的要求。

DPDK 虚拟化技术篇

- 第 10 章　X86 平台上的 I/O 虚拟化
- 第 11 章　半虚拟化 Virtio
- 第 12 章　加速包处理的 vhost 优化方案

成功，通常指在某一适当的时候在某一适当的地方做了一件适当的事情。

——戈登·摩尔，英特尔公司创始人之一

随着虚拟化技术的兴起，越来越多业务和工作被迁移到虚拟机上执行。性能作为虚拟化技术商用的重要前提条件受到很多的关注。

为此，英特尔也特别推出 Intel VT 技术帮助硬件满足各种应用对性能的要求。而 DPDK 凭借着高效的工作模式，在 I/O 虚拟化的性能优化方面发挥着关键作用。

本篇将使用 3 章详细介绍如何利用 X86 平台上的虚拟化技术提高网络报文处理效率，以及在半虚拟化模式下 DPDK 如何加速报文处理的优化思路和实现。

第 10 章主要介绍 Intel X86 平台虚拟化技术，着重介绍 I/O 透传虚拟化技术，VT-d 和 SR-IOV，最后分析网卡的收发包流程在 I/O 透传和宿主机的不同点。

第 11 章简单介绍半虚拟化 virtio 的典型使用场景，详细讨论 virtio 技术，介绍 virtio 网络设备的两种不同的前端驱动设计，包括 Linux 内核和 DPDK 用户空间驱动。

第 12 章承接前一章的内容，介绍后端 vhost 的发展和技术架构，重点讲解 DPDK 在用户态 vhost 的设计思路以及优化点，并给出简要示例介绍如何使用 DPDK 进行 vhost 编程。

X86 平台上的 I/O 虚拟化

什么是虚拟化？抽象来说，虚拟化是资源的逻辑表示，它不受物理设备的约束。具体来说，虚拟化技术的实现形式是在系统中加入一个虚拟化层，虚拟化层将下层的资源抽象成另一种形式的资源，提供给上层使用。通过空间上的分割，时间上的分时以及模拟，虚拟化可以将一份资源抽象成多份。反过来说，虚拟化也可以将多份资源抽象成一份。总的来说，虚拟化抽象了硬件层，允许多种不同的负载能共享一组资源。在这样一个虚拟化的硬件平台上，各种工作能够使用相互隔离的资源并且共存，可以自由地进行资源跨平台的迁移，并且根据需要可以进行一些扩展性的应用。

虚拟化的好处是什么？各大企业和商业机构从虚拟化中可以得到非常大的效率提升，因为虚拟化可以显著提高服务器的使用率，能够进行动态分配、管理资源和负载的相互隔离，并提供高安全性和自动化。虚拟化还可以提供按需的服务配置和软件定义的资源编排，可以根据实际业务需求在云平台上扩展某类云服务。

如今，所有人都在谈论大数据和虚拟化，似乎虚拟化是最近几年才兴起的技术，而实际上，早在 20 世纪 60 年代，这个名称就已经诞生，在虚拟化技术不断发展的几十年历程中，它也经历了大起大落，只是因为技术尚未成熟而没有得到广泛的应用，但是随着近年来处理器技术和性能的迅猛发展，虚拟化技术才真正显现出英雄本色，尤其是硬件虚拟化技术的诞生（例如 Intel® VT 技术），极大地扩展了虚拟化技术的应用范围（例如 SDN/NFV 领域）。

其中，I/O 虚拟化是一个需要重点关注的地方，其接口选择、性能高低决定了该方案的成败。DPDK 同样可以对 I/O 虚拟化助一臂之力。

10.1　X86 平台虚拟化概述

虚拟化实现主要有三个部分的实现：CPU 虚拟化、内存虚拟化和 I/O 虚拟化。Intel® 为了简化软件复杂度、提高性能和增强安全性，对其 IA 架构进行扩展，提出了硬件辅助虚拟化技术 VT-x 和 VT-d（详见［Ref10-1］）。图 10-1 简单描述了 Intel® 的硬件辅助虚拟化技术。

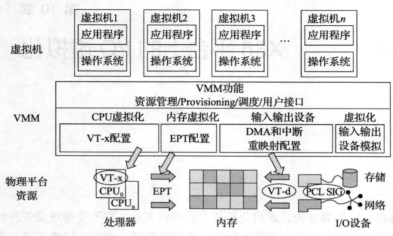

图 10-1　Intel® 的硬件辅助虚拟化技术

10.1.1　CPU 虚拟化

INTEL VT-x 对处理器进行了扩展，引入了两个新的模式：VMX 根模式和 VMX 非根模式（如图 10-2 所示）。宿主机运行所在的模式是根模式，客户机运行所在的模式是非根模式。

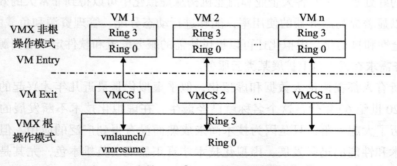

图 10-2　支持 Intel® VT-x 技术的虚拟化架构

引入这两种模式可以很好地解决虚拟化漏洞的问题。通常，指令的虚拟化是通过陷入再模拟的方式实现的，而 IA 架构有多条敏感指令不能通过这种方法处理，否则会导致虚拟化漏洞。最直观的解决办法就是让这些敏感指令能够触发异常。非根模式下所有敏感指令的行为都被重新定义，使得它们能不经过虚拟化就直接运行或通过陷入再模拟的方式来处理，在根模式下，所有指令的行为和传统的 IA 一样，没有改变。

非根模式下敏感指令引起的陷入被称为 VM-EXIT。当 VM-Exit 发生时，CPU 自动从非根模式切换成为根模式，相应地，VT-x 也定义了 VM-Entry，该操作由宿主机发起，通常是调度某个客户机运行，此时 CPU 从根模式切换成为非根模式。

其次，为了更好地支持 CPU 虚拟化，VT-x 引入了 VMCS (Virtual-machine Control structure，虚拟机控制结构)。VMCS 保存虚拟 CPU 需要的相关状态，例如 CPU 在根模式和非根模式下的特权寄存器的值。VMCS 主要供 CPU 使用，CPU 在发生 VM-Exit 和 VM-Entry 时都会自动查询和更新 VMCS，以加速客户机状态切换时间。宿主机可以通过指令来配置 VMCS，进而影响 CPU 的行为。

10.1.2　内存虚拟化

内存虚拟化的主要任务是实现地址空间的虚拟化，它引入了一层新的地址空间，即客户机物理地址空间。内存虚拟化通过两次地址转换来支持地址空间的虚拟化，即客户机虚拟地址 GVA（Guest Virtual Address）→客户机物理地址 GPA（Guest Physical Address）→宿主机物理地址 HPA（Host Physical Address）的转换。其中，GVA → GPA 的转换由客户机操作系统决定，通常是客户机操作系统通过 VMCS 中客户机状态域 CR3 指向的页表来指定；GPA → HPA 的转换是由宿主机决定，宿主机在将物理内存分配给客户机时就确定了 GPA → HPA 的转换，宿主机通常会用内部数据结构来记录这个映射关系。

传统的 IA 架构只支持一次地址转换，即通过 CR3 指定的页表来实现虚拟地址到物理地址的转换，这和内存虚拟化所要求的两次地址转换产生了矛盾。为了解决这个问题，Intel VT-x 提供了扩展页表（Extended Page Table，EPT）技术，直接在硬件上支持了 GVA->GPA->HPA 的两次地址转换，大大降低了内存虚拟化软件实现的难度，也提高了内存虚拟化的性能。

图 10-3 描述了 EPT 的基本原理。在原有的 CR3 页表地址映射的基础上，EPT 引入了 EPT 页表来实现另一次映射。假设客户机页表和 EPT 页表都是 4 级页表，CPU 完成一次地址转换过程如下。

- ❑ CPU 首先查找客户机 CR3 指向的 L4 页表。由于客户机 CR3 给出的是 GPA，因此 CPU 需要通过 EPT 页表来实现客户机 CR3 GPA—>HPA 的转换。CPU 首先会查看 EPT TLB，如果没有对应的转换，CPU 会进一步查找 EPT 页表，如果还没有，CPU 则抛出异常由宿主机来处理。
- ❑ 在获得 L4 页表地址后，CPU 根据 GVA 和 L4 表项的内容来获取 L3 页表的 GPA。在获得 L3 页表的 GPA 后，CPU 要通过查询 EPT 页表来实现 L3 GPA → HPA 的转换，过程和上面一样。
- ❑ 同样，CPU 以这样的方式依次查找 L2 和 L1 页表，最后获得 GVA 对应的 GPA，然后通过 EPT 页表获得 HPA。

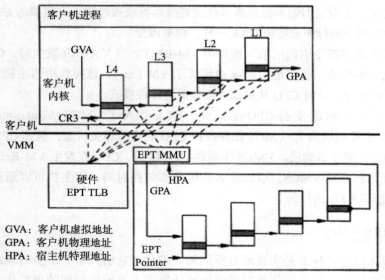

GVA：客户机虚拟地址
GPA：客户机物理地址
HPA：宿主机特理地址

图 10-3　EPT 原理图

从上面的过程可以看出，CPU 需要 5 次查询 EPT 页表，每次查询都需要 4 次 EPT TLB 或者内存访问，因此最坏情况下需要 24 次内存访问，这样的系统开销是很大的。EPT 硬件通过增大 EPT TLB 来尽量减少内存访问。

10.1.3　I/O 虚拟化

I/O 虚拟化包括管理虚拟设备和共享的物理硬件之间 I/O 请求的路由选择。目前，实现 I/O 虚拟化有三种方式：I/O 全虚拟化、I/O 半虚拟化和 I/O 透传。它们在处理客户机和宿主机通信以及宿主机和宿主机架构上分别采用了不同的处理方式。

1. I/O 全虚拟化

如图 10-4a 所示，该方法可以模拟一些真实设备。一个设备的所有功能或总线结构（如设备枚举、识别、中断和 DMA）都可以在宿主机中模拟。客户机所能看到的就是一组统一的 I/O 设备。宿主机截获客户机对 I/O 设备的访问请求，然后通过软件模拟真实的硬件。这种方式对客户机而言非常透明，无需考虑底层硬件的情况，不需要修改操作系统。宿主机必须从设备硬件的最底层开始模拟，尽管这样可以模拟得很彻底，以至于客户机操作系统完全不会感知到是运行在一个模拟环境中，但它的效率比较低。

2. I/O 半虚拟化

半虚拟化的意思就是说客户机操作系统能够感知到自己是虚拟机。如图 10-4b 中间所示，对于 I/O 系统来说，通过前端驱动 / 后端驱动模拟实现 I/O 虚拟化。客户机中的驱动程序为前端，宿主机提供的与客户机通信的驱动程序为后端。前端驱动将客户机的请求通过与宿主机间的特殊通信机制发送给后端驱动，后端驱动在处理完请求后再发送给物理驱动。不同的宿主机使用不同的技术来实现半虚拟化。比如说 XEN，就是通过事件通道、授权表以及共享内存的机制来使得虚拟机中的前端驱动和宿主机中的后端驱动来通信。对于 KVM 使用 virtio，和 xen 的半虚拟化网络驱动原理差不多，在第 11 章会有详细介绍。那么半虚拟化相对全虚拟化有什么好处？半虚拟化虽然和全虚拟化一样，都是使用软件完成虚拟化工作，但是机制不一样。在全虚拟化中是所有对模拟 I/O 设备的访问都会造成 VM-Exit，而在半虚拟化中是通过前后端驱动的协商，使数据传输中对共享内存的读写操作不会 VM-Exit，这种方式由于不像模拟器那么复杂，软件处理起来不至于那么慢，可以有更高的带宽和更好的性能。但是，这种方式与 I/O 透传相比还是存在性能问题，仍然达不到物理硬件的速度。

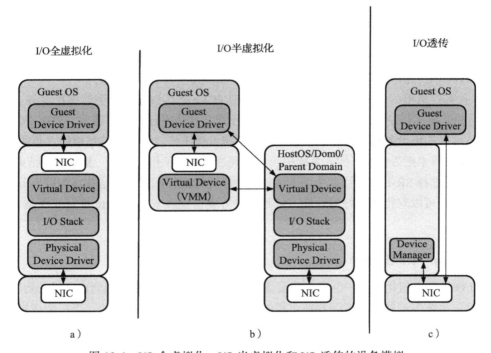

图 10-4　I/O 全虚拟化、I/O 半虚拟化和 I/O 透传的设备模拟

3. I/O 透传

直接把物理设备分配给虚拟机使用，例如直接分配一个硬盘或网卡给虚拟机，如图 10-4c 所示。这种方式需要硬件平台具备 I/O 透传技术，例如 Intel VT-d 技术。它能获得近乎本地的性能，并且 CPU 开销不高。

DPDK 支持半虚拟化的前端 virtio 和后端 vhost，并且对前后端都有性能加速的设计，这些将分别在后面两章介绍。而对于 I/O 透传，DPDK 可以直接在客户机里使用，就像在宿主机里，直接接管物理设备，进行操作。

10.2 I/O 透传虚拟化

I/O 透传带来的好处是高性能，几乎可以获得本机的性能，这个主要是因为 Intel® VT-d 的技术支持，在执行 IO 操作时大量减少甚至避免 VM-Exit 陷入到宿主机中。目前只有 PCI 和 PCI-e 设备支持 Intel® VT-d 技术。它的不足有以下两点：

1）x86 平台上的 PCI 和 PCI-e 设备是有限的，大量使用 VT-d 独立分配设备给客户机，会增加硬件成本。

2）PCI/PCI-e 透传的设备，其动态迁移功能受限。动态迁移是指将一个客户机的运行状态完整保存下来，从一台物理服务器迁移到另一台服务器上，很快地恢复运行，用户不会察觉到任何差异。原因在于宿主机无法感知该透传设备的内部状态，因此也无法在另一台服务器恢复其状态。

针对这些不足的可能解决办法有以下几种：

1）在物理主机上，仅少数对 IO 性能要求高的客户机使用 VT-d 直接分配设备，其他的客户机可以使用纯模拟或者 virtio 以达到多个客户机共享一个设备的目的。

2）在客户机里，分配两个设备，一个是 PCI/PCI-e 透传设备，一个是模拟设备。DPDK 通过 bonding 技术把这两个设备设成主备模式。当需要动态迁移时，通过 DPDK PCI/PCI-e 热插拔技术把透传设备从系统中拔出，切换到模拟设备工作，动态迁移结束后，再通过 PCI/PCI-e 热插拔技术把透传设备插入系统中，切换到透传设备工作。至此，整个过程结束。

3）可以选择 SR-IOV，让一个网卡生成多个独立的虚拟网卡，把这些虚拟网卡分配给每一个客户机，可以获得相对好的性能，但是这种方案也受限于 PCI/PCIe 带宽或者是 SR-IOV 扩展性的性能。

10.2.1 Intel® VT-d 简介

在 I/O 透传虚拟化中，一个难点是设备的 DMA 操作如何直接访问到宿主机的物理地址。客户机操作系统看到的地址空间和宿主机的物理地址空间并不是一样的。当一个虚拟机直接和 IO 设备对话时，它提供给这个设备的地址是虚拟机物理地址 GPA，那么设备拿着这个虚拟机物理地址 GPA 去发起 DMA 操作势必会失败。

该如何解决这个问题呢？办法是进行一个地址转换，将 GPA 转换成 HPA 主机物理地址，那么设备发起 DMA 操作时用的是 HPA，这样就能拿到正确的地址。而 Intel® VT-d 就是完成这样的一个工作，在芯片组里引入了 DMA 重映射硬件，以提供设备重映射和设备直接分配的功能。在启用 Intel® VT-d 的平台上，设备所有的 DMA 传输都会被 DMA 重映射硬件截获，根据设备对应的 IO 页表，硬件可以对 DMA 中的地址进行转换，将 GPA 转换成 HPA。其中 IO 页表是 DMA 重映射硬件进行地址转换的核心，它和 CPU 中的页表机制类似，IO 页表支持 4KB 以及 2MB 和 1GB 的大页。VT-d 同样也有 IOTLB，类似于 CPU 的 TLB 机制，对 DMA 重映射的地址转换做缓存。如同第 2 章介绍的 TLB 和大页的原理一样，IOTLB 支持 2MB 和

1GB 的大页，其对 I/O 设备的 DMA 性能影响很大，极大地减少了 IOTLB 失效（miss）。

　　VT-d 技术还引入了域的概念，抽象地被定义为一个隔离的环境，宿主机物理内存的一部分是分配给域的。对于分配给这个域的 I/O 设备，那么它只可以访问这个域的物理内存。在虚拟化应用中，宿主机把每一个虚拟机当作是一个独立的域。图 10-5a 是没有 VT-d，设备的 DMA 可以访问所有内存，各种资源对设备来说都是可见的，没有隔离，例如可以访问其他进程的地址空间或其他设备的内存地址。图 10-5b 是启用了 VT-d，此时设备通过 DMA 重映射硬件只能访问指定的内存，资源被隔离到不同的域中，设备只能访问对应的域中的资源。详见［Ref10-2］。

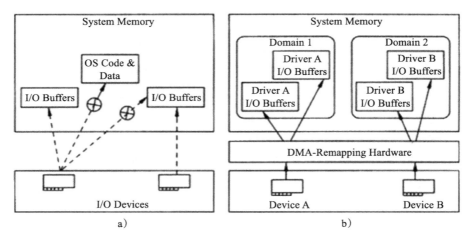

图 10-5　使用 VT-d 后访问内存架构

简单而言，VT-d 主要给宿主机软件提供了以下的功能：

❑ I/O 设备的分配：可以灵活地把 I/O 设备分配给虚拟机，把对虚拟机的保护和隔离的特性扩展到 IO 的操作上来。

❑ DMA 重映射：可以支持来自设备 DMA 的地址翻译转换。

❑ 中断重映射：可以支持来自设备或者外部中断控制器的中断的隔离和路由到对应的虚拟机。

❑ 可靠性：记录并报告 DMA 和中断的错误给系统软件，否则的话可能会破坏内存或影响虚拟机的隔离。

10.2.2　PCIe SR-IOV 概述

　　有了 PCI/PCI-e 透传技术，将物理网卡直接透传到虚拟机，虽然大大提高了虚拟机的吞吐量，但是一台服务器可用的物理网卡有限，如何才能实现水平拓展？因此，SR-IOV 技术应运而生。

　　SR-IOV 技术是由 PCI-SIG 制定的一套硬件虚拟化规范，全称是 Single Root IO Virtualization

（单根 IO 虚拟化）。SR-IOV 规范主要用于网卡（NIC）、磁盘阵列控制器（RAID controller）和光纤通道主机总线适配器（Fibre Channel Host Bus Adapter，FC HBA），使数据中心达到更高的效率。SR-IOV 架构中，一个 I/O 设备支持最多 256 个虚拟功能，同时将每个功能的硬件成本降至最低。SR-IOV 引入了两个功能类型：

- ❑ PF（Physical Function，物理功能）：这是支持 SR-IOV 扩展功能的 PCIe 功能，主要用于配置和管理 SR-IOV，拥有所有的 PCIe 设备资源。PF 在系统中不能被动态地创建和销毁（PCI Hotplug 除外）。

- ❑ VF（Virtual Function，虚拟功能）："精简"的 PCIe 功能，包括数据迁移必需的资源，以及经过谨慎精简的配置资源集，可以通过 PF 创建和销毁。

如图 10-6 所示，SR-IOV 提供了一块物理设备以多个独立物理设备（PF 和 VF）呈现的机制，以解决虚拟机对物理设备独占问题。每个 VF 都有它们自己的独立 PCI 配置空间、收发队列、中断等资源。然后宿主机可以分配一个或者多个 VF 给虚拟机使用。

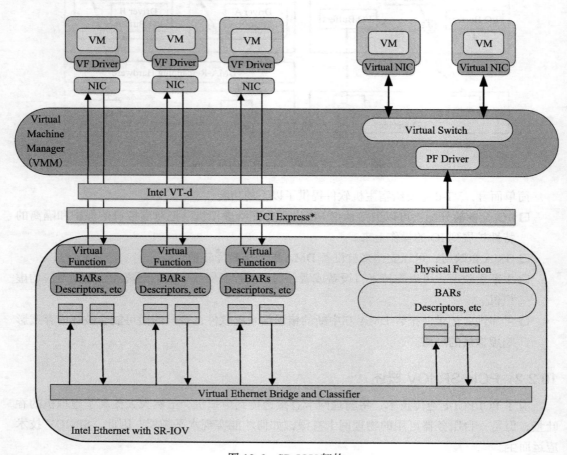

图 10-6 SR-IOV 架构

10.3　PCIe 网卡透传下的收发包流程

在虚拟化 VT-x 和 VT-d 打开的 x86 平台上，如果把一个网卡透传到客户机中，其收发包的流程与在宿主机上直接使用的一样，主要的不同在于地址访问多了一次地址转换。以 DPDK 收发包流程为例，在第 6 章已详细介绍了其 DMA 收发全景，如图 10-7 所示。

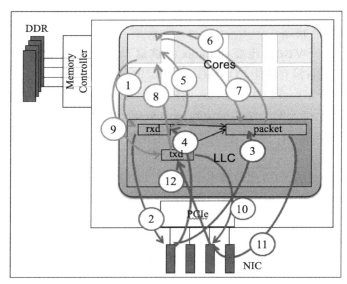

1. CPU 填充缓冲地址到接收侧描述符
2. 网卡读取接收侧描述符获取缓冲区地址
3. 网卡将包的内容写到缓冲区地址处
4. 网卡回写接收侧描述符更新状态（确认包内容已写完）
5. CPU 读取接收侧描述符以确定包接收完毕
6. CPU 读取包内容做转发判断
7. CPU 填充更改包内容，做发送准备
8. CPU 读发送侧描述符，检查是否有发送完成标志
9. CPU 将准备发送的缓冲区地址填充到发送侧描述符
10. 网卡读取发送侧描述符中地址
11. 网卡根据描述符中地址，读取缓冲区中数据内容
12. 网卡写发送侧描述符，更新发送已完成标记

—— CPU 操作
—— 网卡包操作
—— 网卡描述符操作

图 10-7　网卡转发操作交互示意图

其中步骤 1、5、6、7、8、和 9 是需要 CPU 对内存的操作。在虚拟化下，在对该内存地址的第一次访问，需要进行两次地址转换：客户机的虚拟地址转换成客户机的物理地址，客户机的物理地址转换成宿主机的物理地址。这个过程和网卡直接在宿主机上使用相比，多了一次客户机的物理地址到宿主机的物理地址的转换，这个转换是由 Intel® VT-x 技术中的 EPT 技术来完成。这两次的地址转换结果会被缓存在 CPU 的 Cache 和 TLB 中。对该内存地址的再次访问，如果命中 CPU 的 cache 或 TLB，则无需进行两次地址转换，其开销就很小了；如果不命中，则还需重新进行两次地址转换。

剩下的步骤都是网卡侧发起的操作，也需要对内存操作。在非虚拟化下，宿主机里的网卡进行操作时，无论 DMA 还是对描述符的读写，直接用的就是物理地址，不需要地址转换。在虚拟化下，在对该内存地址的第一次访问，需要进行一次地址转换，客户机的物理地址转换成宿主机的物理地址。同直接在宿主机上使用相比，多了这一次地址转换，这个转换是由 Intel® VT-d 技术的 DMA 重映射来完成。这个地址转换结果会被缓存在 VT-d 的 IOTLB 中。

对该内存地址的再次访问，如果命中 IOTLB，则无需进行地址转换，其开销就小；如果不命中，则还需再次做地址转换。为了增加 IOTLB 命中的概率，建议采用大页。详见 ［Ref10-3］。

10.4　I/O 透传虚拟化配置的常见问题

问题 1：Intel® 的服务器，BIOS 打开 VT-x 和 VT-d，想把一个 PCIe 网卡透传到虚拟机中，发现虚拟机启动失败，提示 IOMMU 没有找到。

解答：不仅要在 BIOS 设置上打开 VT-d，还要在 Linux 内核启动选项中设置 intel_iommu=on。有些 Linux 内核版本可能缺省没有使能 CONFIG_INTEL_IOMMU。

问题 2：Intel® 的服务器，BIOS 打开 VT-x 和 VT-d，Linux 内核启动参数有 intel_iommu=on，但想在宿主机上运行 DPDK 程序。把主机上网卡端口绑定到 igb_uio 驱动，然后运行 DPDK 程序，会遇到错误，dmesg 会报 DMAR 错误，如 "dmar: DMAR:[DMA Read] Request device [07:00.1] fault addr 1f73220000"。

解答：两个解决办法。如果还需要使用 VT-d 透传技术把另一个 PCI/PCI-e 设备分配给虚拟机，则在内核启动参数中设置 iommu=pt。"iommu=pt"会让主机内核跳过地址的翻译（绕过 VT-d），直接使用程序给的地址来做 DMA，不需要查询 IO 页表做地址翻译，这样的设置不会影响虚拟机的 DMA 重映射。如果系统不需要使用 VT-d 透传技术分配一个 PCI/PCI-e 设备给虚拟机，则可以在 BIOS 中关闭 VT-d，或把内核启动参数 intel_iommu=on 改为 intel_iommu=off。

问题 3：在与问题 2 同样的配置环境下，不过在主机上把网卡端口绑定到 vfio-pci 驱动，而不是 igb_uio 驱动，然后运行 DPDK 程序，结果程序能够正常运行。这里也没有设置 iommu=pt，为什么又可以工作了呢？

解答：VFIO 是一个 IOMMU 的用户态驱动，它可以在用户态配置 IOMMU。当使用 vfio 驱动时，DPDK 会设置 DMA 映射，直接把物理地址作为 DMA 的地址，这样就不需要查询页表做地址翻译。而 igb_uio 如果不直接配置 IOMMU，就绕不过去 IOMMU 的地址翻译。如果读者想更多了解 VFIO，可以自行翻阅资料。

10.5　小结

本章主要讲解 x86 平台上的虚拟化技术，从 CPU/ 内存 /I/O 虚拟法实现的角度，介绍了 Intel 的硬件辅助解决方案；着重介绍了 I/O 透传虚拟化技术，VT-d 和 SR-IOV；最后结合 DPDK 的问题和应用，了解虚拟化中的 DPDK 和本机 DPDK 的主要不同。

第 11 章 | *Chapter 11*

半虚拟化 Virtio

Virtio 是一种半虚拟化的设备抽象接口规范，最先由 Rusty Russell 开发，他当时的目的是支持自己的虚拟化解决方案 lguest。后来 Virtio 在 Qemu 和 KVM 中得到了更广泛的使用，也支持大多数客户操作系统，例如 Windows 和 Linux 等。在客户机操作系统中实现的前端驱动程序一般直接叫 Virtio，在宿主机实现的后端驱动程序目前常用的叫 vhost。与宿主机纯软件模拟 I/O（如 e1000、rtl8139）设备相比，virtio 可以获得很好的 I/O 性能。但其缺点是必须要客户机安装特定的 virtio 驱动使其知道是运行在虚拟化环境中。本章下面介绍的就是 Virtio 的基本原理和前端驱动，vhost 将在下一章介绍。

11.1 Virtio 使用场景

现代数据中心中大量采用虚拟化技术，设备的虚拟化是其中重要的一环。由于设备种类繁多，不同厂家的产品对各种特性的支持也各不一样。一般来说，数据中心使用一款设备，首先要安装该设备的驱动程序，然后根据该设备的特性对数据中心应用做一定的定制开发，运维阶段的流程和问题处理也可能会和设备的特性紧密相关。Virtio 作为一种标准化的设备接口，主流的操作系统和应用都逐渐加入了对 Virtio 设备的直接支持，这给数据中心的运维带来了很多方便。

Virtio 同 I/O 透传技术相比，目前在网络吞吐率、时延以及抖动上尚不具有优势，相关的优化工作正在进行当中。I/O 透传的一个典型问题是从物理网卡接收到的数据包将直接到达客户机的接收队列，或者从客户机发送队列发出的包将直接到达其他客户机（比如同一个 PF 的 VF）的接收队列或者直接从物理网卡发出，绕过了宿主机的参与；但在很多应用场景下，有需求要求网络包必须先经过宿主机的处理（如防火墙、负载均衡等），再传递给客户机。另外，I/O 透传技术不能从硬件上支持虚拟机的动态迁移以及缺乏足够灵活的流分类规则。

图 11-1 是数据中心使用 Virtio 设备的一种典型场景。宿主机使用虚拟交换机连通物理网卡和虚拟机。虚拟交换机内部有一个 DPDK Vhost，实现了 Virtio 的后端网络设备驱动程序逻辑。虚拟机里有 DPDK 的 Virtio 前端网络设备驱动。前端和后端通过 Virtio 的虚拟队列交换数据。这样虚拟机里的网络数据便可以发送到虚拟交换机中，然后经过转发逻辑，可以经由物理网卡进入外部网络。

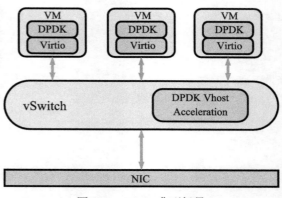

图 11-1　Virtio 典型场景

11.2　Virtio 规范和原理

Virtio 规范主要有两个版本，0.95 和 1.0，其规定的实现接口有 PCI、MMIO（内存映射）和 Channel IO 方式，而 Channel IO 方式是 1.0 规范中新加的。详细内容请参考［Ref11-1］和［Ref11-2］。PCI 是现代计算机系统中普遍使用的一种总线接口，最新的规范是 PCI-e，在第 6 章有详细介绍。在一些系统（例如嵌入式系统中），可能没有 PCI 接口，Virtio 可使用内存映射方式。IBM S/390 的虚拟系统既不支持 PCI 接口也不支持内存映射方式，只能使用特有的 Channel IO 方式。DPDK 目前只支持 Virtio PCI 接口方式。

1.0 规范也兼容以前的 0.95 规范，并把以前规范所定义的称为传统（Legacy）模式，而 1.0 中新的规范称为现代（modern）模式。现在使用的最广泛的还是 PCI 的传统模式。在 Linux Kernel 4.0 以后，PCI 现代模式也得到了比较好的支持。现代和传统模式的 PCI 设备参数和使用方式都有比较大的差别，但在 Linux Kernel 4.0 中 Virtio 驱动侧是实现在同一个驱动程序中。驱动程序会根据 Qemu 模拟的 PCI 设备是传统还是现代模式而自动加载相应的驱动逻辑。详见［Ref11-3］。

virtio 在 PCI（传输层）的结构之上还定义了 Virtqueue（虚拟队列）接口，它在概念上将前端驱动程序连接到后端驱动程序。驱动程序可以使用 1 个或多个队列，具体数量取决于需求。例如，Virtio 网络驱动程序使用两个虚拟队列（一个用于接收，另一个用于发送），而 Virtio 块驱动程序则使用一个虚拟队列。

Virtio 用 PCI 接口实现时，宿主机会使用后端驱动程序模拟一个 PCI 的设备，并将这个设备添加在虚拟机配置中。下面就主要以广泛使用的传统模式的 PCI 设备为例详细解释 Virtio 的整体架构和原理，部分地方也对照介绍现代模式。为叙述简便起见，本章下面如果没有特别指定的话，驱动就代表 Virtio 的前端驱动，而设备就代表 Virtio 后端驱动（如 Vhost）所模拟的 PCI 的设备。

11.2.1　设备的配置

1. 设备的初始化

设备的初始化共有以下五个步骤。初始化成功后，设备就可以使用了。

1）手工重启设备状态，或者是设备上电时的自动重启后，系统发现设备。

2）客户机操作系统设置设备的状态为 Acknowlege，表示当前已经识别到设备。

3）客户机操作系统设置设备的状态为 Driver，表明客户操作系统已经找到合适的驱动程序。

4）设备驱动的安装和配置：进行特性列表的协商，初始化虚拟队列，可选的 MSI-X 的安装，设备专属的配置等。

5）设置设备状态为 Driver_OK，或者如果中途出现错误，则为 Failed。

2. 设备的发现

1.0 规范中定义了 18 种 Virtio 设备，如表 11-1 所示。其中的 Virtio Device ID 表示的是 Virtio 规范中的设备编号，在每一种具体的接口架构底层实现中，例如 PCI 方式，可能会有各自特有的设备类型号，例如 PCI 设备编号。Virtio 设备编号不一定等于 PCI 设备编号等具体实现的设备编号，但会有一定的对应关系。

表 11-1　Virtio Device ID

Virtio Device ID	Virtio Device
0	reserved (invalid)
1	network card
2	block device
3	console
4	entropy source
5	memory ballooning (traditional)
6	ioMemory
7	rpmsg
8	SCSI host
9	9P transport
10	mac80211 wlan
11	rproc serial
12	virtio CAIF
13	memory balloon
16	GPU device
17	Timer/Clock device
18	Input device

PCI 方式的 Virtio 设备和普通的 PCI 设备一样，使用标准 PCI 配置空间和 I/O 区域。Virtio 设备的 PCI 厂商编号（Vendor ID）为 0x1AF4，PCI 设备编号（Device ID）范围为 0x1000 ~ 0x107F。其中，0x1000 ~ 0x103F 用于传统模式设备，0x1040 ~ 0x107F 用于现代模式设备。例如，PCI 设备编号 0x1000 代表的是传统模式 Virtio 网卡，而 0x1041 代表的是现代模式 Virtio 网卡，对应的都是 Virtio Device ID 等于 1 的网卡设备。

3. 传统模式 virtio 的配置空间

传统模式使用 PCI 设备的 BAR0 来对 PCI 设备进行配置，配置参数如表 11-2 所示。

表 11-2　传统模式 Virtio 设备配置空间：通用配置

Bits	32	32	32	16	16	16	8	8
Read/Write	R	R+W	R+W	R	R+W	R+W	R+W	R
Purpose	Device Features bits 0:31	Driver Features bits 0:31	Queue Address	queue_size	queue_size	Queue Notify	Device Status	ISR Status

如果传统设备配置了 MSI-X（Message Signaled Interrupt-Extended）中断，则在上述 Bits 后添加了两个域，如表 11-3 所示。

表 11-3　传统模式 Virtio 设备配置空间：MSI-X 附加配置

Bits	16	16
Read/Write	R+W	R+W
Purpose（MSI-X）	config_msix_vector	Queue_msix_vector

紧接着，这些通常的 Virtio 参数可能会有指定设备（例如网卡）专属的配置参数，见表 11-4 所示。

表 11-4　传统模式 Virtio 设备的配置空间：设备专属配置

Bits	Device Specific	
Read/Write	Device Specific	···
Purpose	Device Specific	

4. 现代模式 Virtio 的配置空间

和传统设备固定使用 BAR0 不同，现代设备通过标准的 PCI 配置空间中的能力列表（capability list），可以指定配置信息的存储位置（使用哪个 BAR，从 BAR 空间开始的偏移地址等）。1.0 规范中定义了 4 种配置信息：通用配置（Common configuration）、提醒（Notifications）、中断服务状态（ISR Status）、设备专属配置（Device-specific configuration）。

图 11-2 所列的是现代设备配置空间的通用配置，与表 11-2 传统设备对比，可以看出新的配置在特性的协商、队列大小的设置等都有了增强。而且传统设备表 11-3 的 MSI-X 附加配置也包含在其中。

```
struct virtio_pci_common_cfg {
        /* About the whole device. */
        le32 device_feature_select;        /* read-write */
        le32 device_feature;               /* read-only for driver */
        le32 driver_feature_select;        /* read-write */
        le32 driver_feature;               /* read-write */
        le16 msix_config;                  /* read-write */
        le16 num_queues;                   /* read-only for driver */
        u8 device_status;                  /* read-write */
        u8 config_generation;              /* read-only for driver */

        /* About a specific virtqueue. */
        le16 queue_select;                 /* read-write */
        le16 queue_size;                   /* read-write, power of 2, or 0. */
        le16 queue_msix_vector;            /* read-write */
        le16 queue_enable;                 /* read-write */
        le16 queue_notify_off;             /* read-only for driver */
        le64 queue_desc;                   /* read-write */
        le64 queue_avail;                  /* read-write */
        le64 queue_used;                   /* read-write */
};
```

图 11-2　现代模式 Virtio 设备配置空间：通用配置

下面具体解释一下几个关键的参数：

（1）设备状态

当 Virtio 驱动初始化一个 Virtio 设备时，可以通过设备状态来反映进度。下面是传统设备中定义的 5 种状态：

0：驱动写入 0 表示重启该设备。

1：Acknowledge，表明客户操作系统发现了一个有效的 Virtio 设备。

2：Driver，表明客户操作系统找到了合适的驱动程序（例如，Virtio 网卡驱动）。

4：Driver_OK，表示驱动安装成功，设备可以使用。

128：FAILED，在安装驱动过程中出错。

现代设备又添加了两种：

8：FEATURES_OK，表示驱动程序和设备特性协商成功。

64：DEVICE_NEEDS_RESET，表示设备遇到错误，需要重启。

（2）特性列表

设备和驱动都有单独的特性列表，现代设备特性列表有 64 字位，传统设备只支持 32 字位。通过特性列表，设备和驱动都能提供自己支持的特性集合。设备在初始化过程中，驱动程序读取设备的特性列表，然后挑选其中自己能够支持的作为驱动的特性列表。这就完成了驱动和设备之间的特性协商。

特性列表的字位安排如下：

0 ~ 23：具体设备的特性列表，每一种设备有自己的特性定义。例如，网卡定义了 24 个特性，如 VIRTIO_NET_F_CSUM 使用字位 0，表示是否支持发送端校验和卸载，而 VIRTIO_NET_F_GUEST_CSUM 使用字位 1，表示是否支持接收端校验和卸载等。

24 ～ 32：保留位，用于队列和特性协商机制的扩展。例如 VIRTIO_F_RING_INDIRECT_DESC 使用字位 28，表示驱动是否支持间接的描述表。

33 ～ ：保留位，用于将来扩充（只有现代设备支持）。

（3）中断配置

现代设备和传统设备都支持两种中断源（设备中断和队列中断）和两种中断方式（INTx 和 MSI-X）。每个设备中设备中断源只有一个，队列中断源则可以每个队列一个。但具体有多少个中断还取决于中断方式。INTx 方式下，一个设备只支持一个中断，所以设备中断源和队列中断源必须共享这一个中断。MSI-X 支持多个中断，每个单独中断也称为中断向量。假设有 n 个队列，则设备可以有 n 个队列中断，加上一个设备中断，总共有 n+1 个中断。这 n+1 个中断还可以灵活配置，其中任意一个中断源都可以配置使用其中任意一个中断向量。

INTx 现在使用的已经比较少了，新的系统一般都支持更为强大的 MSI-X 方式。下面就介绍 MSI-X 的相关设置。

传统设备中，设备启用 MSI-X 中断后，就可以使用表 11-3 所示的 MSI-X 附加配置的两个寄存器把设备和队列中断源映射到对应的 MSI-X 中断向量（对应 Configuration Vector 和 Queue Vector）。这两个寄存器都是 16 字位，可读写的。通过写入有效的中断向量值（有效值范围：0x0 ～ 0x7FF）来映射中断，设备或队列有了中断后，便会通过这个中断向量通知驱动。写入 VIRTIO_MSI_NO_VECTOR（0xFFFF）则会关闭中断，取消映射。

读取这两个寄存器则返回映射到指定中断源上的中断向量。如果是没有映射，则返回 VIRTIO_MSI_NO_VECTOR。

现代设备中，这两个寄存器直接包含在通用配置里，用法和传统设备类似。

映射一个中断源到中断向量上需要分配资源，可能会失败，此时读取寄存器的值，返回 VIRTIO_MSI_NO_VECTOR。当映射成功后，驱动必须读取这些寄存器的值来确认映射成功。如果映射失败的话，可以尝试映射较少的中断向量或者关闭 MSI-X 中断。

（4）设备的专属配置

此配置空间包含了特定设备（例如网卡）专属的一些配置信息，可由驱动读写。

以网卡设备为例，传统设备定义了 MAC 地址和状态信息，现代设备增加了最大队列数信息。这种专属的配置空间和特征位的使用扩展了设备的特性功能。

11.2.2 虚拟队列的配置

虚拟队列（Virtqueue）是连接客户机操作系统中 Virtio 设备前端驱动和宿主机后端驱动的实际数据链路，示意图如图 11-3 所示。

虚拟队列主要由描述符列表（descriptor table）、可用环表（available ring）和已用环表（used ring）组成。描述符列表指向的是实际要传输的数据。两个环表指向的是描述符列表，分别用来标记前端和后端驱动对描述符列表中描述符的处理进度。

在传统网卡设备中，对描述符的处理进度，一般用两个指针就可以标记：前端指针指向网卡驱动在描述符列表的处理位置，后端指针指向网卡设备处理的位置。例如，刚开始时，前端指针和后端指针都为 0；网卡驱动请求网卡设备发送 n 个网络包，将相关的网络包数据缓冲区地址填充到前端指针指向的描述符 0 开始的 n 个描述符中，然后更新前端指针为 n；网卡设备看见前端指针更新，就知道有新的包要发送，于是处理当前后端指针指向的描述符 0，处理完后更新后端指针，然后循环处理描述符 1 到 n-1，后端指针等于前端指针 n，网卡设备于是知道所有的包已经处理完毕，等待下次任务。这是一个传统的生产者和消费者模式，前端指针一直在前面生产，而后端指针在后面消费。

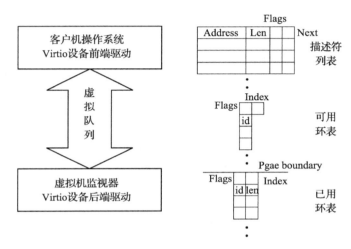

图 11-3　Virtio 虚拟队列示意图

网卡设备中双指针方案有一个缺点：描述符只能顺序执行，前一个描述符处理完之前，后一个描述符就只能等待。Virtio 设备中的虚拟队列则不存在这个限制，队列的生产者（前端驱动）将生产出来的描述符放在可用环表中，而消费者（后端驱动）消费之后将消费过的描述符放在已用环表中。前端驱动可以根据已用环表来回收描述符以供下次使用。这样即使中间有描述符被后端驱动所占用，也不会影响被占用描述符之后其他描述符的回收和循环使用。

1. 初始化虚拟队列

虚拟队列的初始化一般紧接着设备的初始化，大部分使用到的寄存器也是和设备的寄存器在同一个配置空间。驱动这边的具体的过程如下：

1）选择虚拟队列的索引，写入队列选择寄存器（Queue Select）。

2）读取队列容量寄存器（Queue Size），获得虚拟队列的大小，如果是 0 的话，则表示这个队列不可用。（传统设备中，队列容量只能由设备指定，而现代设备中，如果驱动可以选择写入一个小一些的值到队列容量寄存器来减少内存的使用。）

3）分配队列要用到的内存，并把处理后的物理地址写入队列地址寄存器（Queue Address）。

4）如果 MSI-X 中断机制启用，选择一个向量用于虚拟队列请求的中断，把对应向量的 MSI-X 序号写入队列中断向量寄存器（Queue Vector），然后再次读取该域以确认返回正确值。

2. 描述符列表

描述符列表中每一个描述符代表的是客户虚拟机这侧的一个数据缓冲区，供客户机和宿主机之间传递数据。如果客户机和宿主机之间一次要传递的数据超过一个描述符的容量，多个描述符还可以形成描述符链以共同承载这个大的数据。

每个描述符，如图 11-3 所示，具体包括以下 4 个属性：

Address：数据缓冲区的客户机物理地址。

Len：数据缓冲区的长度。

Next：描述符链中下一个描述符的地址。

Flags：标志位，表示当前描述符的一些属性，包括 Next 是否有效（如无效，则当前描述符是整个描述符链的结尾），和当前描述符对设备来说是否可写等。

3. 可用环表

可用环表是一个指向描述符的环型表，是由驱动提供（写入），给设备使用（读取）的。设备取得可用环表中的描述符后，描述符所对应的数据缓冲区既可能是可写的，也可能是可读的。可写的是驱动提供给设备写入设备传送给驱动的数据的，而可读的则是用于发送驱动的数据到设备之中。

可用环表的表项，如图 11-3 所示，具体包括以下 3 个属性：

ring：存储描述符指针（id）的数组。

index：驱动写入下一个可用描述符的位置。

Flags：标志位，表示可用环表的一些属性，包括是否需要设备在使用了可用环表中的表项后发送中断给驱动。

4. 已用环表

已用环表也是一个指向描述符的环型表，和可用环表相反，它是由设备提供（写入），给驱动使用（读取）的。设备使用完由可用环表中取得的描述符后，再将此描述符插入到已用环表，并通知驱动收回。

已用环表的表项，如图 11-3 所示，具体包括以下 3 个属性：

ring：存储已用元素的数组，每个已用元素包括描述符指针（id）和数据长度（len）。

index：设备写入下一个已用元素的位置。

Flags：标志位，表示已用环表的一些属性，包括是否需要驱动在回收了已用环表中的表项后发送提醒给设备。

11.2.3　设备的使用

设备使用主要包括两部分过程：驱动通过描述符列表和可用环表提供数据缓冲区给设备

用，和设备使用描述符后再通过已用环表还给驱动。例如，Virtio 网络设备有两个虚拟队列：发送队列和接收队列。驱动添加要发送的包到发送队列（对设备而言是只读的），然后在设备发送完之后，驱动再释放这些包。接收包的时候，设备将包写入接收队列中，驱动则在已用环表中接收处理这些包。

1. 驱动向设备提供数据缓冲区

客户机操作系统通过驱动提供数据缓冲区给设备使用，具体包括以下步骤：

1）把数据缓冲区的地址、长度等信息赋值到空闲的描述符中。

2）把该描述符指针添加到该虚拟队列的可用环表的头部。

3）更新该可用环表中的头部指针。

4）写入该虚拟队列编号到 Queue Notify 寄存器以通知设备。

2. 设备使用和归还数据缓冲区

设备使用数据缓冲区后（基于不同种类的设备可能是读取或者写入，或是部分读取或者部分写入），将用过的缓冲区描述符填充已用环表，并通过中断通知驱动。具体的过程如下：

1）把使用过的数据缓冲区描述符的头指针添加到该虚拟队列的已用环表的头部。

2）更新该已用环表中的头部指针。

3）根据是否开启 MSI-X 中断，用不同的中断方式通知驱动。

11.3 Virtio 网络设备驱动设计

Virtio 网络设备是 Virtio 规范中到现在为止定义的最复杂的一种设备。Linux 内核和 DPDK 都有相应的驱动，Linux 内核版本功能比较全面，DPDK 则更注重性能。

11.3.1 Virtio 网络设备 Linux 内核驱动设计

Virtio 网络设备 Linux 内核驱动主要包括三个层次：底层 PCI-e 设备层，中间 Virtio 虚拟队列层，上层网络设备层。下面以 Linux 内核版本 v4.1.0 为例，具体介绍这三层的组成和互相调用关系。

1. 底层 PCI-e 设备层

底层 PCI-e 设备层负责检测 PCI-e 设备，并初始化设备对应的驱动程序。图 11-4 所示的是模块组成示意图，原文件是 C 语言实现的，为了描述方便，按照面向对象的方式对相关变量和函数进行了重新组织。

virtio_driver 和 virtio_device 是 Virtio 驱动和设备的抽象类，里面封装了所有 Virtio 设备都需要的一些公共属性和方法，例如向内核注册等。

virtio_pci_device 代表的是一个抽象的 Virtio 的 PCI-e 设备。virtio_pci_probe 是向 Linux

内核系统注册的回调函数，内核系统发现 Virtio 类型的设备就会调用这个函数来进行进一步处理。setup_vq、del_vq 和 config_vector 则是相应的功能接口，由具体的实现（virtio_pci_modern_device 或 virtio_pci_legacy_device）来提供设置虚拟队列、删除虚拟队列和配置中断向量的具体功能。

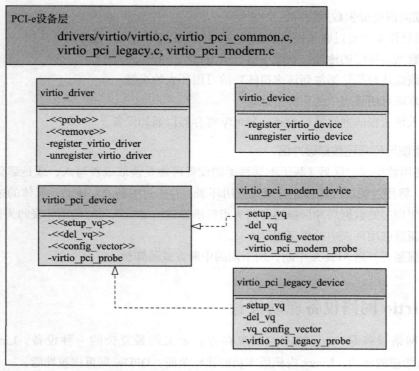

图 11-4 Virtio 设备 Linux 内核底层 PCI-e 设备层

virtio_pci_device 有两个具体的实现，分别是实现现代协议的 virtio_pci_modern_device，和实现传统协议的 virtio_pci_legacy_device。这两个实现有各自的探测函数 virtio_pci_legacy_probe 和 virtio_pci_modern_probe。如果其中一个探测成功，则会生成一个相应版本的 virtio_pci_device。其中的 setup_vq 负责创建中间 Virtio 虚拟队列层的 vring_virtqueue。

2. 中间 Virtio 虚拟队列层

中间 Virtio 虚拟队列层实现了 Virtio 协议中的虚拟队列，模块示意图如图 11-5 所示。顶层 vring_virtqueue 结构代表了 Virtio 虚拟队列，其中的 vring 主要是相关的数据结构，virtqueue 则连接了设备和实现了对队列操作。vring 的数据机构中，vring_desc 实现了协议中的描述符列表，vring_avail 实现了可用环表，vring_used 实现了已用环表。virtqueue 中主要有 virtqueue_add 用来添加描述符到引用环表给设备使用，而 virtqueue_get_buf 用来从已用环表中获得设备使用过的描述符。

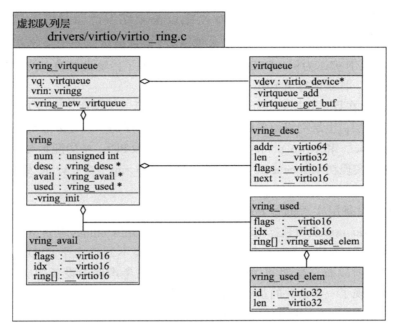

图 11-5　Virtio 设备 Linux 内核中间 Virtio 虚拟队列层

3. 上层网络设备层

上层网络设备层实现了两个抽象类：Virtio 设备（virtio_net_driver::virtio_driver）和网络设备（dev::net_device），示意模块组成如图 11-6 所示。virtio_net_driver 是抽象 Virtio 设备针对于网络设备的具体实现，利用底层 PCI-e 设备层和中间 Virtio 虚拟队列层实现了网络设备的收发包和其他的控制功能。dev 是 Linux 抽象网络设备的具体实现，主要通过 virtnet_netdev 实现 Linux net_device_ops 接口，和 virtnet_ethtool_ops 实现 Linux ethtool_ops 接口，从而 Linux 系统能够像对待普通网卡一样操作这个 Virtio 网络设备。

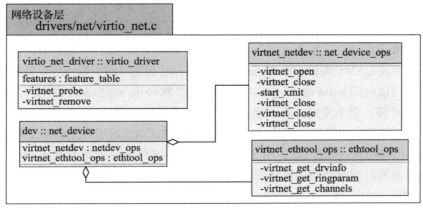

图 11-6　Virtio 设备 Linux 内核上层网络设备层

11.3.2 　基于 DPDK 用户空间的 Virtio 网络设备驱动设计以及性能优化

基于 DPDK 用户空间的 Virtio 网络设备驱动和 Linux 内核驱动实现同样的 Virtio PCI-e 协议。以 DPDK 版本 v2.1 为例，DPDK 驱动暂时只实现了传统设备的支持，会在后续的版本中支持现代设备。详细内容请参考 [Ref11-4]。

其主要实现是在目录 drivers/net/virtio/ 下，也是包括三个层次：底层 PCI-e 设备层，中间 Virtio 虚拟队列层，上层网络设备层。底层 PCI-e 设备层的实现更多的是在 DPDK 公共构件中实现，virtio_pci.c 和 virtio_pci.h 主要是包括一些读取 PCI-e 中的配置等工具函数。中间 Virtio 虚拟队列层实现在 virtqueue.c，virtqueue.h 和 virtio_ring.h 中，vring 及 vring_desc 等结构定义和 Linux 内核驱动也都基本相同。

上层的网络设备层实现的是 rte_eth_dev 的各种接口，主要在 virtio_ethdev.c 和 virtio_rxtx.c 文件中。virtio_rxtx 负责数据报的接受和发送，而 virtio_ethdev 则负责设备的设置。

DPDK 用户空间驱动和 Linux 内核驱动相比，主要不同点在于 DPDK 只暂时实现了 Virtio 网卡设备，所以整个构架和优化上面可以暂时只考虑网卡设备的应用场景。例如，Linux 内核驱动实现了一个公共的基础 Virtio 的功能构件，一些特性协商和虚拟队列的设置等都在基础构件中实现，这些基础构件可以在所有的 Virtio 设备（例如 Virtio 网络设备和 Virtio 块设备等）中共享。而在 DPDK 中，为了效率考虑，一些基础功能就合并在上层的网络设备层中实现了。下面会具体介绍 DPDK 针对单帧和巨型帧处理的性能优化。

在其他的大部分地方，DPDK 用户空间驱动的基本流程和功能与 Linux 内核驱动是一致的、兼容的，这里就不再展开讨论。

总体而言，DPDK 用户空间驱动充分利用了 DPDK 在构架上的优势（SIMD 指令，大页机制，轮询机制，避免用户和内存之间的切换等）和只需要针对网卡优化的特性，虽然实现的是和内核驱动一样的 Virtio 协议，但整体性能上有较大的提升。

11.3.2.1 　关于单帧 mbuf 的网络包收发优化

如果一个数据包能够放入一个 mbuf 的结构体中，叫做单帧 mbuf。在通常的网络包收发流程中，对于每一个包，前端驱动需要从空闲的 vring 描述符列表中分配一个描述符，填充 guest buffer 的相关信息，并更新可用环表表项以及 avail idx，然后后端驱动读取并操作更新后的可用环表。在 QEMU/KVM 的 Virtio 实现中，vring 描述符的个数一般设置成 256 个。对于接收过程，可以利用 mbuf 前面的 HEADROOM 作为 virtio net header 的空间，所以每个包只需要一个描述符。对于发送过程，除了需要一个描述符指向 mbuf 的数据区域，还需要使用一个额外的描述符指向额外分配的 virtio net header 的区域，所以每个包需要两个描述符。

这里有一个典型的性能问题，由于前端驱动和后端驱动一般运行在不同的 CPU 核上，前端驱动的更新和后端驱动的读取会触发不同核之间可用环表表项的 Cache 迁移，这是一个比较费时的操作。为了解决这个问题，DPDK 提供了一种优化的设计，如图 11-7 所示，固定了可用环表表项与描述符表项的映射，即可用环表所有表项 head_idx 指向固定的 vring 描述符表位置（对于接收过程，可用环表 0-> 描述符表 0, 1->1, …, 255->255 的固定映射；对于发送过程，0->128, 1->129, … 127->255, 128->128, 129->129, … 255->255 的固定映射，描述符表 0 ~ 127 指向 mbuf 的数据区域，描述符表 128 ~ 255 指向 virtio net header 的空间），对可用环表的更新只需要更新环表自身的指针。固定的可用环表除了能够避免不同核之间的 CACHE 迁移，也节省了 vring 描述符的分配和释放操作，并为使用 SIMD 指令进行进一步加速提供了便利。

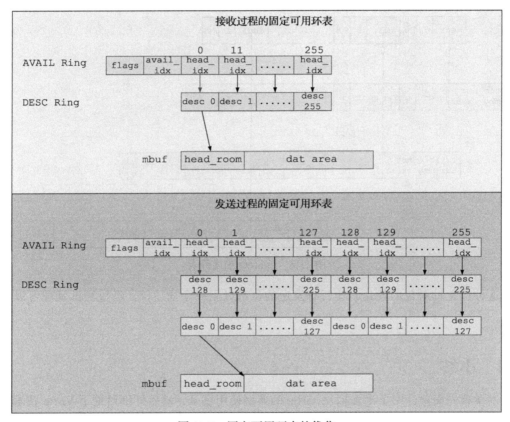

图 11-7　固定可用环表的优化

需要特别强调的是，这种优化只针对单帧 mbuf（非链式 mbuf）的接收与发送。

11.3.2.2　Indirect 特性在网络包发送中的支持

Indirect 特性指的是 Virtio 前端和后端通过协商后，都支持 VIRTIO_F_RING_INDIRECT_DESC 标示，表示驱动支持间接描述符表。如前面介绍，发送的包至少需要两个描述符。通过支持 indirect 特性，任何一个要发送的包，无论单帧还是巨型帧（巨型帧的介绍见 6.6.1 节）都只需要一个描述符，该描述符指向一块驱动程序额外分配的间接描述符表的内存区域。间接描述符表中的每一个描述符分别指向 virtio net header 和每个 mbuf 的数据区域（单帧只有一个 mbuf; 巨型帧有多个 mbuf）。如图 11-8 所示，Virtio 队列描述符表中每一个描述符都指向一块间接的描述符表的内存区域。该区域的描述符（DPDK 目前分配 8 个）通过 next 域连接成链。第一个描述符用于指向 virtio net header，其余 7 个描述符可以指向一个巨型帧的最多 7 个数据区域。

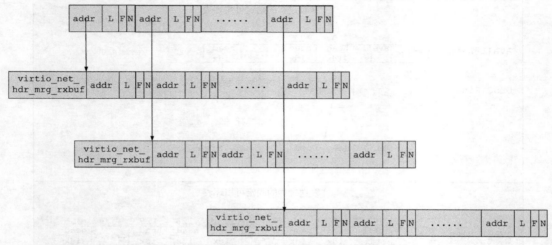

图 11-8　Indirect 描述符表

这种优化针对包的发送，让所有发送的包都只用一个描述符，经过测试发现可以提高性能。

11.4　小结

本章首先简单介绍了半虚拟化 Virtio 的典型使用场景，然后详细讨论了 Virtio 技术，包括设备层面、虚拟队列层面的配置，和设备的使用步骤等。在 11.3 节则介绍了 Virtio 网络设备的两种不同的前端驱动设计，包括 Linux 内核和 DPDK 用户空间驱动，及 DPDK 采用的优化技术。在下一章中我们将会详细讨论 Virtio 设备的后端驱动技术——Vhost。

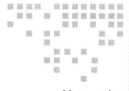

第 12 章 *Chapter 12*

加速包处理的 vhost 优化方案

第 11 章主要介绍了 virtio-net 网络设备的前端驱动设计，本章将介绍其对应的后端驱动 vhost 设计。

12.1　vhost 的演进和原理

virtio-net 的后端驱动经历过从 virtio-net 后端，到内核态 vhost-net，再到用户态 vhost-user 的演进过程。该过程是对性能的追求，从而也导致其架构的变化。

12.1.1　Qemu 与 virtio-net

virtio-net 后端驱动的最基本要素是虚拟队列机制、消息通知机制和中断机制。虚拟队列机制连接着客户机和宿主机的数据交互。消息通知机制主要用于从客户机到宿主机的消息通知。中断机制主要用于从宿主机到客户机的中断请求和处理。

图 12-1 是 virtio-net 后端模块进行报文处理的系统架构图。其中，KVM 是负责为程序提供虚拟化硬件的内核模块，而 Qemu 利用 KVM 来模拟整个系统的运行环境，包括处理器和外设等；Tap 则是内核中的虚拟以太网设备。

当客户机发送报文时，它会利用消息通知机制

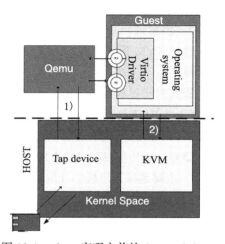

图 12-1　vhost 实现之前的 Qemu virtio-net

（图 12-1 中通路 2）），通知 KVM，并退出到用户空间 Qemu 进程，然后由 Qemu 开始对 Tap 设备进行读写（图 12-1 中通路 1））。

在这个模型中，由于宿主机、客户机和 Qemu 之间的上下文频繁切换带来的多次数据拷贝和 CPU 特权级切换，导致 virtio-net 性能不如人意。可以看出，性能瓶颈主要存在于数据通道和消息通知路径这两块：

1）数据通道是从 Tap 设备到 Qemu 的报文拷贝和 Qemu 到客户机的报文拷贝，两次报文拷贝导致报文接收和发送上的性能瓶颈。

2）消息通知路径是当报文到达 Tap 设备时内核发出并送到 Qemu 的通知消息，然后 Qemu 利用 IOCTL 向 KVM 请求中断，KVM 发送中断到客户机。这样的路径带来了不必要的性能开销。

12.1.2　Linux 内核态 vhost-net

为了解决上述报文收发性能瓶颈，Linux 内核设计了 vhost-net 模块，目的是通过卸载 virtio-net 在报文收发处理上的工作，使 Qemu 从 virtio-net 的虚拟队列工作中解放出来，减少上下文切换和数据包拷贝，进而提高报文收发的性能。除此以外，宿主机上的 vhost-net 模块还需要承担报文到达和发送消息通知及中断的工作。

图 12-2 展现了加入 Linux 内核 vhost-net 模块后 virtio-net 模块进行报文处理的系统架构图。报文接收仍然包括数据通路和消息通知路径两个方面：

1）数据通路是从 Tap 设备接收数据报文，通过 vhost-net 模块把该报文拷贝到虚拟队列中的数据区，从而使客户机接收报文。

2）消息通路是当报文从 Tap 设备到达 vhost-net 时，通过 KVM 模块向客户机发送中断，通知客户机接收报文。

报文发送过程与之类似，此处不再赘述。

Linux 内核态 vhost-net 的设计是建立在 Qemu 能共享如下信息的基础之上：

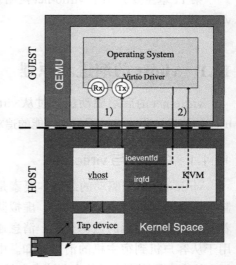

图 12-2　virtio-net 与 Linux 内核 vhost-net

- □ Qemu 共享在客户机上的内存空间的布局：vhost-net 能够得到相应的地址转换的信息，主要是指客户机物理地址（GPA）到宿主机物理地址（HPA）的转换。
- □ Qemu 共享虚拟队列的地址：vhost-net 能直接对这些虚拟队列进行读写操作，从而进行报文的收发处理。由于虚拟队列的地址是 Qemu 进程上虚拟空间中的地址，实际使用时需要转换成 vhost-net 所在进程的虚拟地址。

□ Qemu 共享 KVM 中配置的用于向客户机上的 virtio-net 设备发送中断的事件文件描述
　　符（eventfd）：通过这种方式，vhost-net 收到报文后可以通知客户机取走接收队列中
　　的报文。

□ Qemu 共享 KVM 中配置的用于 virtio-net PCI 配置空间写操作触发的事件文件描述符：
　　该描述符在 virtio-net 端口的 PCI 配置空间有写入操作时被触发，客户机可以在有报
　　文需要发送时利用这种方式通知 vhost-net。

12.1.3　用户态 vhost

Linux 内核态的 vhost-net 模块需要在内核态完成报文拷贝和消息处理，这会给报文处理
带来一定的性能损失，因此用户态的 vhost 应运而生。用户态 vhost 采用了共享内存技术，通
过共享的虚拟队列来完成报文传输和控制，大大降低了 vhost 和 virtio-net 之间的数据传输
成本。

DPDK vhost 是用户态 vhost 的一种实现，其实现原理与 Linux 内核态 vhost-net 类似，它
实现了用户态 API，卸载了 Qemu 在 Virtio-net 上所承担的虚拟队列功能，同样基于 Qemu 共
享内存空间布局、虚拟化队列的访问地址和事件文件描述符给用户态的 vhost，使得 vhost 能
进行报文处理以及跟客户机通信。同时，由于报文拷贝在用户态进行，因此 Linux 内核的负
担得到减轻。

DPDK vhost 同时支持 Linux virtio-net 驱动和 DPDK virtio PMD 驱动的前端，其包含简
易且轻量的 2 层交换功能以及如下基本功能：

□ virtio-net 网络设备的管理，包括 virtio-net 网络设备的创建和 virtio-net 网络设备的销毁。

□ 虚拟队列中描述符列表、可用环表和已用环表在 vhost 所在进程的虚拟地址空间的映
　　射和解除映射，以及实际报文数据缓冲区在 vhost 所在进程的虚拟地址空间的映射和
　　解除映射。

□ 当收到报文时，触发发送到客户机的消息通知；当发送报文时，接收来自客户机的消
　　息通知。

□ virtio-net 设备间（虚拟队列）以及其与物理设备间（网卡硬件队列）的报文交换。可
　　用 VMDQ 机制来对数据包进行分类和排序，避免软件方式的报文交换，从而减少报
　　文交换的成本。

□ virtio-net 网络后端的实现以及部分新特性的实现，如合并缓冲区实现巨帧的接收，虚
　　拟端口上多队列机制等。

12.2　基于 DPDK 的用户态 vhost 设计

DPDK vhost 支持 vhost-cuse（用户态字符设备）和 vhost-user（用户态 socket 服务）两种
消息机制，它负责为客户机中的 virtio-net 创建、管理和销毁 vhost 设备。前者是一个过渡性

技术，这里着重介绍目前通用的 vhost-user 方式。

12.2.1 消息机制

当使用 vhost-user 时，首先需要在系统中创建一个 Unix domain socket server，用于处理 Qemu 发送给 vhost 的消息，其消息机制如图 12-3 所示。

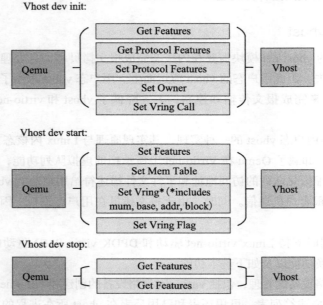

图 12-3　vhost 后端和 Qemu 消息机制

如果有新的 socket 连接，说明客户机创建了新的 virtio-net 设备，因此 vhost 驱动会为之创建一个 vhost 设备，如果 Qemu 发给 vhost 的消息中已经包含有 socket 文件描述符，说明该 Unix domain socket 已创建，因此该描述符可以直接被 vhost 进程使用。

最后，当 socket 连接关闭时，vhost 会销毁相应的设备。

常用消息如下：

VHOST_GET_FEATURES：返回 vhost 所能支持的 virtio-net 功能子集。

VHOST_SET_FEATURES：检查功能掩码，设置 vhost 和前端 virtio-net 所共同支持的特性，任何特性只有二者同时支持的情况下才真正有效。

VHOST_SET_OWNER：将设备设置为当前进程所有。

VHOST_RESET_OWNER：当前进程释放对该设备的所有权。

VHOST_SET_MEM_TABLE：设置内存空间布局信息，用于在报文收发时进行数据缓冲区地址转换。

VHOST_SET_LOG_BASE/VHOST_SET_LOG_FD：该消息可用于客户机在线迁移。

VHOST_SET_VRING_NUM：vhost 记录每个虚拟队列（包括接收队列和发送队列）的大小信息。

VHOST_SET_VRING_ADDR：这个消息在 Qemu 地址空间里发送 Virtqueue 结构的虚拟地址。vhost 将该地址转换成 vhost 的虚拟地址空间。它使用 VHOST_SET_VRING_NUM 的消息确定描述符队列、AVAIL 队列、USED 队列的大小（通常每个队列分配一页的大小）。

VHOST_SET_BASE：这个消息传递初始索引值，vhost 根据该索引值找到可用的描述符。vhost 同时记录该索引值并设置成当前位置。

VHOST_GET_BASE：这个消息将返回 vhost 当前的索引值，即 vhost 目前期望找到可用的描述符的地方。

VHOST_SET_VRING_KICK：这个消息传递 eventfd 文件描述符。当客户端有新的数据包需要发送时，通过该文件描述符通知 vhost 接收新的数据包并发送到目的地。vhost 使用 eventfd 代理模块把这个 eventfd 文件描述符从 Qemu 上下文映射到它自己的进程上下文中。

VHOST_SET_VRING_CALL：这个消息同样传递 eventfd 文件描述符，使 vhost 能够在完成对新的数据包接收时，通过中断的方式来通知客户机，准备接收新的数据包。vhost 使用 eventfd 代理模块把这个 eventfd 文件描述符从 Qemu 上下文映射到它自己的进程上下文中。

VHOST_USER_GET_VRING_BASE：这个消息将虚拟队列的当前可用索引值发送给 Qemu。

12.2.2　地址转换和映射虚拟机内存

Qemu 支持一个参数选项（mem-path），用于传送目录 / 文件系统，Qemu 在该文件系统中分配所需的内存空间。因此，必须保证宿主机上有足够的大页空间，同时总是需要指定内存预分配（mem-prealloc）。

为了 vhost 能访问虚拟队列和数据包缓冲区，所有的虚拟队列中的描述符表、可用环表和已用环表的地址，其所在的页面必须被映射到 vhost 的进程空间中。

vhost 收到 Qemu 发送的 VHOST_SET_MEM_TABLE 消息后，使用消息中的内存分布表（文件描述符、地址偏移、块大小等信息），将 Qemu 的物理内存映射到自己的虚拟内存空间。

这里有如下几个概念需要描述。

Guest 的物理地址（GPA）：客户机的物理地址，如虚拟队列中的报文缓冲区的地址，可以被认为是一个基于上述系统函数 MMAP 返回起始地址的偏移量。

Qemu 地址空间虚拟地址（QVA）：当 Qemu 发送 VHOST_SET_VRING_ADDR 消息时，它传递虚拟队列在 Qemu 虚拟地址空间中的位置。

vhost 地址空间虚拟地址（VVA）：要查找虚拟队列和存储报文的缓存在 vhost 进程的虚拟地址空间地址，必须将 Qemu 虚拟地址和 Guest 物理地址转换成 vhost 地址空间的虚拟地址。

在 DPDK 的实现中，使用 virtio_memory 数据结构存储 Qemu 内存文件的区域信息和映射关系。其中，区域信息使用 virtio_memory_regions 数据结构进行存储。

```
/**
 * Information relating to memory regions including offsets
 * to addresses in QEMUs memory ©le.
 */
struct virtio_memory_regions {
    /**< Base guest physical address of region. */
    uint64_t    guest_phys_address;
    /**< End guest physical address of region. */
    uint64_t    guest_phys_address_end;
    /**< Size of region. */
    uint64_t    memory_size;
    /**< Base userspace address of region. */
    uint64_t    userspace_address;
    /**< Offset of region for address translation. */
    uint64_t    address_offset;
};

/**
 * Memory structure includes region and mapping information.
 */
struct virtio_memory {
    /**< Base QEMU userspace address of the memory ©le. */
    uint64_t    base_address;
    /**< Mapped address of memory ©le base in our applications memory space. */
    uint64_t    mapped_address;
    /**< Total size of memory ©le. */
    uint64_t    mapped_size;
    /**< Number of memory regions. */
    uint32_t    nregions;
    /**< Memory region information. */
    struct virtio_memory_regions      regions[0];
};
```

通过这两个数据结构，DPDK 就可以通过地址偏移计算出客户机物理地址或 Qemu 虚拟地址在 vhost 地址空间的虚拟地址。

```
struct virtio_memory_regions *region;
vhost_va = region->address_offset + guest_pa;
vhost_va = qemu_va + region->guest_phys_address +
           region->address_offset -
           region->userspace_address;
```

12.2.3　vhost 特性协商

在设备初始化时，客户机 virtio-net 前端驱动询问 vhost 后端所支持的特性。当其收到回复后，将代表 vhost 特性的字段与自身所支持特性的字段进行与运算，确定二者共同支持的特性，并将最终可用的特性集合发送给 vhost。

如下是 DPDK vhost 支持的特性集合：

VIRTIO_NET_F_HOST_TSO4：宿主机支持 TSO V4。

VIRTIO_NET_F_HOST_TSO6：宿主机支持 TSO V6。

VIRTIO_NET_F_CSUM：宿主机支持校验和。

VIRTIO_NET_F_MRG_RXBUF：宿主机可合并收包缓冲区。

VHOST_SUPPORTS_MQ：支持虚拟多队列。

VIRTIO_NET_F_CTRL_VQ：支持控制通道。

VIRTIO_NET_F_CTRL_RX：支持接收模式控制通道。

VHOST_USER_F_PROTOCOL_FEATURES：支持特性协商。

VHOST_F_LOG_ALL：用于 vhost 动态迁移。

12.2.4　virtio-net 设备管理

一个 virtio-net 设备的生命周期包含设备创建、配置、服务启动和设备销毁四个阶段。

（1）设备创建

vhost-user 通过建立 socket 连接来创建。

当创建一个 virtio-net 设备时，需要：

❑ 分配一个新的 virtio-net 设备结构，并添加到 virtio-net 设备链表中。

❑ 分配一个为 virtio-net 设备服务的处理核并添加 virtio-net 设备到数据面的链表中。

❑ 在 vhost 上分配一个为 virtio-net 设备服务的 RX / TX 队列。

（2）设置

利用 VHOST_SET_VRING_* 消息通知 vhost 虚拟队列的大小、基本索引和位置，vhost 将虚拟队列映射到它自己的虚拟地址空间。

（3）服务启动

vhost-user 利用 VHOST_USER_SET_VRING_KICK 消息来启动虚拟队列服务。之后，vhost 便可以轮询其接收队列，并将数据放在 virtio-net 设备接收队列上。同时，也可轮询发送虚拟队列，查看是否有待发送的数据包，若有，则将其复制到发送队列中。

（4）设备销毁

vhost-user 利用 VHOST_USER_GET_VRING_BASE 消息来通知停止提供对接收和发送虚拟队列的服务。收到消息后，vhost 会立即停止轮询传输虚拟队列，还将停止轮询网卡接收队列。同时，分配给 virtio-net 设备的处理核和物理网卡上的 RX / TX 队列也将被释放。

12.2.5　vhost 中的 Checksum 和 TSO 功能卸载

为了降低高速网络系统对 CPU 的消耗，现代网卡大多都支持多种功能卸载技术，如第 9 章所述。其中，较为重要的两种功能是 Checksum（校验和）的计算和 TSO（TCP 分片卸载）。

Checksum（校验和）被广泛应用于网络协议中，用于检验消息在传递过程中是否发生错误。如果网卡支持 Checksum 功能的卸载，则 Checksum 的计算可以在网卡中完成，而不需要消耗 CPU 资源。

TSO（TCP Segmentation Offload，TCP 分片卸载）技术利用网卡的处理能力，将上层传来的 TCP 大数据包分解成若干个小的 TCP 数据包，完成添加 IP 包头、复制 TCP 协议头并针对每一个小包计算校验和等工作。因此，如果网卡不支持 TSO，则 TCP 软件协议层在向 IP 层发送数据包时会考虑 MSS（Maximum Segment Size，最大分片大小），将较大的数据分成多个包进行发送，从而带来更多 CPU 负载。

在 DPDK vhost 的实现中，为了避免给虚拟机带来额外的 CPU 负载，同样可以对 Checksum 卸载和 TSO 进行支持。

由于数据包通过 virtio 从客户机到宿主机是用内存拷贝的方式完成的，期间并没有通过物理网络，因此不存在产生传输错误的风险，也不需要考虑 MSS 如何对大包进行分片。因此，vhost 中的 Checksum 卸载和 TSO 的实现只需要在特性协商时告诉虚拟机这些特性已经被支持。之后，在虚拟机 virtio-net 发送数据包时，在包头中标注该数据包的 Checksum 和 TCP 分片的工作需要在 vhost 端完成。最后，当 vhost 收到该数据包时，修改包头，标注这些工作已经完成。

12.3　DPDK vhost 编程实例

DPDK 的 vhost 有两种封装形式：vhost lib 和 vhost PMD。vhost lib 实现了用户态的 vhost 驱动供 vhost 应用程序调用，而 vhost PMD 则对 vhost lib 进行了封装，将其抽象成一个虚拟端口，可以使用标准端口的接口来进行管理和报文收发。

vhost lib 和 vhost PMD 在性能上并无本质区别，不过 vhost lib 可以提供更多的函数功能来供使用，而 vhost PMD 受制于抽象层次，不能直接对非标准端口功能的函数进行封装。为了使用 vhost lib 的所有功能，保证其使用灵活性和功能完备性，vhost PMD 提供了以下两种方式。

1）添加了回调函数：如果使用老版本 vhost lib 的程序需要在新建或销毁设备时进行额外的操作，可使用新增的回调函数来完成。

2）添加了帮助函数：帮助函数可以将端口号转换成 virtio-net 设备指针，这样便可以通过这个指针来调用 vhost lib 中的其他函数。

12.3.1　报文收发接口介绍

在使用 vhost lib 进行编程时，使用如下函数进行报文收发：

```
/* This function get guest buffers from the virtio device TX virtqueue for
processing. */
uint16_t rte_vhost_dequeue_burst(struct virtio_net *dev, uint16_t queue_id,
struct rte_mempool *mbuf_pool, struct rte_mbuf **pkts, uint16_t count);
/* This function adds buffers to the virtio devices RX virtqueue. */
```

```
        uint16_t rte_vhost_enqueue_burst(struct virtio_net *dev, uint16_t queue_id,
struct rte_mbuf **pkts, uint16_t count);
```

而 vhost PMD 可以使用如下接口函数：

```
        static inline uint16_t rte_eth_rx_burst(uint8_t port_id, uint16_t queue_id,
struct rte_mbuf **rx_pkts, const uint16_t nb_pkts);
        static inline uint16_t rte_eth_tx_burst(uint8_t port_id, uint16_t queue_id,
struct rte_mbuf **tx_pkts, uint16_t nb_pkts);
```

该接口会通过端口号查找设备指针，并最终调用设备所提供的收发函数：

```
struct rte_eth_dev *dev = &rte_eth_devices[port_id];
(*dev->rx_pkt_burst)(dev->data->rx_queues[queue_id], rx_pkts, nb_pkts);
(*dev->tx_pkt_burst)(dev->data->tx_queues[queue_id], tx_pkts, nb_pkts);
```

vhost PMD 设备所注册的收发函数如下：

```
static uint16_t eth_vhost_rx(void *q, struct rte_mbuf **bufs, uint16_t nb_bufs);
static uint16_t eth_vhost_tx(void *q, struct rte_mbuf **bufs, uint16_t nb_bufs);
```

它们分别对 rte_vhost_dequeue_burst 和 rte_vhost_enqueue_burst 进行了封装。

本章将介绍两个编程实例，它们分别使用 vhost lib 和 vhost PMD 进行报文转发。

12.3.2　使用 DPDK vhost lib 进行编程

在 DPDK 所包含的示例程序中，vhost-switch 是基于 vhost lib 的一个用户态以太网交换机的实现，可以完成在 virtio-net 设备和物理网卡之间的报文交换。

实例中还使用了虚拟设备队列（VMDQ）技术来减少交换过程中的软件开销，该技术在网卡上实现了报文处理分类的任务，大大减轻了处理器的负担。

该实例包含配置平面和数据平面。在运行时，vhost-switch 需要至少两个处理器核心：一个用于配置平面，另一个用于数据平面。为了提高性能，可以为数据平面配置多个处理核。

配置平面主要包含下面这些服务。

❑ virtio-net 设备管理：virtio-net 设备创建和销毁以及处理核的关联。

❑ vhost API 实现：虚拟主机 API 的实现。

❑ 物理网卡的配置：为一个 virtio-net 设备配置 MAC/ VLAN（VMDQ）滤波器到绑定的物理网卡上。

数据平面的每个处理核对绑定在其上的所有 vhost 设备进行轮询操作，轮询该设备所对应的 VMDQ 接收队列。如有任何数据包，则接收并将其放到该 vhost 设备的接收虚拟队列上。同时，处理核也将轮询相应 virtio-net 设备的虚拟发送队列，如有数据需要发送，则把待发送数据包放到物理网卡的 VMDQ 传输队列中。

在完成 vhost 驱动的注册后，即可通过调用 vhost lib 中的 rte_vhost_dequeue_burst 和 rte_vhost_enqueue_burst 进行报文的接收和发送。

其核心交换代码如下（基于 DPDK 2.1.0）：

```
while (dev_ll != NULL) {
    /* 查找得到 Virtio-net 设备 */
    vdev = dev_ll->vdev;
    dev = vdev->dev;
    /* 检查设备有效性 */
    if (unlikely(vdev->remove)) {
        dev_ll = dev_ll->next;
        unlink_vmdq(vdev);
        vdev->ready = DEVICE_SAFE_REMOVE;
        continue;
    }
    if (likely(vdev->ready == DEVICE_RX)) {
        /* 从接收端口接收数据包 */
        rx_count = rte_eth_rx_burst(ports[0],
            vdev->vmdq_rx_q, pkts_burst, MAX_PKT_BURST);
        if (rx_count) {
            /* 若虚拟队列条目不够，为避免丢包，等待后尝试重发 */
            if (enable_retry && unlikely(rx_count > rte_vring_available_entries(dev,
VIRTIO_RXQ))) {
                for (retry = 0; retry < burst_rx_retry_num; retry++) {
                    rte_delay_us(burst_rx_delay_time);
                    if (rx_count <= rte_vring_available_entries(dev, VIRTIO_RXQ))
                        break;
                }
            }
            /* 调用 vhost lib 中的 enqueue 函数，将报文发送到客户机 */
            ret_count = rte_vhost_enqueue_burst(dev, VIRTIO_RXQ, pkts_burst, rx_count);
            if (enable_stats) {
                rte_atomic64_add(
                &dev_statistics[dev_ll->vdev->dev->device_fh].rx_total_atomic,
                rx_count);
                rte_atomic64_add(
                &dev_statistics[dev_ll->vdev->dev->device_fh].rx_atomic, ret_count);
            }
            /* 释放缓存区 */
            while (likely(rx_count)) {
                rx_count--;
                rte_pktmbuf_free(pkts_burst[rx_count]);
            }
        }
    }
    if (likely(!vdev->remove)) {
        /* 调用 vhost lib 中的 dequeue 函数，从客户机接收报文 */
        tx_count = rte_vhost_dequeue_burst(dev, VIRTIO_TXQ, mbuf_pool, pkts_burst,
MAX_PKT_BURST);
        /* 如果首次收到该 MAC 则进行 MAC 学习，并设置 VMDQ */
        if (unlikely(vdev->ready == DEVICE_MAC_LEARNING) && tx_count) {
            if (vdev->remove || (link_vmdq(vdev, pkts_burst[0]) == -1)) {
                while (tx_count)
```

```
                    rte_pktmbuf_free(pkts_burst[--tx_count]);
            }
        }
        /* 将报文转发到对应的端口 */
        while (tx_count)
            virtio_tx_route(vdev, pkts_burst[--tx_count], (uint16_t)dev->device_fh);
    }
    /* 开始处理下一个设备 */
    dev_ll = dev_ll->next;
}
```

12.3.3　使用 DPDK vhost PMD 进行编程

如果使用 vhost PMD 进行报文收发，由于使用了标准端口的接口，因此函数的调用过程相对简单。

首先，需要注册 vhost PMD 驱动，其数据结构如下：

```
static struct rte_driver pmd_vhost_drv = {
    .name = "eth_vhost",
    .type = PMD_VDEV,
    .init = rte_pmd_vhost_devinit,
    .uninit = rte_pmd_vhost_devuninit,
};
```

rte_pmd_vhost_devinit() 调用 eth_dev_vhost_create() 来注册网络设备并完成所需数据结构的分配。其中，网络设备的数据结构 rte_eth_dev 定义如下：

```
struct rte_eth_dev {
    eth_rx_burst_t rx_pkt_burst; /**< Pointer to PMD receive function. */
    eth_tx_burst_t tx_pkt_burst; /**< Pointer to PMD transmit function. */
    struct rte_eth_dev_data *data;  /**< Pointer to device data */
    const struct eth_driver *driver;/**< Driver for this device */
    const struct eth_dev_ops *dev_ops; /**< Functions exported by PMD */
    struct rte_pci_device *pci_dev; /**< PCI info. supplied by probing */
    /** User application callbacks for NIC interrupts */
    struct rte_eth_dev_cb_list link_intr_cbs;
    /**
     * User-supplied functions called from rx_burst to post-process
     * received packets before passing them to the user
     */
    struct rte_eth_rxtx_callback
    *post_rx_burst_cbs[RTE_MAX_QUEUES_PER_PORT];
    /**
     * User-supplied functions called from tx_burst to pre-process
     * received packets before passing them to the driver for transmission.
     */
    struct rte_eth_rxtx_callback
    *pre_tx_burst_cbs[RTE_MAX_QUEUES_PER_PORT];
    uint8_t attached; /**< Flag indicating the port is attached */
```

```
    enum rte_eth_dev_type dev_type; /**< Flag indicating the device type */
};
```

rx_pkt_burst 和 tx_pkt_burst 即指向该设备用于接收和发送报文的函数，在 vhost PMD 设备中注册如下：

```
eth_dev->rx_pkt_burst = eth_vhost_rx;
eth_dev->tx_pkt_burst = eth_vhost_tx;
```

完成设备的注册后，操作 vhost PMD 的端口与操作任何物理端口并无区别。如下代码即可完成一个简单的转发过程。

```
struct fwd_stream {
    portid_t   rx_port;   /* 接收报文的端口 */
    queueid_t  rx_queue;  /* 接收报文的队列 */
    portid_t   tx_port;   /* 发送报文的端口 */
    queueid_t  tx_queue;  /* 发送报文的队列 */
};
struct fwd_stream *fs;
/* 从接收端口接收报文 */
nb_rx = rte_eth_rx_burst(fs->rx_port, fs->rx_queue, pkts_burst,
            nb_pkt_per_burst);
if (unlikely(nb_rx == 0))
    return;
/* 从发送端口发送报文 */
nb_tx = rte_eth_tx_burst(fs->tx_port, fs->tx_queue, pkts_burst, nb_rx);
/* 若发送失败，则释放缓存区 */
if (unlikely(nb_tx < nb_rx)) {
    do {
        rte_pktmbuf_free(pkts_burst[nb_tx]);
    } while (++nb_tx < nb_rx);
}
```

最终 rte_eth_rx_burst 和 rte_eth_tx_burst 通过设备的指针调用设备的 rx_pkt_burst 和 tx_pkt_burst。

12.4　小结

virtio 半虚拟化的性能优化不能仅仅只优化前端 virtio 或后端 vhost，还需要两者同时优化，才能更好地提升性能。本章先介绍后端 vhost 演进之路，分析了各自架构的优缺点。然后重点介绍了 DPDK 在用户态 vhost 的设计思路以及优化点。最后，对如何使用 DPDK 进行 vhost 编程给出了简要示例。

DPDK 应用篇

- 第 13 章　DPDK 与网络功能虚拟化
- 第 14 章　Open vSwitch（OVS）中的 DPDK 性能加速
- 第 15 章　基于 DPDK 的存储软件优化

设计不只是外表和感觉，设计是产品如何运作。

——史蒂夫·乔布斯

本书在前面的各章中介绍了 DPDK 诞生的背景和基本知识，并从软件系统优化的角度解释如何利用 DPDK 来提升性能，包括 cache 优化、并行计算、同步互斥、转发算法等。另外，作者还针对 Intel X86 平台和主流的高性能网卡，阐述了如何提高 PCIe IO 的处理性能、网卡性能的优化、流分类与多队列以及如何利用硬件卸载功能来承担部分软件功能。同时，本书还介绍了几种主流的虚拟化技术，以及如何利用 DPDK 构建高性能的数据通路。相信读者在充分了解这些内容后，一定想知道 DPDK 可以应用到那些实际的场景。接下来本书会使用 3 章的篇幅来详细介绍这些具体的应用。

第 13 章主要介绍 DPDK 与网络功能虚拟化（NFV）的关系，包括 NFV 的演进、DPDK 优化 VNF 的方法，最后还给出几个成功的商业案例。

第 14 章讲解 Open vSwitch（OVS）中的 DPDK 性能加速。读者可以从这部分内容中了解到 OVS 的数据通路架构，DPDK 如何支持 OVS 及其性能。

第 15 章讨论 DPDK 在存储领域的应用，其中详细介绍了一套 Intel 提供的基于 IA 平台上的软件加速库和解决存储方案 SPDK（Storage Performance Development Kit），包括介绍了如何用 DPDK 来优化 iSCSI target 的性能。最后介绍几种基于 DPDK 的用户态 TCP/IP 协议栈，包括 libUNS、mTCP 和 OpenFastPath。

由于这几章针对一些特定的应用场景，需要读者掌握相应的专业知识，因此不太适合初次接触 DPDK 的读者，主要面向具备一定项目开发经验的中高级开发人员。希望通过这些有益的尝试和探索，能够帮助广大的工程开发人员把 DPDK 的思想结合到自己的实际工作中。

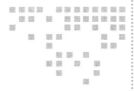

第 13 章　*Chapter 13*

DPDK 与网络功能虚拟化

NFV（Network Function Virtualization）即网络功能虚拟化。它的兴起源自于电信运营商，初衷是通过使用英特尔 X86 等通用服务器硬件平台以及虚拟化技术，来承载基于软件实现的网络功能。作为 NFV 架构中非常重要的一环，DPDK 在高速数据报文处理中有着不可替代作用，大量项目和开发工作围绕着如何利用 DPDK 提高通用处理器的网络处理性能而展开。在本章中，我们会具体描述 DPDK 如何加速 VNF 和加速虚拟交换。

13.1　网络功能虚拟化

13.1.1　起源

2012 年 10 月，包含中国移动在内的全球电信运营商在德国举行 SDN 峰会。欧美电信运营商联合发起成立了网络功能虚拟化产业联盟（Network Function Virtualization，NFV），并发布了 NFV 第一份白皮书。该文件结合云计算与 SDN 发展趋势，提出了如何利用普通的服务器资源进行电信网络设备的研发和采购。此后，ETSI 欧洲电信标准化协会下成立了国际标准组织 NFV ISG，对互连互通的标准化过程进行规范与加速，定义了最终目标是以软件方式虚拟化 IT 资源，将重要的网络功能实现虚拟化部署。白皮书内容请详见：http://portal.etsi.org/NFV/NFV_White_Paper.pdf［Ref13-1］。

众所周知，传统的电信运营商的网络极其复杂，如图 13-1 所示，设备类型繁多。而网络功能虚拟化旨在改变网络架构师的工作方式，通过标准的虚拟化技术将许多网络设备迁移到符合工业标准的大容量服务器、交换机和存储上。在一个标准服务器上，软件定义的网络功能可以随意在不同的网络位置之间创建、迁移、删除，无需改变设备的物理部署。

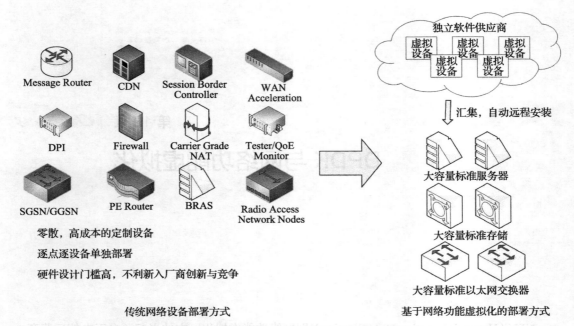

图 13-1 未来网络功能虚拟化部署设想

我们在目前的网络架构中，可以经常遇见下面一些网络设备：

❑ Message Router：消息路由器。

❑ CDN：内容传送网络，加速缓冲内容（如视频）业务。

❑ Session Boarder Controller：会话边界控制器，用于电话或无线信令控制。

❑ WAN Accerleration：广域网加速。

❑ DPI：深度报文检测。

❑ Firewall：防火墙，阻断恶意攻击。

❑ Carrier-Grade NAT：运营商级网络地址转换。

❑ Tester/QoE Monitor：　测试与网络质量监控。

❑ BRAS：宽带接入设备服务。

❑ PE Router：运营商路由器。

❑ SGSN/GGSN：移动核心网关，支撑数据业务。

❑ Radio/Fixed Access Network：无线或者有线接入网络。

过去 20 年无线和固网传输技术的飞速发展，使上述设备类型一直不断增加。每个设备都是独立复杂的系统，这些系统通常采用的是大量的专用硬件设备。当新增网络服务（比如智能业务）出现时，运营商还必须增加新的系统，再次堆砌专有硬件设备，并且为这些设备提供必需的存放空间以及电力供应。而且，传统专有硬件设备的集成和操作复杂性高，需要较强的专业设计能力，因此大型的电信设备制造商不得不配置大量的技术人力资源，研发成本极高，所以导致网络设备成本昂贵。另外，专有的硬件设备还面临产品开发周期限制，例如芯片设计需要不断的经历规划 – 设计开发 – 整合 – 部署的过程。从芯片规划到网络部署，跨越整个产业链的协同合作，因此是个漫长的周期过程，运营商的网络扩展建设也变得越来越困难。近年来，随着技术和服务加速创新的需求，硬件设备的可使用生命周期变得越来越短，这影响了新的电信网络业务的运营收益，也限制了在一个越来越依靠网络连通世界的新业务格局下的技术创新。

在软件与芯片技术飞速发展的大背景下，能否抛弃专有硬件平台，转而使用成熟实惠的服务器，结合存储与交换技术，来构建基于通用平台的未来网络呢？

这一思路已经得到了业界的肯定。NFV 第 1 版白皮书明确提出，随着云计算技术的不断成熟发展，在软件方面，大量的针对网络功能虚拟化的基础软件不断推出，例如虚拟化软件 KVM、DPDK、Linux NAPI 以及运行服务器上的 OVS 虚拟交换网络等；从硬件角度，在摩尔定律推动下 Intel 服务器多核平台性能不断提高，具有 TCP 卸载与负载均衡功能的高速网卡迅猛发展。从趋势上看，软硬件的协同高速演进，使得 NFV 的行业趋势在技术可行性上成为可能。

13.1.2 发展

伴随着 NFV 联盟进一步壮大，2013 年 10 月在德国，ETSI 就 NFV 的进展又发布了一份白皮书，中国电信与中国联通正式加入 NFV 组织。新的白皮书总结了 NFV 的使用场景、需求、总体框架以及可行性范例，强调了开源软件和标准化对运营支撑系统的影响，对接口标准化与多厂商兼容性的支持实现。

图 13-2 展示了 ETSI 设计的 NFV 架构图，它定义哪些模块可以被供应商重新实现以提供兼容未来 NFV 的产品。详见内容见：https://portal.etsi.org/nfv/nfv_white_paper2.pdf ［Ref13-2］。

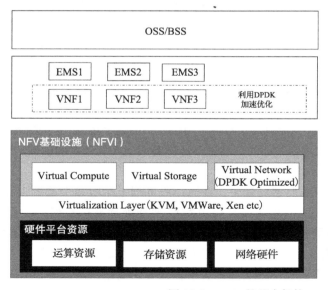
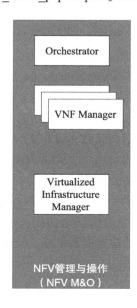

图 13-2 NFV 的基本架构

NFV 架构框架包括以下主要模块：

❑ NFVI（网络功能虚拟化基础设施），它提供了支持网络虚拟功能执行所需的虚拟化资源，包括符合 COTS（Commercial-Off-The-Shelf）开放式标准定义的硬件，必要的硬件加速器，可以虚拟和抽象底层硬件的软件层。

❑ VNF（虚拟网络功能），是一个软件实现的网络功能，能够运行在 NFVI 框架之上。它可以和一个单元管理系统（Element Managmet System，EMS）工作，是适用于特定的功能。VNF 类似我们今天的网络节点，纯软件的实现可以帮助网络设备脱离对硬件依赖。更加通俗的理解是，NFV 是一种新型的网络设备部署方式，VNF 则是其中某个被实例化的虚拟网络设备或节点。

❑ NFV M&O（NFV 管理与编排），主要负责所有与 NFV 相关的硬件和软件资源的管理与编排，覆盖整个虚拟网络基础设施的业务流程和生命周期管理。NFV M&O 专注于在 NFV 架构下虚拟化相关的管理任务，也负责与外部的场景进行交互，包括运营支撑系统（Operation Support System，OSS）和业务支撑系统（Buniess Support System，BSS），使 NFV 能够顺利集成到一个已存在的网络管理系统。

由于 NFV 技术本身处在初期，涉及各个厂商设备互联，是个非常宏大的主题，依赖很多关键开源软件技术，所以行业标准是在不断演进和发展中。

在此之前的传统模式下，运营商在进行采购时，通常要求设备制造商提供整系统解决方案，集成并且完成交付。在 NFV 以及 SDN 的技术趋势下，越来越多的运营商倾向使用云计算数据中心采购模式，即将服务器、操作系统、虚拟软件技术以及虚拟网络设备方案、NFV 控制器拆分并单独采购。这是电信系统设备的设计与运营的全新模式，涉及大量工作。

从商业角度，这种全新模式给传统服务器厂商带来了巨大的商业机会，原先的网络设备提供商，传统上是提供整系统方案（包含硬件平台与软件），转化成以软件设计交付产品与服务。举例说，原先的路由器和防火墙设备商，以后需要提供虚拟路由器（vRouter）、虚拟防火墙技术（vFirewall）。这类设备被抽象，称为 VNF（Virtual Network Function，虚拟网络功能）。网络设备商可以提供通用硬件服务器平台，和传统服务器制造商竞争，作为 VNF 运行的基础平台，这是电信运营商定义的产业模型。

在运行模式与设备交付上，这种全新模式对现有网络设备商是个挑战，同时给创新者带来新的市场机会，VNF 将是以软件为中心的产品，不再需要大量高复杂度的硬件特殊平台，准入门槛大幅降低。

DPDK 主要关注在数据平面的典型场景中，在通用服务器上运行多个或者多种 VNF，VNF 作为虚拟网络功能（如前述的防火墙或者路由器），要能处理高速数据。因此，基于 DPDK 的加速极其重要。VNF 运行在虚拟化环境下，数据报文会先进入主机，然后被转入虚机，要求高速的虚拟接口与交换技术，DPDK 也可以进行优化，后文会重点描述。

例如，在图 13-3 中，我们看到在网络实际部署中，如果企业路由器需要 20Gbit/s 的处理能力，借助专用芯片加速，现有路由器很容易实现这样的性能指标。但在 NFV 框架下，如果虚拟路由器运行在虚机中，依靠现有的虚拟化技术在单个虚机上实现 20Gbit/s 小包数据传输是有技术挑战的。因此在部署上，我们可以通过水平扩展网络设计，比如同时部署 4 个虚拟路由器，每个虚拟路由器只需要提供 5Gbit/s 的处理能力，就能有效避免纯软件与软硬件融合系统之间的性能差距。此处只是一个简单的示例，不代表真实网络部署场景，虚拟路由器的实例可以跨域多个服务器，甚至是跨越数据中心按需部署。

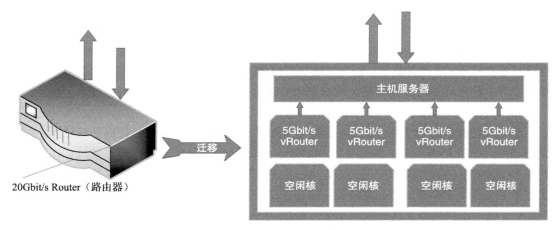

图 13-3　虚拟路由器的水平扩展部署

13.2　OPNFV 与 DPDK

在运营商的大力推动下，新技术投资蕴含巨大商业利益，NFV 产业联盟迅速壮大。从社会分工角度来说，运营商只负责网络建设、规划、运营与服务，不负责电信系统的研发、设计和生产。而专业的电信设备商需要满足 NFV 技术规范，改造或者重新设计电信系统设备，来完成网络的变革。

一个全新的名为 OPNFV 的开源组织诞生于 2014 年，这是建立在 Linux Foundation 领导下，金牌成员包括了 Intel、中国移动、HP、华为、中兴、AT&T、思科、DELL、爱立信、IBM、Nokia、EMC、Vodofone、NEC、Docomo、Juniper、Brocade，银牌会员更多，众多行业重量级厂商和新创厂商纷纷加入，详细名单可以参见 www.opnfv.org。

从上面长长的名单可以看出，这个组织基本囊括了电信与传统 IT 领域的主要厂商，涉及从芯片设计、操作系统、服务器，到设备研发、存储、运维的全产业链的规模。OPNFV 建立之初，就希望最大限度地利用现有开源软件技术，启动了众多的项目，比如 OpenDaylight、OpenStack、Ceph 存储、KVM、Open vSwitch 以及 Linux 技术，这些大多数也已成为支撑云计算发展的主流开源软件。

目前，OPNFV 的主要项目展示在 https://wiki.opnfv.org/。作为通用处理器平台上的数据面软件，DPDK 在其中扮演了非常重要的角色，很多 NFV 的开源项目直接或间接用到

DPDK，包括 DPACC（数据面加速）、Open vSwtich for NFV、OpenContrail Virtual Networking for OPNFV、NFV Hypervisor/KVM、Software FastPath Service Quality Metrics、Service Function Chaining 等项目。这些与 DPDK 有关的项目，在 Colliboartive Development 的 7 个项目中占了 5 个，显而易见 DPDK 作为基础软件的重要性。我们预计随着 OPNFV 的发展日新月异，会不断有新的项目加入。在中国市场，华为和中兴大量投入和参与相关的开源项目的工作，贡献了大量的代码，并希望藉此蜕变成新的行业领军者，引领标准定义和早期开放，占据先发优势。

为了更好地支持 OPNFV 对数据面的需求，DPDK 除了着重在基础运行环境与轮询驱动模块方向进行开发，还提出了所谓 DPDK-AE（DPDK 加速引擎）的技术框架，读者可以在本书第 1 章中看到相关的 DPDK 的软件框架图。这里主要介绍下面一些关键的技术，帮助读者了解 DPDK 如何推动 OPNFV 技术的普及与成熟。

除了网络数据转发之外，DPDK 近期还推出了一些针对特定领域的数据处理功能，包括 CryptoDev API、Pattern Matching API 和 Compression API。目的是通过这些接口，DPDK 基础库可作为统一的硬件资源使用入口，给上层的应用提供多样的高性能数据处理功能。目前这部分工作还处于早期设计开发阶段，需要一段时间酝酿，在得到相关的生态系统的广泛接受之后，这个接口规范才能成熟。详见［Ref13-4］。

❑ CryptoDev API：主要用于数据块加解密领域，API 可以下挂基于 Intel 架构的 AES-NI 的指令集，也可以下挂使用基于 Intel QuickAssit 的加速插卡。由于大量网络数据传输需要密文传送进行，为了防止信息泄露，数据面需要涉及大量的加解密操作，比如 SSL、IPSec、SRTP，又如 WLAN 以及 LTE、WCDMA 的无线系统等。在结合 DPDK 与 QAT 后，AES-NI 可以构建高效的 4 ~ 7 层的网络处理系统，比如 HTTPS 加速，与负载均衡软件。另外，除了对称的加密机制，不对称的密钥运算也是消耗 CPU 运算资源的关键点，这也是 CryptoDev 所关注的重点，通过提高相应的接口，可以快速调用相关的加速单元进行处理。

❑ Pattern Matching API：广泛应用于字符的查找匹配，基于正则表达式的查找匹配，这项技术被广泛用于网络安全设备中，例如深度报文检测、防火墙、病毒检测等。Intel 在 2015 年 10 月开源了一个最新的软件库 Hyperscan，这个项目被放在 http://www.01.org/hyperscan。这部分 API 重点关注如何在 DPDK 层面直接访问和有效利用 Hyperscan 的软件能力。目前这个软件库还在定义和开发中。

❑ Compression API：用于数据的压缩与解压缩领域，这项技术目前被计算机系统广泛应用，在网络传送与存储中比比皆是。DPDK 定义了一套 APIs 支持快速压缩与解压缩，这个项目已经得到 DPDK 社区的普遍关注与支持。

这里我们多花一些篇幅介绍一些其他的数据面加速技术，除了 DPDK，Open Data Plane（ODP）也是比较受关注的技术。ODP 产生于 ARM 的生态系统，诞生时间比 DPDK 晚，目前 ODP 兼容 DPDK 技术，侧重于提供软件编程接口直接调用硬件加速功能。而 DPDK 起初产生于 Intel，侧重基于通用服务器的软件优化，在 OPNFV 成立前已经成为行业内最知名的技术，并在 2015 年开始提供针对硬件加速技术的接口调用 API，从 DPDK R2.2 开始对 ARM 进行支持，能兼容 ODP 的生态系统。两者从技术角度大同小异，作为技术人员，我们的关注重点应是虚拟化以及硬件资源的灵活使用和可编程性。

13.3　NFV 的部署

作为多核的通用处理器的代表，Intel 架构是现有服务器平台的王者，平台稳定且完全开放，基于 PCIe 的 I/O 是个开放接口，在需要特殊加速单元时，可灵活删减或者增加，而且整个系统设计思路主体侧重软件功能应用，是目前 NFV 平台的首要选择。

基于通用处理器进行 NFV，所带来的好处主要是硬件资源平台重用与开放，通用的平台可以在网络、计算以及存储的系统中灵活复用，统一采购，这可以保护现有投资。基于专有加速处理单元的 NFV 解决方案，灵活性不够，性能上由于专有芯片，在部分工作负载上占优。

在 NFV 已经达成行业共识的今日，到演变成 NFV 的大量商业化部署与使用，需要时间和经历不同的发展阶段。对于现有的电信网络设备提供商，或者创新创业者如何分阶段加入，值得推敲。HP 就针对商业部署，做了如下四个阶段的切割分解，具有一定的普遍性，详细内容大家可以参考 HP 关于 OPNFV 的博文（http://community.hpe.com/t5/Telecom-IQ/HP-s-4-Stages-of-NFV/ba-p/6797122#.VkgiIXYrJD9）[Ref13-3]。

1. 分解

第一个阶段是网络功能的模块化与软件化，将依赖专用下层硬件的设计进行软件化的修改，达到能够移植到通用服务器上的标准。毋庸置疑，专用下层芯片设计能带来传统软件所不能带来的性能优势，但专用芯片的弊端是没有普适性，容易过时。这个阶段开发者需要借用服务器运算平台的并行与并发能力以及软件优化来解决性能上的顾虑。软件架构的更改，能带来巨大的灵活性，随着 Linux 和开源技术的发展，有大量可以利用的开源软件作为基础，来构建网络功能应用，并且在集成 DPDK 的技术后，能有效提高报文吞吐处理能力。这个模式目前在国内的阿里巴巴、百度、腾讯等公司的业务中都得到了很好的验证，很多应用已经上线运行，经受住了实际业务的考验。而且，大型数据中心特别青睐这种通用软件模型，基于 DevOps（Development 和 Operations，是一组过程、方法与系统的统称），可以重用现有的大量服务器设备资源；能动态进行网络功能的定制，基于业务需要的自由变动，这在原先的采购第三方网络设备中是无法短期达到的。

2. 虚拟化

电信厂商通过软件将传统网络设备迁移到虚拟机后变成 VNF（Virtual Network Function），可以利用虚拟化技术带来部署上的灵活性，根据服务器平台运算资源的密度，动态部署。实际使用者也可以根据实际的需求增加或者减少网络功能（如虚拟防火墙），降低运营和维护的成本，从而保证其在基础设备上的投资效率最大化。从厂商角度，VNF 具有强大的移植性，部署多个 VNF 可以灵活、有效地提升资源密度。这种水平扩展不但能够增加处理器的使用效率，对下层的硬件平台也没有依赖，还可以帮助运营商避免锁死在单个供应商，进退有据。关于 VNF 虚拟化技术如何选择，我们会在后续章节中详细描述与比较，这里就不多做展开。

3. 云化

云计算需要实现动态扩容，按需增加处理能力。运算负荷与能力大量提升同时，网络数据处理量也会大幅增加。当基于虚拟化技术的 VNF 已经就绪后，还需要支持动态地将网络设备功能迁移的能力，提供弹性的网络数据业务。美国的 Amazon 公司就提供了 Market Place，支持了各种虚拟网络功能，作为选择的配置，企业与个人用户在线自由购买，部署 VPN 在云计算的环境里，远程地来构建基于云的企业 IT 网络。

这个特性在电信运营里具有很高的商业价值，提升容量是取得更大收益的基本方式。除了动态部署，VNF 与虚拟交换的设计中还需要预先考虑支持自动连接，保证数据在指定的 VNF 业务链上按照定制的策略流动。目前国际标准化组织也正在定义 Service Function Chaining（网络功能服务链）过程中。

4. 重构

重构是将虚拟化的资源和 VNFs 拆分成更小的功能单元，即所谓的微服务。可以想象一下，所有的网络、计算、存储资源和架构都是分布式的，每个网络功能都可拆分为很多基本的功能模块，这些模块被分散在不同的资源池。网络服务只是把这些功能单元组织串联起来。这种模式最大程度允许电信运营商和他们的客户通过不同的微服务模块搭建很多创新的网络功能。

举个简单例子，在传统企业网络里构建一个 IT 系统，用户需要购买一系列不同的 IT 网络设备，比如防火墙、路由器、服务器等，这是一个比较复杂的工作。但是，如果企业选择基于云计算的解决方案，企业只需要定义服务器、相应的软件配置、防火墙、负载平衡和路由与交换需求，云服务提供商（Cloud Service Provider）或者是电信服务提供商（Telco Service Provider）会提供一个完整的基于云的网络。如果这个网络是基于 NFV 技术构建的，那么所有的网络和 IT 资源都能通过标准服务器来提供，用户只需要将一系列的 VNF 与虚拟化的应用软件部署在每台服务器中，这就实现了一个灵活有效的部署模式。我们可以通过编排不同的 VNF 来实现不同的微服务。比如说，同一台服务器上可以运行了 web 服务器，邮件服务器，也提供了虚拟防火墙，虚拟路由器等网络服务资源。由于用户可以按照需求定制网络拓扑结构和数据转发策略，并根据实际情况进行动态修改，这允许进入这个网络的数据可以按照网络服务的需要在这个企业网络的内部有效流动。这种改变给我们展示一个全新的产业趋势，企业将与服务提供商一起重新定义未来的基础网络服务。

13.4　VNF 部署的形态

在前面的章节中我们介绍了 VNF 是 NFV 的重要组成部分之一。VNF 把传统的非虚拟化网络中的功能节点进行虚拟化，例如，3GPP 定义的 EPC 网络中的 MME（移动性管理实体）、SGW（服务网关）、PGW（PDN 网关）等节点，或者数据中心网络中常见的防火墙、路由器、负载均衡器等。这些网络功能提供的服务以及对外接口无论是否有虚拟化，相对用户来说应该是透明的。

VNF 在 NFV 的基本架构（见图 13-2）中处于 NFVI 的上面，当考虑 VNF 的性能时，需要考虑本身的架构设计，以及 NFVI 能够提供的硬件资源能力和交互接口。本节阐述了这些方面。

VNF 可以由运行在多个虚拟机上的不同内部模块组成。例如，一个 VNF 可以部署在多个虚拟机（VM）上，每个虚拟机分别处理这个 VNF 中的一个单独模块。当然，一个 VNF 也可以部署在一个虚拟机上，如图 13-4 所示。参见［Ref13-5］。

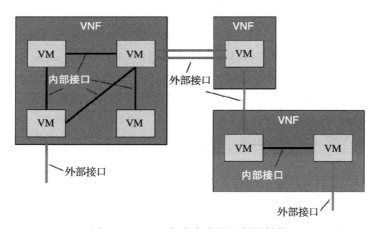

图 13-4　VNF 与多个虚拟机部署结构

传统的网络功能可能是运行在专有软硬一体化平台上，因此硬件芯片、操作系统、应用程序开发等与在 x86 平台设备上开发有所不同。虚拟化技术的引入，给 VNF 的部署带来了好处，同时对 VNF 的软件设计也带来了挑战，尤其是如何将 VNF 功能模块化、VNF 与 VNF 之间整合、集成式管理单元等等。目前的设计思路需要从扩展性、可复用性和更快的响应速度等来考虑。为了让 VNF 可以以更低的成本部署在 x86 平台上，并方便设备扩容与升级，一般在系统整体架构的设计方面，我们需要考虑如下几点［Ref13-6］：

- ❑ **系统资源的分配**：需要评估整个 VNF 或者 VNF 的子模块的特性，以及它们对处理器、内存、存储、网络的需求等。这样才能合理地分配系统资源给其虚拟机去使用。
- ❑ **网卡虚拟化接口的选择**：在专有平台上，物理网络接口对网络功能节点而言是独占的。部署 NFV 后，该物理网络接口通过网络虚拟化层抽象后提供给 VNF 使用，可以独占，也可以各虚机共享。用户如何选择虚拟网络接口，需要考虑该网络接口的性能、迁移性、维护性以及安全性等。

❑ **网卡轮询和中断模式的选择**：通常，网卡的驱动程序采取中断方式来接收报文，但在处理小包的情况下性能不是很好。这时可以采取前面所述 DPDK 的轮询方式来接收网络报文，能够提高网络的吞吐量性能。当然，轮询意味着需要 100% 地占有一个处理器核。在虚拟化后，尽管一台服务器承载的虚拟机个数可以很多，但 100% 地占有一个处理器核来处理网络报文，是不是合理？其网络吞吐量有没有预计那么高？这也是需要考虑的一个因素。

❑ **硬件加速功能的考虑**：目前市场上已经有一些智能加速卡的产品，如支持部分功能硬件卸载的网卡、定制的 FPGA、可加解密/压缩解压缩的 Intel 的 QAT（Quick Assistant Technology）卡甚至智能网卡等。这些硬件把对报文中间处理的逻辑放在加速卡上来做，从而释放 CPU 的利用率，让服务器可以将更多的计算资源用来处理用户自身的业务。如果采用硬件加速功能，用户则需要综合考虑加速网卡对网络报文处理的时延，业务处理性能的提高，以及对性价比的影响等方面，寻找到一个权衡点。

❑ **QoS（服务质量）的保证**：在 NFV 系统下，一个基于 x86 的平台可能运行有多个 VNF。通用平台上的很多资源是共享的，如最后一级处理器 cache（LLC），内存、IO 控制器等。但是，每个 VNF 的特性可能不一样，因此它们对资源的使用率是不同的。这可能会造成 VNF 之间互相干扰，反而造成性能下降，用户在设计方案时一定要考虑这些因素。

针对上面这些 VNF 部署中的挑战，目前 DPDK 基本都有对应的技术方案可供选择。

13.5　VNF 自身特性的评估

在了解 VNF 的部署形态和挑战之后，我们需要一套有效的设计方法帮助定义具体的 VNF 功能和性能分析。首先，我们需要对 VNF 或者其子模块的特性有一个大体的了解。通常主要从两方面去了解：

1）**虚拟网络设备本身的特性**。比如是计算密集型，内存带宽密集型，还是 IO 密集型？需要几个处理器核，内存大小，存储/网络吞吐量多少？对实时性、时延有要求吗？

2）**设备的可扩展性**。VNF 的软件架构扩展性如何？如果增加一个处理器核，或增大一些内存，其性能可以提高多少？或者增加一个 VNF 的虚拟机，性能可以提高多少？

通常，数据平面的 VNF 设备（vRouter、vCDN 等），主要是处理数据报文的接收、修改、转发等，这些都要求密集的内存读写操作，以及网络 I/O 操作。而控制平面的 VNF 设备（vBRAS 等），它们主要不是处理数据通信的，更多是处理会话管理、路由或认证控制等。与数据平面的 VNF 设备相比，对每个报文的处理逻辑要复杂点，所以更偏计算密集型。但由于控制平面的报文速率偏低，因此它的整体处理器的利用率并不高。但是，数据信号处理的

VNF（vBBU），其有大量的数字处理请求，如快速傅立叶变换的编解码操作，这些设备就是计算密集型，对时延有较高的要求。

　　如果我们能够清楚地回答这些问题，就可以知道系统的主要瓶颈在哪里？硬件、软件、处理器、内存还是 IO 外设，或是 VNF 本身设计（大量的锁冲突），还是 NFVI 里的宿主机、vSwitch。如果我们了解了主要瓶颈，就可以有针对性地去设计并优化整个系统架构，而不会无谓地浪费资源。

13.5.1　性能分析方法论

　　性能分析方法论有助于了解自身的特性，并对性能优化提出指导性的建议。这里，业界大多数采用从非虚拟化到虚拟法，从上到下、闭循环的方法论。如图 13-5 所示：

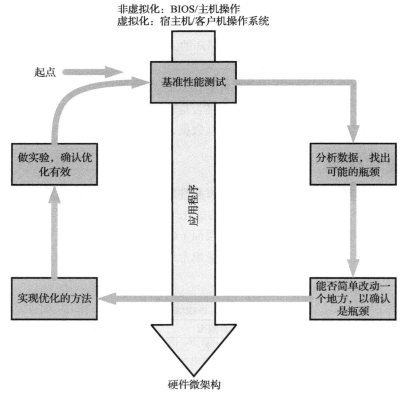

图 13-5　性能分析方法

　　首先，把 VNF 先部署在非虚拟化环境下。在性能调优之前，我们需要先定义度量指标，想优化哪个方面，网络吞吐率、时延、可扩展性等。在不同的阶段，这些想要优化的度量值可能不一样。定义好度量值之后，就需要知道当前的基准性能值是多少。按照闭循环的方法论，先做一些实验，分析可能存在的瓶颈。通过一些简单实验以确认是否是性能瓶颈或者可以优化的地方，然后找到最优的方法去优化它，并再次做实验，以确保优化有效。最后，回到原点，得到一个新的基准性能值。然后，如此闭循环优化，直到达到一个确定的硬件瓶颈或者既定的优化目标。

在找可能是瓶颈的地方，需要遵照从上到下的原则。先从 BIOS 配置和操作系统配置开始，对不同类型的 VNF，其配置不同可能对性能有很大的影响，比如 NUMA 架构、大页的分配等。接着，就要从 VNF 应用程序本身软件架构去分析，比如扩展性良好、查表算法耗时等。最后，可能需要从硬件微架构去确认系统的瓶颈已经到达硬件限制，需要升级硬件或增加硬件才能提高性能。

在非虚拟化下得到最好的性能值以及所需的资源配置，然后把该配置移植到虚拟化环境下，按照相似的方法（从上到下、闭循环的方法）进行性能优化，以尽可能接近在非虚拟化下的性能。只不过在非虚拟化下，需要考虑宿主机的影响，它传递给客户机的 IO 接口性能（包括主机上的 vSwitch）等，以及客户机操作系统自身的配置。

在从非虚拟化到虚拟化，从上到下、闭循环的方法论中，还有需要注意以下几点：

❑ 每次只修改一个配置或一个地方。
❑ 每次只专注在一个性能度量值的分析上。
❑ 尽量用简单的、轻量级的程序来验证是否是瓶颈，以及优化方法。
❑ 及时保存并记录好所修改的地方和实验数据，以防需要回退。

13.5.2　性能优化思路

根据在基于 x86 通用服务器上大量的开发和性能调试的经验，我们总结出一些常见的主要性能瓶颈，以及在不同的层次上可能采用的优化思路。表 13-1 所列举的都是一些技术优化点，可以单独或混合采用。我们从底层硬件层面（CPU 处理器，内存，网卡等）的选用，到操作系统的优化配置，再到软件自身设计的考虑上给出一些建议。他山之石可以攻玉，供大家参考。

表 13-1　系统优化表

主要瓶颈	简单的判断因素	硬件层面	操作系统层面	软件设计层面
处理器计算能力	进程所占用的处理器利用率是否很高	增加处理器核数；选用更高频率的处理器；采用更高代的处理器	超线程和物理线程的编排使用	增加更多的线程；能否利用 SIMD 指令
内存	系统的内存读写是否很多	增加内存大小；查看处理器是否支持大页	分配更多内存；配置大页	使用大页
物理网络IO	网络 IO 吞吐率是否很高	增加网口个数；升级网卡速率；处理器 DDIO 是否支持；能否利用流分类机制，和部分卸载能力（RSS，TSO），等等		混合中断轮询或轮询方式的选择；DPDK 能否采用

（续）

主要瓶颈	简单的判断因素	硬件层面	操作系统层面	软件设计层面
网络时延	能否满足软件的需求		CPU 隔离技术；中断亲和性；关闭不需要的服务进程	收发报文 burst 个数的选择；在时延和吞吐率上找到折中点
VNF 本身性能	与非虚拟机下相比性能是否下降很多		虚拟机对 NUMA 的配置是否正确	在后面 13.6 节说明
NFVI（宿主机，vSwitch）等	宿主机的开销很大，比如有很多 VM-exit；虚拟网络接口的性能不高		操作系统对该运行的 x86 平台上的各项 VT-x/VT-d 技术是否支持	OVS-DPDK 能否采用

13.6　VNF 的设计

13.6.1　VNF 虚拟网络接口的选择

目前 NFVI 提供给虚拟机的网络接口主要有四种方式：IVSHMEM 共享内存的 PCI 设备，半虚拟化 virtio 设备，SR-IOV 的 VF 透传，以及物理网卡透传，如图 13-6 所示。

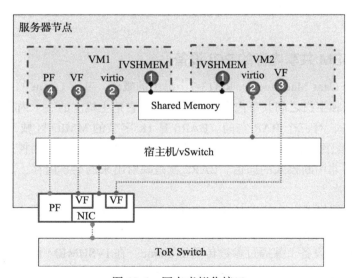

图 13-6　网卡虚拟化接口

我们在之前的章节中，已经详细的解释了 virtio、SR-IOV 的 VF 透传等技术，这里就不再赘述。

下面从性能、操作性、迁移性和安全性来简要比较 Virtio 以及 SR-IOV VF/PF 直通接口的优缺点，给 VNF 的实现在网络接口的选择提供一些建议。

表 13-2　虚拟化接口技术比较

接口	性能	操作性	维护性	安全性
IVSHMEM [Ref13-7]	提供良好的性能	对共享内存的迁移需要考虑，目前没有支持	Qemu 需要打补丁来实现对 DPDK IVSHMEM 的支持；另外 Qemu 社区目前没有 IVSHMEM 的维护人员	安全性存在漏洞，需要对虚拟机可信赖
Virtio	标准的 Virtio 性能不好，DPDK 的版本提供了优化版本	DPDK 的 Vhost 可以兼容标准的 Linux Virtio 驱动；DPDK 的 Virtio 热迁移支持正在开发中；与主流的 vSwitch 软件都可对接，以保持与同一主机上的其他虚拟机连接	良好的维护性，对 Virtio 接口的优化工作持续进行，如多队列的支持	提供很好的安全性
SR-IOV VF 透传	接近于物理机上的网络性能	需要部署的网卡支持 SR-IOV 功能，并且 DPDK 的驱动也要支持；与 vSwitch 不可对接，只支持与同一主机上的其他虚拟机以基于 MAC 或 VLAN 的二层连接；基于 SR-IOV 的热迁移方案不是很成熟	良好的维护性，越来越多的网卡支持 DPDK 驱动	提供很好的安全性
物理网卡直通	接近于物理机上的网络性能	需要确定有 DPDK 的驱动；该物理网卡就不可以给同一主机上的其他虚拟机使用；基于网卡直通的热迁移方案不是很成熟	良好的维护性，越来越多的网卡支持 DPDK 驱动	提供很好的安全性

13.6.2　IVSHMEM 共享内存的 PCI 设备

IVSHMEM 是 Cam Macdonell[Ref13-7] 提出的概念，基于 Qemu 的技术实现，用于虚拟机之间或虚拟机和主机之间共享内存的一个机制。它把主机上的一个内存块映射成虚拟机里的一个 PCI 设备，有三个 BAR 空间。BAR0 是 1K 字节的 MMIO 区域，里面是一些寄存器。BAR1 是用于配置 MSI-X 中断，虚拟机之间可以实现中断或非中断模式的通信，虚拟机和主机之间只支持非中断模式的通信。BAR2 就是映射出来的共享内存，其大小通过命令行指定，必须是 2 的次方。

目前，DPDK 提供了一个基于 IVSHMEM 的开发库，继承了虚拟机之间或虚拟机和主机之间的共享内存高效的零拷贝机制。主机上运行一个 DPDK 程序，它调用 API 把几个大页映射成一个 IVSHMEM 设备，并通过参数传递给 Qemu。在 IVSHMEM 设备中有一个元数据文件用来标识自己，以区别于其他的 IVSHMEM 设备。虚拟机里的 DPDK 进程通过 DPDK 的环境抽象层自动地识别该 IVSHMEM 设备，而无须再次把 IVSHMEM 设备映射到内存。

图 13-7 是一个典型的 DPDK IVSHMEM 使用示例：

如通常的 DPDK 程序一样，主机上 DPDK 程序使用大页，在大页中分配两个 memory zone：MZ1 和 MZ2，创建两个元数据文件，传递给 Qemu，虚拟机里的 DPDK 程序就自动地可以使用这两块内存了。

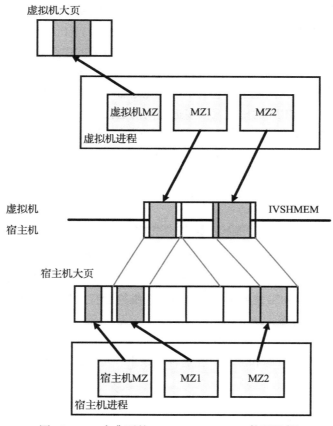

图 13-7　一个典型的 DPDK IVSHMEM 使用示例

目前，IVSHMEM 支持的元数据文件个数是 32，每一个元数据文件之间可以包含不同的大页，或者相同的大页。虚拟机之间或虚拟机和主机之间共享内存就需要双方都拥有该元数据文件。

下面列出 DPDK IVSHMEM 库的主要 API：

❑ rte_ivshmem_metadata_create（const char * name）：创建一个新的元数据文件，name 就是用来标识不同的元数据文件。

❑ rte_ivshmem_metadata_add_memzone（const struct rte_memzone * mz, const char * md_name）

　rte_ivshmem_metadata_add_ring（const struct rte_ring * r, const char * md_name）

　rte_ivshmem_metadata_add_mempool（const struct rte_mempool * mp, const char* md_name）：分别把 rte_memzone，rte_ring，rte_mempool 放入元数据文件。

❑ rte_ivshmem_metadata_cmdline_generate（char *buffer, unsigned size, const char *name）：生成传递给 Qemu 的命令行参数。

如果考虑采用 DPDK IVSHMEM 机制作为同一主机上的不同虚拟机之间进行通信的方式，我们还有一些因素需要考虑。

首先是安全因素，IVSHMEM 从本质上来说，给主机上的内存开了一个后门，可以让虚拟机访问到。那么，这个虚拟机需要是可信赖的，特别是当多虚拟机之间共享同一内存。另外，如果这个共享的内存出问题了，它会不可避免地影响到主机，以及同它共享的几个虚拟机的运行。其次，IVSHMEM 的使用就像多进程间的通信，需要考虑访问的同步性以及线程安全性问题，因此也不建议使用函数指针，因为函数在不同的进程里可能会指在不同的内存地址。最后，还需要考虑共享内存里的内存变量的释放问题，最好谁生成谁释放。

另外 memnic 也是基于 IVSHMEM 和 DPDK 机制实现的一个半虚拟化网卡。更多信息可以参考 http://dpdk.org/browse/memnic/tree/。

13.6.3　网卡轮询和混合中断轮询模式的选择

如果在自身特性的评估中我们得出 VNF 自身特性是 IO 密集型的，并且是全时间段或大多时间段都是这种特性，那么毫无疑问我们应该选择轮询模式，它能够最大限度地获得性能，当然也需要处理器 100% 地处于繁忙状态一直维持运行在最高的处理器频率上，这也意味着系统一直维持最大能耗。

但如果不是全时间段的 IO 密集型，是间歇性，一段忙一段闲的情况，那么选择轮询模式可能会浪费更多处理器资源和能耗。在这种场景下，可以选用混合中断轮询模式，如第 7 章 7.1.3 节介绍。

13.6.4　硬件加速功能的考虑

数据中心服务器已经开始或者正在大量部署 10G/25G/40G 的高速网卡技术，这是云计算的网络技术升级潮流，意味着普通服务器也需要强大的包处理与协议解析能力。从电信融合 IT 计算的角度，SDN/NFV 的新技术是围绕利用服务器平台来设计网络功能。扩展开来，上述的数据包处理过程中一些单调重复性或者采用特殊硬件可以加快处理速度的功能，如果将其下移到硬件（比如网卡）上完成，作为服务器的对外数据入口，切合了技术发展的大潮，未来还将承担更多的智能化处理功能。从技术创新角度，网卡的硬件卸载技术被提出并逐步应用起来，也符合产品技术创新、设计定位差异化的要求，便于在竞争中胜出，符合商业逻辑与潮流。

如第 9 章介绍，虽然目前大多数网卡已经支持报文基本功能的硬件卸载能力，但是随着全球网络流量爆发式增长，同时随着网络应用更加多样化和复杂化，对可灵活扩展的卸载解决方案的需求也在不断增加。这些方案专注于加速网络接入控制、监控、深度报文检测、安全处理、流量管理、IPSec 和 SSL 虚拟专用网络以及应用智能化等功能，可以提高处理效率，降低服务器的 CPU 负载，节约投资和能耗。目前，Intel、Cavium、Tilera、Netronome、Freescale、QLogic 等陆续推出基于 PCIe 或 FPGA 的智能加速卡产品。如 Intel 通信芯片组

89xx 系列，就可以对报文加解密、压缩解压缩加速。

那么，VNF 是否可以利用这些智能加速卡来取得进一步的性能提升；我们需要从下面几个因素综合评估：

❑ SR-IOV：是否可以被虚拟机独占的，还是可以共享的？

❑ 报文处理路径：报文卸载到硬件处理后，是否还需要返回到 CPU 继续处理，或有多次 CPU 与硬件加速卡的交互，并且和传统的全软件处理比较，其报文处理路径是否有增长，对性能的影响如何？

❑ 时延：由于宿主机的加入，会导致在虚拟设备上处理报文的时间变长。智能加速卡的引进，能否帮助减少处理报文时延？如果整个报文处理时间增长，其时延是否可以被业务所接受？

❑ 智能加速卡的性价比、灵活度等。

下面举一个非网卡类型的智能加速卡，看 DPDK 如何支持这一类型的加速卡，并提高实时处理网络报文性能，同其他报文处理线程合作工作。这个思路对于其他公司或类似的加速卡也有很大的启发意义，我们可以用类似的概念实现硬件卸载和性能提升。

Intel QAT 技术［Ref13-13］提供用于提高服务器、网络、存储和基于云的部署的性能和效率的安全性和压缩加速功能，将处理器从处理计算密集型操作中解脱出来，具体功能如下：

❑ 对称加密功能，包括密码操作和身份验证操作。

❑ 公共密钥功能，包括 RSA、Diffie-Hellman 和椭圆曲线加密。

❑ 压缩和解压缩功能，包括 DEFLATE 和 LZS。

另外，DPDK 专门实现了一个 Cyptodev 的 PMD 驱动，与 Ethdev 的 PMD 驱动很类似，提供了一些加解密 API，支持零拷贝技术来处理网络报文。

图 13-8 描述了一个简单的报文处理流程。网络报文通过网卡的 PMD 驱动接收上来，处理线程如果发现该报文需要加 / 解密，调用 Cyptodev API 把请求提交给 QAT 卡，QAT 卡通过零拷贝技术直接对该报文处理。处理线程会周期性地轮询 QAT 卡的处理返回状态，如果处理完了，就调用注册过的回调函数，把处理好的报文交给处理线程，如果是要转发出去，就直接调用网卡的 PMD 发送函数。

13.6.5　服务质量的保证

我们之前提到，英特尔的 x86 平台会共享最后一级处理器 Cache、内存以及 IO 控制器等资源。对这些共享资源的竞争，会导致一些对 Cache 或内存敏感的应用程序性能下降。在 NFV 应用中，一些 VNF 设备（如防火墙，NAT 等）可能会运行在同一个 x86 平台上，由于它们对这些共享资源的使用率不同，会导致它们的时延、抖动等整体性能具有不可确定性。

为了避免这个不确定性，保证每个 VNF 设备的服务质量，Intel 推出了 Platform QoS 功能，里面包含有 Cache 监控技术（Cache Monitoring Technology，CMT）、Cache 分配技术（Cache Allocation Technology，CAT）以及内在带宽监控技术（Memory Bandwidth Monitoring，

MBM）。这些技术实现在处理器内部，提供了一个管理这些共享资源的硬件框架。CMT 监测基于线程级、进程级或虚拟机级的对最后一级 Cache 的使用率。MBM 监测基于线程级、进程级或虚拟机级的对本地内存或远端内存（双路系统中）的带宽的使用率。CAT 则可让操作系统或宿主机控制线程、进程或虚拟机对最后一级 Cache 的使用大小。

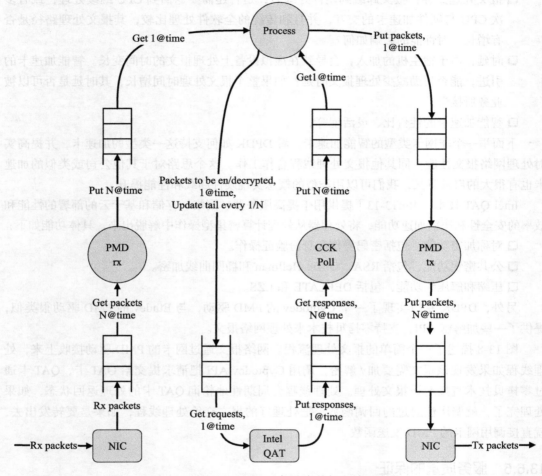

图 13-8　基于 Intel QAT 加速卡的报文处理流程

比如一台 x86 平台上同时运行着两个 VNF。一个 VNF 是对中断响应时延要求高，意味着它喜欢中断处理程序能一直驻留在处理器 Cache 里。另一个 VNF 对内存带宽要求高，意味着它有大量的内存操作，会不停地把处理器 Cache 的内容替换和更新。由于处理器 Cache 是共享机制，对内存带宽要求高的 VNF 则会对中断响应时延要求高的 VNF 有很大的干扰，使其对中断响应时延的需求得不到保证。这时 Platform QoS 功能可以提供帮助，通过 CMT 和 MBM 的实时监控，分析出这两个 VNF 对处理器 Cache 的需求不一样，再通过 CAT 把这两个 VNF 所使用的处理器 Cache 分开，使双方分别使用不同的处理器 Cache，这样干扰就降低了。当然系统管理员或 VNF 本身也可以直接使用 CAT 技术进行精细的部署。

图 13-9 简单展示这种使用 CMT、MBM 和 CAT 技术的例子。操作系统或宿主机能够制定一些规则，通过从 CMT、MBM 反馈回来的信息，控制 CAT 来决定线程、进程和虚拟机对资源的使用。

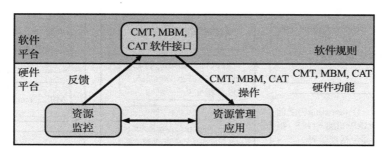

图 13-9　使用 CMT、MBM 与 CAT 技术的实例

如果想了解更多 CMT、MBM 和 CAT 技术，请参考 Intel 处理器手册。

13.7　实例解析和商业案例

目前，基于 DPDK 开发的 VNF 已经有很多，有开源的，也有一些商用了，比如 Brocade 公司的 vRouter5600［Ref13-8］、Aspera 公司的 WAN Acceleration［Ref13-9］、Alcatel Lucent 公司的 vSR［Ref13-10］等。下面举几个例子来简要说明它们是怎么使用 DPDK 的，以及其性能评估数据。

13.7.1　Virtual BRAS

BRAS（Broadband Remote Access Server，宽带远程接入服务器）是面向宽带网络应用的接入网关，它位于骨干网的边缘层，可以完成用户带宽的 IP/ATM 网的数据接入（目前接入手段主要基于 xDSL/Cable Modem/ 高速以太网技术（LAN）/ 无线宽带数据接入（WLAN）等），实现商业楼宇及小区住户的宽带上网、基于 IPSec 协议（IP Security Protocol）的 IP VPN 服务、构建企业内部信息网络、支持 ISP 向用户批发业务等应用。

Intel 发布了一个 vBRAS（virtual BRAS）的原型［Ref13-11］，通过对真实 BRAS 的模拟，构造了用户端（CPE）发出的报文通过 QinQ 隧道到达 BRAS 系统，BRAS 根据 QinQ 标签计算出 GRE 号，再通过查找路由表知道下一跳的目的 MAC 和 IP 地址，以及 MPLS 标签，然后封装成 GRE 隧道去访问互联网。反之，互联网来的报文，先通过 GRE 隧道到达 BRAS 系统，BRAS 先剥除 MPLS 标签以及 GRE 头，根据 GRE 号计算出 QinQ 标签，根据 QinQ 标签和目的 IP 地址查找 MAC 表，就知道目的 MAC 地址，然后封装成 QinQ 隧道到达用户端。

简单来说，BRAS 系统就是做了一个协议转换，具体什么协议其实不重要，重要的是知道 BRAS 系统的性能主要是由报文处理决定。图 13-10 是 vBRAS 的流程图。

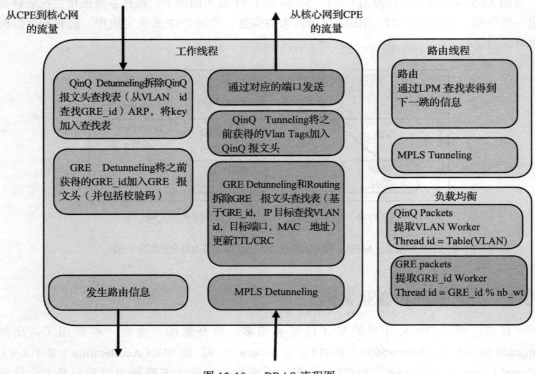

图 13-10 vBRAS 流程图

根据这个流程图的复杂性，intel 决定采用 pipe-line 模型，即一个报文会被几个子任务（线程）处理，主要由工作线程（Worker Thread，WT）、路由线程（Routing Thread，RT）以及负载均衡器线程（Load Balancer，LB）组成。详见 ［Ref13-12］。

关于负载均衡器的设计，虽然大多数网卡（比如 82599 10Gb 网卡）本身支持一些分流规则（flow director，RSS 等），可以把报文分流到不同的网卡队列上，这样可以作为硬件负载均衡器。但其也有一个限制，即那些分流规则不是支持所有的协议。在这个 BRAS 模型中，82599 10Gb 网卡的 RSS 不支持 MPLS 或 QinQ 协议。所以，需要实现一个软件负载均衡器。

一个高性能的软件负载均衡器有如下要求：

❑ 需要能够线速转发从一个网络接口接收的报文到另一个工作线程。

❑ 转发的报文应该尽可能地平均分配到工作线程上。比如有 4 个工作线程，不能一个工作线程承担 70% 的负载，而其他三个工作线程各承担 10% 的负载。

❑ 同一个流（相同的 5 元组）应该转发到同一个工作线程处理，以避免报文乱序问题。

  ❑ 有双向关联的流应该转发到同一个工作线程处理，因为对于这种流的处理，工作线程
  通常需要访问流状态的数据。在同一个工作线程处理，我们可以避免不同的线程访问
  这些流状态的数据，以提高 cache 的命中率。

  DPDK ring 机制是实现这种 pipe-line 方式的高性能负载均衡器的最优方案之一，可以高
效地在不同线程传递报文。其 DPDK ring 的 mbuf 大小对其转发吞吐量也有影响。如果 mbuf
设置太小，经常用完，会影响性能；如果设置太大，会造成内存浪费，cache 的粘合性也
不高。

  负载均衡器有如下两种模型可以选择。第一种（见图 13-11）模型是有几个网络接口，
就有几个负载均衡线程，负责报文的接收和发送，把工作线程和报文的收发流程隔开，工作
线程专注在报文的业务处理上。第二种（见图 13-12）模型是负载均衡线程只负责报文的接
收，工作线程在业务处理完成后，还负责报文的发送。

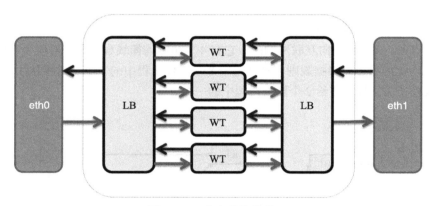

图 13-11　多负载均衡模型

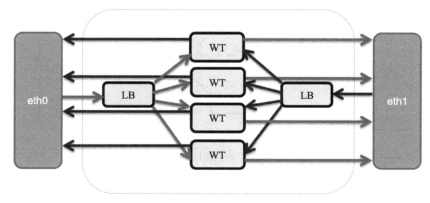

图 13-12　单负载均衡模型

这两种模型的选择跟负载均衡线程和工作线程的工作量有关系，需要看谁更容易达到性

能瓶颈。如果负载均衡线程的工作量比工作线程的工作量大，用第一个模型更好，因为再增加工作线程数，其系统性能也不能提高，负载均衡线程是瓶颈。如果工作线程的工作量大，用第二个模型更好，因为工作线程会是瓶颈，增加工作线程数可以提高性能。

在这个模型中，还有几个表，需要做查表的动作。这些表包括有 GRE 号和 QinQ 标签的对应关系，用户端 MAC 地址和 QinQ 标签，IP 地址的对应关系，以及路由表。在前两种表中，可以用 DPDK 的 rte_hash 算法；在路由表查找中，可以用 DPDK 的最长前缀匹配（LPM）算法。这些表的大小对性能也至关重要。在这个模型中，有多个工作线程，所以可以把这些表分成多个稍小的表，以避免冲突。

在设计时，需要做大量的实验，通过调整线程数的比例关系，用户数量，大页内存多少，线程和处理器核的对应关系，超线程的使用等，以达到对该模型的特性理解，知道最小资源能达到最大性能的平衡点。在虚拟化下，采用物理网卡直接透传机制，以获得和非虚拟化环境下接近的性能。

图 13-13 是大量实验做完后得出的 vBRAS 系统最优配置。它模拟 4 个网络接口，2 个是连向用户端的，2 个是连向互联网端的。它有 4 个负载均衡线程，每个对应一个网络接口。每一个负载均衡线程可以根据规则把报文送给 8 个工作线程中的一个。对于从用户端来的报文，工作线程还需把报文传给 2 个路由线程中的一个。

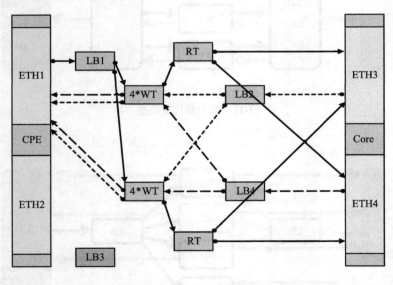

图 13-13 vBRAS 系统构建

更多的分析可以参考发布的白皮书：https://networkbuilders.intel.com/docs/Network_Builders_RA_vBRAS_Final.pdf

13.7.2 Brocade vRouter 5600

Brocade vRouter 5600 是一款可在软件中提供高级路由功能而不降低硬件网络连接解决方案可靠性和性能的虚拟路由器。它可以通过高性能软件提供高级路由、状态防火墙和 VPN 功能。该平台采用创新的 Brocade vPlane 技术，可通过基于软件的网络设备提供与硬件解决方案不相上下的路由性能。

Brocade vPlane 技术可利用 Intel DPDK 方案来交付非常好的性能，将路由器的控制平面与转发平面分离开来。如图 13-14 如示［Ref13-8］，这种方案提高了数据包转发性能。在各个 x86 内核上将转发功能分离开来可以避免资源争用，同时充分利用高速数据包管道架构。

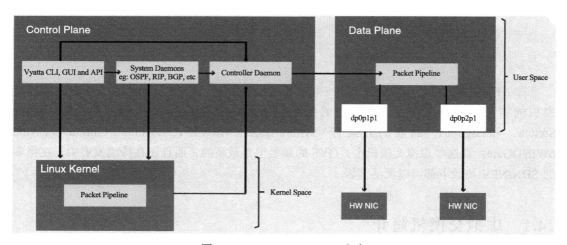

图 13-14　Brocade vRouter 方案

13.8　小结

DPDK 与网络功能虚拟化的融合提供了一条新的思路，把传统的网络功能节点移植到通用服务器平台变成 VNF，以降低成本，方便设备扩容与升级。但是，如文中指出，我们在进行系统架构设计时需要考虑 VNF 设备本身的特性，并制定一套有效的评估方法，来帮助我们选择网卡虚拟化接口，轮询或中断方式，并利用 DPDK 方案来优化硬件加速功能。最后，希望大家能够从 vBRAS 原型设计中了解如何利用 DPDK技术来设计 VNF。

Chapter 14

第 14 章

Open vSwitch（OVS）中的 DPDK 性能加速

在 NFV 基础设施（NFVI）中有一个重要的组成部分，叫虚拟交换机。目前，虚拟交换机的实现已经有很多开源和商业的版本。开源的方案有 Open vSwitch（OVS）、Snabb Switch、和 Lagopus。商业的方案有 VMware ESXi、Wind River Titanium Edition 和 6Wind 6WINDGate。在这些虚拟交换机中，OVS 的知名度是最高的，而且还在持续发展中，在很多的 SDN/NFV 场景下都可以灵活部署。

14.1 虚拟交换机简介

虚拟交换机是运行在通用平台上的一个软件层，可以连接虚拟机的虚拟网络端口，提供一套纯软件实现的路由交换协议栈的一个机制，帮助平台上运行的虚拟机实例（虚拟机之间、或虚拟机与外部网络之间）。虚拟机的虚拟网卡对应虚拟交换机的一个虚拟端口，通用平台上的物理网卡作为虚拟交换机的上行链路端口。虚拟交换机在 SDN/NFV 的部署中占据一个重要的地方，分别体现为：报文处理、交换功能、互操作性以及安全 / 流控等管理性。图 14-1 描述了典型的虚拟交换机和物理交换机的架构。

虽然是虚拟交换机，但是它的工作原理与物理交换机类似。在虚拟交换机的实现中，其两端分别连接着物理网卡和多块虚拟网卡，同时虚拟交换机内部会维护一张映射表，根据路由规则寻找对应的虚拟化链路进而完成数据转发。

虚拟交换机的主要好处体现在扩展灵活。由于采用纯软件实现，相比采用 L3 芯片的物理交换机，功能扩展灵活、快速，可以更好地满足 SDN/NFV 的网络需求扩展。

然而，网络业界和电信运营商普遍认为虚拟交换机的报文处理性能，特别是在小包（比如 64 字节）上的性能，还达不到 NFV 数据面商用的标准。虽然 SR-IOV 和 PCIe 透传技术可以提供给虚拟机以接近物理机上的网络性能，但它们的网络虚拟化特性受限于物理网卡，功能简单，无法支持灵活的安全隔离等特性，如不支持对报文任意偏移量的匹配，或者灵活业务模型的需求。这些应用要求网络报文先经过主机上的处理，比如 DPI、防火墙等，然后再把报文送入虚拟机。这些场景都要求有虚拟交换机。

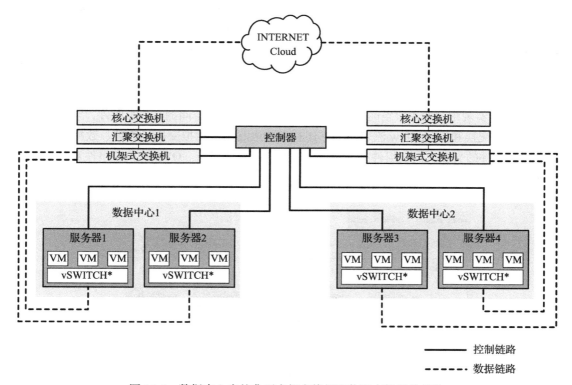

图 14-1　数据中心中的典型虚拟交换机和物理交换机的架构

OVS 于 2009 年推出第一个版本，经过这几年的发展，在 OVS2.4 加入了 DPDK 的支持后，在用户态数据通路上进行了性能加速，极大地提高了报文转发速度，也改进了扩展性、时延和时延抖动问题。这些优化工作还在持续不断进行中，随着通用处理器性能的提升，相信在不久的未来，OVS 会达到电信运营商对 NFV 的需求，并提高灵活性和易管理性。

14.2　OVS 简介

Open vSwitch（OVS）是一个开源的虚拟交换机，遵循 Apache2.0 许可，其定位是要做一个产品级质量的多层虚拟交换机，通过支持可编程扩展来实现大规模的网络自动化。它的设计目标是方便管理和配置虚拟机网络，能够主动检测多物理主机在动态虚拟环境中的流量情况。针对这一目标，OVS 具备很强的灵活性，可以在管理程序中作为软件交换机运行，也可以直接部署到硬件设备上作为控制层。此外，OVS 还支持多种标准的管理接口，如 NetFlow、sFlow、IPFIX、RSPAN、CLI、LACP、802.1ag。对于其他的虚拟交换机设备，如 VMware 的 vNetwork 分布式交换机、思科 Nexus 1000V 虚拟交换机等，它也提供了较好的支持。由于 OVS 提供了对 OpenFlow 协议的支持，它还能够与众多开源的虚拟化平台（如 KVM、Xen）相整合。在现有的虚拟交换机中，OVS 作为主流的开源方案，发展速度很快，它在很多的场景下都可灵活部署，因此也被很多 SDN/NFV 方案广泛支持。在几个开源的 SDN/NFV 项目中，尤其在 OpenStack、OpenNebula、和 OpenDayLight 中，OVS 都扮演着重要的角色。根据 openstack.org 2014 年的调查，OVS 作为虚拟交换机在 OpenStack 的部署中是用得最多的。详见 ［Ref14-1］。

　　OVS 在实现中分为用户空间和内核空间两个部分。用户空间拥有多个组件，它们主要负责实现数据交换和 OpenFlow 流表功能，还有一些工具用于虚拟交换机管理、数据库搭建以及和内核组件的交互。内核组件主要负责流表查找的快速通道。OVS 的核心组件及其关联关系如图 14-2 所示。

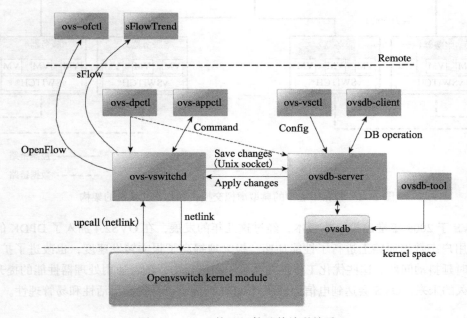

图 14-2　OVS 核心组件及其关联关系

　　其中，OVS 最重要的组件是 ovs-vswitchd，它实现了 OpenFlow 交换机的核心功能，并且通过 Netlink 协议直接和 OVS 的内部模块进行通信。用户通过 ovs-ofctl 可以使用 OpenFlow 协议去连接交换机并查询和控制。另外，OVS 还提供了 sFlow 协议，可以通过额外的 sFlowTrend 等软件（不包含在 OVS 软件包中）去采样和监控数据报文。

ovs-vswitchd 通过 UNIX socket 通信机制和 ovsdb-server 进程通信，将虚拟交换机的配置、流表、统计信息等保存在数据库 ovsdb 中。当用户需要和 ovsdb-server 通信以进行一些数据库操作时，可以通过运行 ovsdb-client 组件访问 ovsdb-server，或者直接使用 ovsdb-tool 而不经 ovsdb-server 就对 ovsdb 数据库进行操作。

ovs-vsctl 组件是一个用于交换机管理的基本工具，主要是获取或者更改 ovs-vswitchd 的配置信息，此工具操作的时候会更新 ovsdb-server 的数据库。同时，我们也可以通过另一个管理工具组件 ovs-appctl 发送一些内部命令给 ovs-vswitchd 以改变其配置。另外，在特定情况下，用户可能会需要自行管理运行在内核中的数据通路，那么也可以通过调用 ovs-dpctl 驱使 ovs-vswitchd 在不依赖于数据库的情况下去管理内核空间中的数据通路。

Openvswitch.ko 则是在内核空间的快速通路，主要是包括 datapath（数据通路）模块，datapath 负责执行报文的快速转发，也就是把从接收端口收到的数据包在流表中进行匹配，并执行匹配到的动作，实现快速转发能力。通过 netlink 通信机制把 ovs-vswitchd 管理的流表缓存起来。

OVS 数据流转发的大致流程如下：

1）OVS 的 datapah 接收到从 OVS 连接的某个网络端口发来的数据包，从数据包中提取源 / 目的 IP、源 / 目的 MAC、端口等信息。

2）OVS 在内核态查看流表结构（通过 HASH），如果命中，则快速转发。

3）如果没有命中，内核态不知道如何处置这个数据包。所以，通过 netlink upcall 机制从内核态通知用户态，发送给 ovs-vswitchd 组件处理。

4）ovs-vswitchd 查询用户态精确流表和模糊流表，如果还不命中，在 SDN 控制器接入的情况下，经过 OpenFlow 协议，通告给控制器，由控制器处理。

5）如果模糊命中，ovs-vswitchd 会同时刷新用户态精确流表和内核态精确流表；如果精确命中，则只更新内核态流表。

6）刷新后，重新把该数据包注入给内核态 datapath 模块处理。

7）datapath 重新发起选路，查询内核流表，匹配；报文转发，结束。

14.3　DPDK 加速的 OVS

虽然 OVS 作为虚拟交换机已经很好，但是它在 NFV 的场景下，在转发性能、时延、抖动上离商业应用还有一段距离。Intel 利用 DPDK 的加速思想，对 OVS 进行了性能加速。从 OVS2.4 开始，通过配置支持两种软件架构：原始 OVS（主要数据通路在内核态）和 DPDK 加速的 OVS（数据通路在用户态）。

14.3.1　OVS 的数据通路

根据上小节 OVS 的大致流程分析，跟数据包转发性能相关的主要有两个组件：ovs-vswitchd（用户态慢速通路）和 openvswitch.ko（内核态快速通路）。图 14-3 显示了 OVS 数据通路的内部模块图，DPDK 加速的思想就是专注在这个数据通路上。

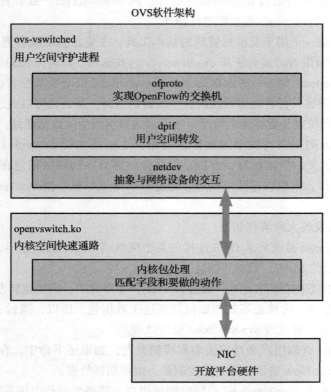

OVS软件架构

图 14-3　OVS 数据通路的内部模块

ovs-vswitchd 主要包含 ofproto、dpif、netdev 模块。ofproto 模块实现 openflow 的交换机；dpif 模块抽象一个单转发路径；netdev 模块抽象网络接口（无论物理的还是虚拟的）。

openvswitch.ko 主要由数据通路模块组成，里面包含着流表。流表中的每个表项由一些匹配字段和要做的动作组成。

14.3.2　DPDK 加速的数据通路

OVS 在 2.4 版本中加入了 DPDK 的支持，作为一个编译选项，可以选用原始 OVS 还是 DPDK 加速的 OVS。DPDK 加速的 OVS 利用了 DPDK 的 PMD 驱动，向量指令，大页、绑核等技术，来优化用户态的数据通路，直接绕过内核态的数据通路，加速物理网口和虚拟网口的报文处理速度。

图 14-4 显示了 DPDK 加速的 OVS 的软件架构，以及目前 Intel 贡献的主要专注点。

❑ dpif-netdev：用户态的快速通路，实现了基于 netdev 设备的 dpif API。

❑ Ofproto-dpif：实现了基于 dpif 层的 ofproto API。

❑ netdev-dpdk：实现了基于 DPDK 的 netdev API，其定义的几种网络接口如下：

- dpdk 物理网口：其实现是采用高性能向量化 DPDK PMD 的驱动。
- dpdkvhostuser 与 dpdkvhostcuse 接口：支持两种 DPDK 实现的 vhost 优化接口：vhost-user 和 vhost-cuse。vhost-user 或 vhost-cuse 可以挂接到用户态的数据通道上，与虚拟机的 virtio 网口快速通信。如第 12 章所说，vhost-cuse 是一个过渡性技术，vhost-user 是建议使用的接口。为了性能，在 vhost burst 收发包个数上，需要和 dpdk 物理网口设置的 burst 收发包个数相同。
- dpdkr：其实现是基于 DPDK librte_ring 机制创建的 DPDK ring 接口。dpdkr 接口挂接到用户态的数据通道上，与使用了 IVSHMEM 的虚拟机合作可以通过零拷贝技术实现高速通信。

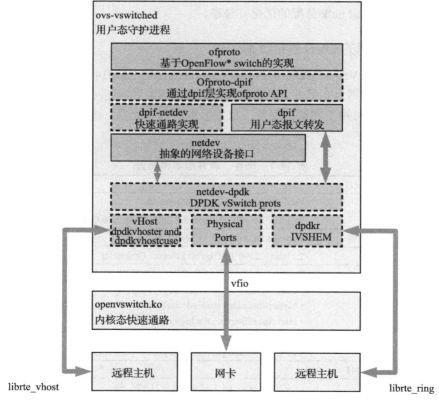

图 14-4　基于 DPDK 加速的 Open vSwitch 的软件架构

虚拟机虚拟网卡（virito/vhost 还是 IVSHMEM）的选择，请参考 13.6 节。

DPDK 加速的 OVS 数据流转发的大致流程如下：

1）OVS 的 ovs-vswitchd 接收到从 OVS 连接的某个网络端口发来的数据包，从数据包中提取源 / 目的 IP、源 / 目的 MAC、端口等信息。

2）OVS 在用户态查看精确流表和模糊流表，如果命中，则直接转发。

3）如果还不命中，在 SDN 控制器接入的情况下，经过 OpenFlow 协议，通告给控制器，由控制器处理。

4）控制器下发新的流表，该数据包重新发起选路，匹配；报文转发，结束。

DPDK 加速的 OVS 与原始 OVS 的区别在于，从 OVS 连接的某个网络端口接收到的报文不需要 openvswitch.ko 内核态的处理，报文通过 DPDK PMD 驱动直接到达用户态 ovs-vswitchd 里。

对 DPDK 加速的 OVS 优化工作还在持续进行中，重点在用户态的转发逻辑（dpif）和 vhost/virtio 上，比如采用 DPDK 实现的 cuckoo 哈希算法替换原有的哈希算法去做流表查找，vhost 后端驱动采用 mbuf bulk 分配的优化，等等。

14.3.3　DPDK 加速的 OVS 性能比较

Intel 发布过原始 OVS 与 DPDK 加速的 OVS 的性能比较［Ref14-1］，主要比较两种场景：一个是物理网口到物理网口，另一个是物理网口到虚拟机再到物理网口。

表 14-1 列出了当时用于测试的硬件、软件版本和系统配置。读者可以按照下面这个模型自己测试一番。

表 14-1　硬件、软件版本和配置

HARDWARE COMPONENT	
Platform	Intel*WorkStation Board W2600CR
Processors	2x Intel*Xeon*processors E5-2680 v2 @ 2.80 GHz
Memory	8x 8 GB DDR3-1867 MHz DIMM
NICs	2x Intel*82599 10 Gigabit Ethernet Controller
BIOS	Revision: 04/19/2014 SE5C600.86B.02.03.0003.041920141333 • Intel*Virtuatization Technology enabled. • Myper-threading enabled/disabled as indicated by test. • Intel SpeedStep*technology disabled. • Intel*Turbo Boost Technology disabled. • CPU power and performance pollcy: performance.
SOFTWARE COMPONENT	
Host OS	Fedora*21 x86_64 3.17.4-301 fc21.x86_64
Virtual machine	Fedora 21 x86_64 3.17.4-301 fc21.x86_64
Virtualization technology	QEMU kvm v2.2.0
DPDK	DPDK 2.0.0
vSwitch	Open vSwitch*v2.4.0 (pre-release) git commit 44dbb3e4bd085588alebc70d9a25d2ed6b63e18b

（续）

IXIA	lxNetowrk 7.40.929.15 EA
gcc	gcc (GCC) 4.9.2 20141101 (Red Har 4.9.2-1)
CONFIGURATION	
CPU isolation	All cores isolated except core 0
Core affinitization	Standand Open vSwitch: QEMU*, vHost processes core affinitized OvS with DPDK: PMDs core affinitized through OvS pmd-cpu-maks
DPDK	vhost-user disabled
vSwitch	ovs-vswitchd-dpdk-c 0x8 -n 4 --socket-mem 1024, 0 -- unix:/usr/local/var/run/openvswitch/db.sock --pidfile
QEMU	VHost = on, mrg_rxbuff = off

　　如图 14-5 和图 14-6 所示，在这两种场景和 256 字节数据包的大小下，DPDK 加速的 OVS 比原始 OVS 的性能分别提高了 11.4 倍和 7.1 倍。

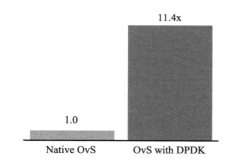

图 14-5　物理网口到物理网口的性能比较　　　图 14-6　物理网口到虚拟机再到物理网口的性能比较

　　从图 14-6 中可以看出，如果用两个处理器核做 OVS 的转发逻辑比用一个处理器核体高了 1.81 倍，其可扩展性还是不错的。图 14-7 和图 14-8 详细描述了这两个场景下的数据流向。

　　图 14-7 显示出物理网口到物理网口场景下的数据流向，具体过程如下：

　　1）匹配数据通过 DPDK 的 fast path 加载入 OVS。

　　2）数据包到达 0 号物理端口。

　　3）数据包绕过 Linux 内核直接通过 DPDK 针对该网卡的 PMD 模块进入 OVS 的用户态空间。

　　4）查询该数据库所匹配的操作。

　　5）此例中的操作是将该数据库转发到 1 号端口，DPDK 的 PMD 模块会直接将该数据包从 OVS 的用户态空间发送到 1 号端口。

　　图 14-8 显示出物理网口到虚拟机再到物理

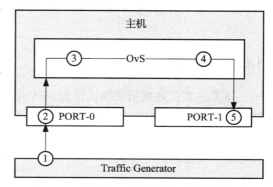

图 14-7　物理网口到物理网口的数据流向

网口场景下的数据流向，具体过程如下：

1）匹配数据通过 DPDK 的 fast path 加载入 OVS。

2）数据包到达 0 号物理端口。

3）通过网卡的 DPDK PMD，数据包被接收到用户态的 OVS 中。

4）查询该数据库所匹配的操作。

5）将数据包转发到 0 号虚拟端口。通过 DPDK vHost 库，将该数据包转发到 VM 中。

6）数据包被接收到 VM 中后，通过 DPDK VirtIO PMD 转发回主机。

7）通过 DPDK Vhost 库，数据包再次从 1 号虚拟端口被接收到用户态的 OVS 中。

8）查询该数据库所匹配的操作。

9）此例中的操作是将该数据库转发到 1 号端口，DPDK 的 PMD 模块会直接将该数据包从 OVS 的用户态空间发送到 1 号端口。

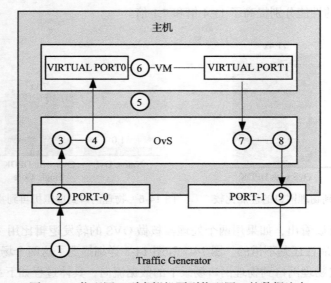

图 14-8　物理网口到虚拟机再到物理网口的数据流向

14.4　小结

本章主要讲述虚拟交换机作为 NFV 基础设施的一个重要组成部分，它的性能至关重要。同时我们选取了 OVS 这个知名度最高、使用度最广的开源虚拟交换机为例，通过分析其数据通路架构，我们利用 DPDK 的性能优化思想，对其数据通路进行改造，最后得到的性能提升还是很明显的。

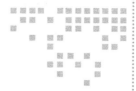

第 15 章　*Chapter 15*

基于 DPDK 的存储软件优化

DPDK 技术的诞生虽然主要是为了加速网络报文（小包）的处理，但是相关技术亦可以应用到存储系统中，用以提高存储系统中网络的效率，继而提升整个系统的性能。由于 DPDK 技术只关注 OSI 协议的第二和第三层，为此使用到存储中，需要做一些额外的工作。本章将详细介绍如何把 DPDK 技术应用到存储的一些领域中，并了解所面对的挑战和机会。

首先让我们简单回顾一下 DPDK 的主要特点。DPDK 作为一个高速处理网络报文的框架，提供了以下重要的思想和技术。

❑ 用户态的网络驱动：使用轮询方式的用户态网络驱动，替换了基于中断模式的内核态网络驱动。

❑ 基于大页的内存管理：DPDK 的大页机制是预先分配一块内存，进行独立的内存管理。

❑ 基于 pthread 的 CPU 调度机制：目前 DPDK 使用了 pthread 开发库，在系统中把相应的线程和 CPU 进行亲和性的绑定，这样，相应的线程尽可能使用独立的资源进行相关的数据处理工作。

回顾 DPDK 的设计框架，我们可以自然而然地联想到把 DPDK 运用在高性能计算或者存储系统上。特别是在网络数据交换密集的应用中，如果数据之间没有紧耦合的情况下，DPDK 的特性可以有助于提高整个数据处理系统的性能，比如提高 IOPS、减少时延。不过，在实际应用中，我们要达到这样的目标并不那么容易。下一小节将介绍一些基于 DPDK 的网络存储所带来的挑战。

15.1　基于以太网的存储系统

以太网已经成为当今存储系统中不可缺少的一环。这些存储中的网络大致可以分为两个部分，内部网络和外部网络。内部网络主要是整个存储系统中各个节点之间的通信（如果存储系统由集群构成）。外部网络是对外的接口，提供相应的服务。

目前，DPDK 相关技术主要用于以太网协议的网卡优化。为此，我们这里提到的网络存储系统，都建立在由以太网组成的网络上。

图 15-1 给出了一个基于以太网协议的网络存储应用示例。存储阵列或者服务器利用已有的网络，采用不同的交互协议来提供各种存储服务。这些存储服务可以分为以下几类：文件存储（file）、块存储（block）和对象存储（object）。下面是几种常见的网络协议：

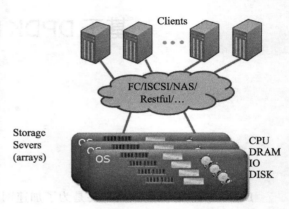

图 15-1　基于以太网的存储系统

1）iSCSI 协议：运行在以太网的 SCSI（Small Computer System Interface，小型计算机系统接口）协议，主要提供块设备服务。

2）NAS 协议：可以运行在以太网上提供文件服务。

3）Restful 协议：运行在 HTTP 之上的（http 协议亦可以工作在以太网上），提供相关对象存储服务。

4）运行在以太网协议的 FC（Fibre Chanel）协议 FCOE：用以访问传统的 SAN（storage area network，存储区域网）提供的存储服务。

由于下面要介绍一套 DPDK 的 iSCSI 软件方案，这里先简单介绍一下 iSCSI 协议。iSCSI（internet Small Computer System Interface）是由 IEETF 开发的网络存储标准，目的是用 IP 协议将存储设备连接在一起。通过在 IP 网上传送 SCSI 命令和数据，ISCSI 推动了数据在网际之间的传递，同时也促进了数据的远距离管理。由于其出色的数据传输能力，ISCSI 协议被认为是促进 SAN 市场快速发展的关键因素之一。因为 IP 网络的广泛应用，ISCSI 能够在 LAN、WAN 甚至 internet 上进行数据传送，使得数据的存储不再受地域的限制。ISCSI 技术的核心是在 TCP/IP 网络上传输 SCSI 协议，它利用 TCP/IP 报文和 ISCSI 报文封装原来的 SCSI 报文，使得 SCSI 命令和数据可以在普通以太网上进行传输，如图 15-2 所示。

IP Header IP报文头	TCP Header TCP报文头	iSCSI header iSCSI报文头	SCSI命令和数据

图 15-2　iSCSI 报文结构

因此，网络存储系统不仅仅依赖于网络性能，还依赖于后端的存储系统性能，两者的优化缺一不可。为此，我们需要综合考虑如何提高前端的网络通信和后端的存储设备上的数据处理效率。我们可以简单了解一下，现有的基于服务器的存储系统怎么处理相关的读写操作。假设有一个来自用户请求（如图 15-3 所示）的写操作，那么会有以下的流程：

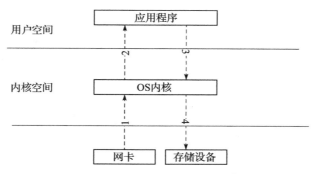

图 15-3　基于服务器的存储系统的写请求处理示意图

1）网卡收到相应的数据。

2）内核把相应的数据从内核态拷贝到位于用户态的 daemon（守护进程）。

3）daemon 守护进程调用写服务，要求内核写回存储设备。

4）为此相应节点的内核收到相应的请求，把数据从用户态拷贝到内核态，然后调用相应的存储驱动来进行写操作。

从上面的处理过程可以看到，在传统的网络存储中，一般的写操作将发生两次数据拷贝。第一次由网络传输引起，第二次由后端存储设备引起。当然，一些比较高端的存储系统会进行一些优化，例如使用零拷贝技术。目前 Linux 也提供了 scatter-gather 的 DMA 机制，这样可以避免内核空间到用户空间的数据拷贝，只需要把网卡的数据直接从网卡的缓存区拷贝到应用程序的用户态内存空间中，再把用户态的内存空间的数据直接由存储驱动写回设备。但是，在与基于内核的存储系统进行交互中，不是所有的数据拷贝都是可以避免的。因此，如何提高前端和后端的性能，是所有网络存储系统不得不面临的挑战。

15.2　以太网存储系统的优化

下面系统地解释一下如何利用 DPDK 解决网络协议栈的技术问题。图 15-4 显示了利用 DPDK 技术来构建和优化存储系统中的各个模块。

首先，我们可以利用 DPDK 来优化网络驱动，通过无锁硬件访问技术加速报文处理，例如 Intel 网卡的 Flow Director 技术将指定的 TCP 流导入到特定的硬件队列，针对每个 Connection（连接）分配不同的 TX/RX 队列。

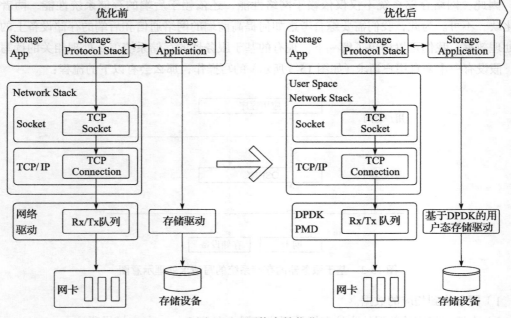

图 15-4　网络存储优化

其次，在 Socket 协议层，我们可以利用 DPDK 去除共享数据结构的内核锁，降低内核驱动的延时和上下文切换，加速数据处理，从而实现高效的用户态网络协议栈。当然，即使有了用户态网络栈的支持，从程序开发的角度来讲，我们还必须保持这个用户网络栈和内核态网络栈接口的兼容性。理想情况下，所有上层应用程序可以不修改已有的代码，就可以无缝地迁移到用户态的软件栈，这样对于软件开发的影响可以降低到最小。

另外，我们还可以使用 DPDK 技术实现用户态下的存储设备驱动，最大限度地减少内存拷贝和延时，提高数据吞吐量。

毫无疑问，DPDK 对于网络报文的处理，尤其对小尺寸的网络包（包大小低于 1500 字节）和并发的网络连接有很大的性能提升。网络存储系统可以使用 DPDK 技术来实现用户态的网络驱动，以避免内核和用户态之间由于数据拷贝所带来的开销。这样，就正好解决了网络存储中的"网络部分"的性能瓶颈。除此以外，DPDK 也可以用来实现用户态的存储驱动来解决用户态数据到具体存储设备的开销。另外，在设计新的网络存储服务的时候，我们需要关注 DPDK 的并行数据处理框架，利用 DPDK 的编程框架更好地发挥 DPDK 由于并行带来的好处。另外，无论是提供文件、对象或块服务，网络存储都需要相应的网络栈，即利用"已经存在的物理网络"加"上层的网络协议"。所以，在把 DPDK 技术应用到基于以太网的网络存储中之前，我们需要考量已有的 DPDK 是否能够提供一个完整的网络协议栈。目前的 DPDK 没有提供正式支持的用户态网络协议栈，仅提供了使用轮询工作模式的诸多以太网卡的驱动，可以进行简单的以太网收发包的工作。这意味着 DPDK 只能工作在 OSI 7 层协议的第 2 层（link）和第 3 层（IP）上，还没有提供基于第 4 层（协议层）相关的网络传输协议，比如 TCP/IP 协议。因此，对于需要 TCP/UDP/IP 协议的应用程序，目前还无法直接使用 DPDK。但幸运的是，尽管 DPDK 社区还没有官方支持的 TCP/IP 栈，但已经有些商业（TCP/IP）软件栈提供了这样的方案，并已经有一些和 DPDK 展开了密切的合作，还建立开源项目专门集成相关的开源用户态网络协议栈，诸如 mtcp［Ref15-1］、libuinet［Ref15-2］、OpenFastPath［Ref15-4］等。这些开源的 TCP/IP 都有不同的应用场景，尽管不像 Linux 内核中的 TCP/IP 栈那么通用和稳定，但是都能在一定的应用场景中提供超过现有 Linux 内核态协议栈的性能，因此都有不小的受众。

15.3　SPDK 介绍

为了加速 iSCSI 系在 IA 平台上的性能，Intel 专门提供了一套基于 IA 平台上的软件加速库和解决存储方案 SPDK（Storage Performance Development Kit），它利用了 DPDK 框架极大提高了网络存储协议端和后端的存储驱动的性能。SPDK 架构包含以下内容（如图 15-5 所示）：DPDK 的代码库，一个用户态的 TCP/IP 栈，一些用户态的存储相关的驱动（比如用户态的基于 NVME 的 SSD 驱动），一个基于 DPDK 和用户态 TCP/IP 栈的 iSCSI target 的应用程序。目前，Intel 已经将 SPDK 开源，并公开了基于 NVME 协议的用户态的 SSD 驱动［Ref15-5］，接下来会逐步开源其他的模块。

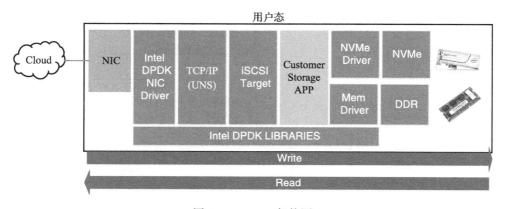

图 15-5　SPDK 架构图

15.3.1　基于 DPDK 的用户态 TCP/IP 栈

前面已经提到，DPDK 只提供了对 OSI 7 层协议的第 2 层和第 3 层的支持，为此需要第 4 层以上协议（主要是需要 TCP 或者 UDP）支持的应用程序无法直接使用 DPDK。为了弥补这一个问题，SPDK 中提供了一个用户态的 TCP/IP 协议栈（libuns）。为了高效地利用 DPDK

对于网络报文快速处理这一特性，一个有效的网络协议栈必须解决兼容性和性能问题。

（1）兼容性

一般而言，应用程序都是调用系统已经存在的套接字接口（SOCKET API）。举个例子，图 15-6 给出了基于统一的 SOCKET API，但是使用了不同的 TCP/IP 协议栈的比较示意。我们可以看到图的左边主要是使用了基于 Linux 内核的 TCP/IP 协议栈，用户所发送数据需要通过内核协议栈的协助，这样就会产生用户态和内核态的上下文切换，并且产生用户空间和内核空间之间的数据拷贝。而图的右侧显示了基于用户态的软件协议栈，比如 DPDK、UDS 等，应用程序必须绕过内核所提供的 TCP/IP/UDP 协议栈。这是一个比较简单的方法，通过应用程序调用自定义的接口，这样的方法降低了实现上的难度，但是不兼容已有的应用程序，已有的应用程序必须做代码上的修改，才能使用新的用户态网络协议栈。因此，用户态的 TCP/IP/UDP 协议栈，必须为上层的应用提供一个友好的机制，让用户使用已有的接口，但是可以绕过现有内核的实现。这样的方法有很多种，SPDK 中的 libuns 提供了以下的解决方案：监控打开 socket 操作相关的文件描述符（file descriptor），当调用标准库操作的时候（诸如 linux 下是 glibc），进行截获，一旦发现是监控的文件描述符，就调用用户态的函数。

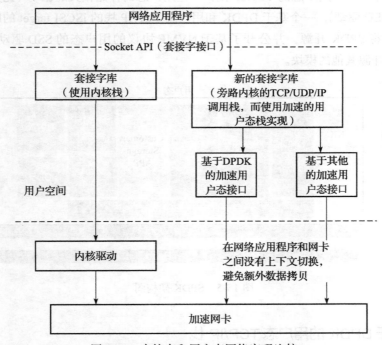

图 15-6　内核态和用户态网络实现比较

（2）性能

为了保持与已有的 DPDK 的管理机制兼容，我们需要对相应的 TCP/IP 栈进行优化，

LIBUNS 就很好地利用了 DPDK 的优势。图 15-7 给出了在 FreeBSD 系统中，应用程序如何调用网络服务。应用程序在用户态使用线程安全的套接字库。在内核中为了实现相应的功能，采用了一系列线程来访问如下的一些层：套接字层的状态机、传输层的协议栈（UDP，TCP等）、IP 层、link 等。从图 15-7 中我们可以看出，在每一层中都有很多锁的机制来保护共享的资源，以保证资源被访问的正确性。需要注意的是，当多线程应用同时访问 TCP/IP 栈的时候，由于存在很多的竞争，会导致协议栈的性能下降。

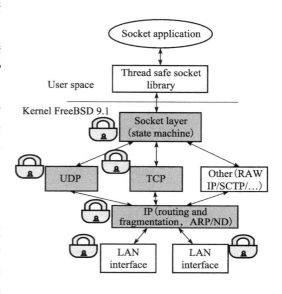

图 15-7　FreeBSD IP 层协议栈

再让我们了解图 15-8 中 Libuns 的协议栈，应用程序调用兼容的套接字软件库（包含在 libuns.so 文件中），而套接字层的状态机、传输层的协议栈（UDP，TCP 等）、IP 层等实现都转移到了用户态。因为 Libuns 在实现中保证了所有资源都是由应用程序独享的，每层的锁机制都被去除了，这就减少了锁竞争所带来的代价。

Libuns 能这么做的原因在于，DPDK 提供了相应的机制允许 CPU 可以直接绑定在网卡的队列，负载不同的接收和发送。如图 15-8 所示，每个 socket layer 的实体的队列处理可以使用 DPDK 的队列管理功能。

图 15-9 给出了 Libuns 的详细架构：

❑ Diven by application：完全由应用程序驱动。

❑ Puring polling solution：采用 DPDK 支持的轮询模式的包处理。

❑ Single Rx Queue：Libuns 使用了单一的队列来接收数据，但是针对不同的应用程序线程，Libuns 提供了独立的发送队列来发送数据。

❑ Software Filters patches to individual TCP Flows：通过 flow director 以及共享 ring 的机制把数据发送给应用程序的不同线程。

❑ Sperate Memory Pools：针对应用程序的不同线程，Libuns 提供了单独的内存池，因此访问内存不需要额外的锁保护机制。

❑ No Locks：不同的线程可以使用不同的发送队列，因而相应的锁可以被去除。

除了 Libuns，还有一些其他的用户态协议栈可以选择。这里我们再介绍另一个开源项目 MTCP。MTCP 是一个针对多核架构设计的高可扩展的用户态 TCP/IP 栈的实现，针对高并发的连接和网络处理进行专门的优化。目前 MTCP 3.0 已经可以运行在 DPDK 之上，根据最新的测试，MTCP 可以很好地利用 DPDK 对某些应用进行加速。

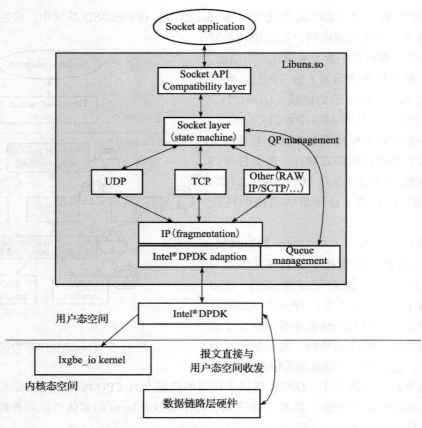

图 15-8　Libuns 的 TCP/UDP/IP 协议栈

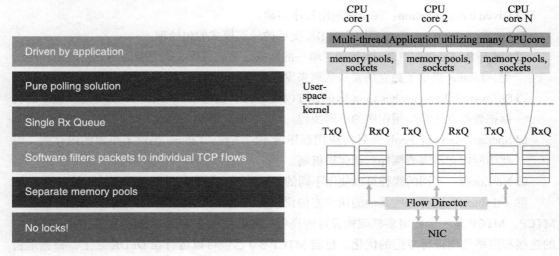

图 15-9　Libuns 系统架构

在 MTCP 看来，原有的 Linux 内核态 TCP/IP 栈的实现主要存在以下问题：

❏ 由于文件的描述符（File Descriptor，FD）在一个进程内部都是共享的，因此不同的 CPU 核在处理 FD 的时候存在相关的竞争。这些竞争包括：共享的监听 FD 的队列（锁保护）、FD 的管理、需要在共享的空间内寻找空闲的 FD。

❏ 破坏了应用程序的局部最优原则，比如在基于 per-core 的包处理队列中，收到中断的 CPU 和最后实际处理网络数据读写的 CPU 不是同一个，这就带来大量的系统开销。

❏ 低效的批处理方式，比如 accept/read/write 等系统调用效率不高，不断地要进行上下文的切换，并引起 cache 的不断更新。另外，内核的 TCP/IP 栈处理报文的时候也很低效，对每个包都要进行内存的分配。

为了解决这些问题，MTCP 采用了如下的解决方案来优化它所实现的用户态 TCP/IP 栈。

❏ 每个 CPU 工作在独立的资源上，FD 和 core 绑定，每个 core 的 FD 都是私有的，有自己的 FD 监听队列，这样不同的 CPU core 之间不存在竞争。

❏ 基于内核态下的 packet IO 批处理变成在用户态进行批量处理，减少了与内核之间的上下文切换。

根据 MTCP 的论文 ［ Ref15-6 ］，MTCP 在处理小包和高并发的时候还是非常高效的，有兴趣的读者可以去阅读 MTCP 的论文。笔者也曾尝试了一下 MTCP，但是发现 MTCP 在易用性方面还需要加强，MTCP 也存在一些问题，例如：

❏ 目前只支持 TCP 协议，不支持 UDP。

❏ 如果要使用 MTCP，我们需要修改原有程序的代码。MTCP 函数使用了前缀名为 mtcp_ 的命名方式，替换原有的函数。比如正常的 getsocket 函数，MTCP 提供了 mtcp_getsocket 函数，并且传入的参数也多一个 MTCP 特有的上下文参数。这导致当用户程序的网络模块的代码比较复杂的时候，代码移植的代价很大。另外，MTCP 所提供的兼容 BSD 的 socket 接口也比较有限，某些函数并没有实现。

❏ 独立的 FD 管理也增加了管理成本。由于 MTCP 为了克服由于内核共享 FD 所带来的开销，让每个 CPU 核使用独立的 FD。这就对应用程序提出了要求，使用 MTCP 所建立的 FD 只能在同一个 CPU 核上处理。暂时 MTCP 并没有支持 CPU 核之间的 FD 迁移。

这里我们还想再介绍另一个高性能的协议栈 OpenFastPath（简称 OFP）。它是一个开源的高性能 TCP/IP 协议栈的实现，目前 OFP 社区主要的成员包括有 NOKIA、ENEA 和 ARM。OFP 的开源 TCP/IP 协议栈的实现构建在 OpenDataPlane 之上（详细内容请参考 ［ Ref15-7 ］）。图 15-10 给出了 OFP 的架构图，我们可以看出应用程序如何调用相关模块显示功能，应用程序 ->OFP API -> ODP API -> Linux kernel -> ODP/DPDK 的驱动软件或者固件。详细可以参考 ［ Ref15-4 ］。

总的来讲，OFP 的设计还是比较优美的，但是目前的 OFP 还存在一些问题，例如 API 的兼容性。OFP 所提供的一些 socket 相关的 API 都使用了" OFP_"的前缀，因此应用程序也需要修改代码才能在 OFP 上执行。

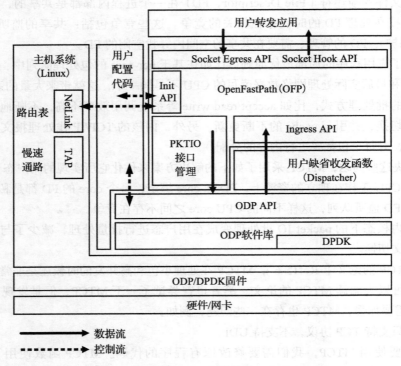

图 15-10 OFP 架构

虽然在 ODP 中已经有一些 DPDK 的支持相关的 PATCH，但是还没有进入 ODP 的主分支，所以，目前发布的 OFP 还不能利用 DPDK 进行测试。笔者曾经试图在 OFP 框架下使用 ODP + DPDK，由于 IP 地址的解析以及 OFP 线程和 DPDK 的线程一起使用的适配问题，导致测试程序未能正常运行。读者如果要尝试这种方案，还需要多做一些研究工作。

15.3.2 用户态存储驱动

为了更好地发挥 DPDK 的优势，SPDK 提供了一些用户态的存储驱动，诸如基于 NVME 协议的 SSD 的用户态驱动。NVME（Non-Volatile Memory Express）是一个基于 PCI-e 接口的协议。通过优化存储驱动，再配合经过 DPDK 优化的用户态协议栈，存储网络服务器端的 CPU 资源占用将被进一步降低。

1. 用户态 NVME 驱动工作机制

图 15-11 中，SPDK 在 IO 管理上使用 DPDK 提供的 PMD 机制和线程管理机制，一方面通过 PMD 避免中断，避免因上下文切换造成的系统开销，另一方面，通过 DPDK 的线程亲和特性，将指定的 IO QUEUE 绑定特定的 DPDK 线程，在线程内部可以实现无锁化，完全避

免因资源竞争造成的性能损失。另外，SPDK 还引入了 DPDK 内存管理机制，包括 hugepage 和 rte_malloc 以及 rte_mempool，使内存管理更加高效稳定。

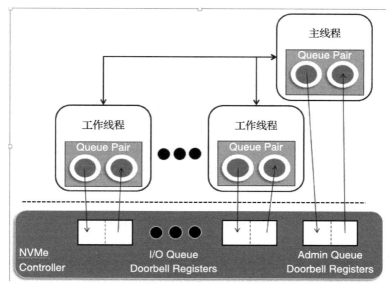

图 15-11　用户态 NVME 驱动机制

SPDK 所提供的用户态存储驱动提供了内核驱动相同的功能，但和内核驱动相比，存在以下的区别：

❑ 使用轮询工作方式。

❑ 提供了线程的亲和性绑定，避免资源竞争。

❑ 利用 DPDK 的内存管理机制，以及利用 mmio 的方法映射 PCI 设备上的寄存器和内存空间。当然，用户也可使用其他的内存管理机制，未必一定要使用 DPDK 的内在管理机制。

基于 DPDK 的用户态存储驱动和内核驱动相比，在功能方面不会有缺失，诸如在可靠性方面可以提供一样的功能，甚至可靠性更高，因为在内核中如果驱动发生故障，有可能导致内核直接崩溃，而用户态的驱动不会存在这样的问题。

2. 内核态和用户态 NVME 性能比较

目前市场上，采用 NVME 协议的 SSD 要比采用 SATA 和 SAS 协议的 SSD，性能更快，主要体现在 IOPS 的大幅度提高和时延的大幅度降低。虽然采用内核来驱动基于 NVME 的 SSD，性能也完全可以达到物理上的标称值，但是会消耗更多的 CPU。而基于用户态的 NVME 的 SSD 驱动则可以降低 CPU 的使用，用更少的 CPU 来驱动 NVME 的 SSD，也能达到同样的性能。这意味着在同样的 CPU 配置情况下，用户态的 NVME 驱动性价比更高。

为了验证这一点，笔者做了以下的实验，主要比较用户态和内核态 NVME 驱动的性能。实验环境配置如下：

❑ 实验机器搭载 2P Xeon® E5-4650 2.7GHz（8 core）。

❑ 32GB RAM。

❑ Ubuntu（Linux）Server（kernel version 3.17）。

❑ 配置 4 个基于 NVME 协议的 Intel SSD：PC3700。（P3700 的 4KB 随机读的标称最高速度是 450K IOPS。）

图 15-12 给出了在使用单核情况下，SPDK 的用户态 NVME 驱动和内核态 NVME 驱动的性能比较。可以看出在 SSD 被分成 1，2，4，8，16 个分区的时候，用户态 NVME 驱动总能达到英特尔 P3700 NVME 的性能上限，而内核态 NVME 驱动的性能比较差。单核的性能大概只有用户态 NVME 驱动的 1/9 左右。当然，使用内核态的 NVME 驱动，也可以达到物理的性能极限，那意味着要用更多的 CPU 核。

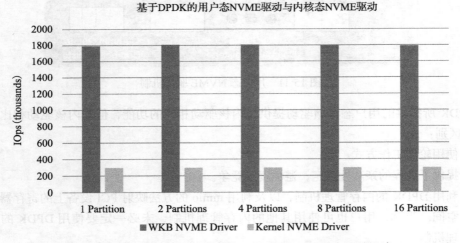

图 15-12　对本地 4 个 NVME 的 SSD 进行 4KB 的本地随机读

此外，图 15-13 也给出了用户态和内核态 NVME 在使用单核情况下驱动 1 个、2 个、4 个 SSD 的性能情况。我们可以看出，用户态 NVME 驱动的性能基本是线性增长，而内核态 NVME 驱动的性能没有任何的增长。这充分说明了，和内核态 NVME 的驱动相比，用户态 NVME 驱动可以使用更少的 CPU 来完成同样高性能的 NVME 读写。性能的差别主要在于以下几点：

❑ 基于用户态 NVME 驱动进行相关读写时，不涉及任何的用户态和内核态的数据拷贝，不存在上下文切换。

❑ 在频繁读写下，polling model 比 interrupt model 更有效。

❑ 通过内核驱动读写块设备，存在相关的锁机制，从而降低了性能。

- ❏ 内核态比较长的函数调用栈，大量消耗了 CPU 的执行时间。
- ❏ 用户态的 NVME 驱动可以把不同的 CPU 绑定在 NVME 设备的不同队列上，从而减少了 CPU 之间的竞争。

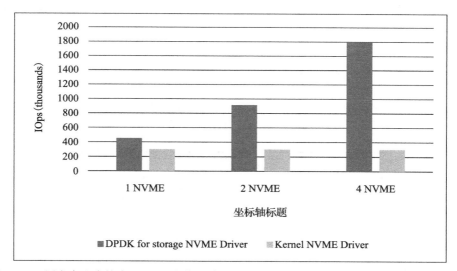

图 15-13　用户态和内核态 NVME 在使用单核情况下驱动 1 个、2 个、4 个 SSD 的性能比较

15.3.3　SPDK 中 iSCSI target 实现与性能

1. SPDK 中 iSCSI target 实现

SPDK 中提供了一个 iSCSI target 实现的用例，以体现使用 DPDK 在性能上确实有相应的提升。图 15-14 给出了 SPDK 中的 iSCSI target 实现图，iSCSI 客户端的工作流程大致如下：

1）利用 DPDK 用户态的 polling model driver，从网卡中获取数据。

2）数据经过用户态的 TCP/IP 栈，通过标准的 socket 接口，转给 iSCSI target 应用程序。

3）iSCSI target 应用程序解析 iSCSI 协议，转化成 SCSI 协议，把数据请求发给相应的后端驱动。

4）后端驱动接收数据后，对真实的设备驱动进行相应的读写操作。

5）I/O 请求完成后，相关返回数据交给 iSCSI target 应用程序。

6）iSCSI target 应用程序把数据封装成 iSCSI 协议后，调用标准 socket 接口写回数据。

7）用户态的 TCP/IP 栈得到数据后，进行相应的 TCP 数据分装，调用 DPDK 的 polling model driver。

8）DPDK polling model driver 驱动具体的网络设备，把数据写入网卡。

基于 SPDK iSCSI target 端的应用对比传统的 iSCSI target 端的应用，区别在于：

❑ 传统的 iSCSI target 应用一般使用：内核态的 iSCSI 协议栈 +TCP/IP 协议栈 + 中断模
式的网卡驱动，比如 LIO。（当然也有一些 iSCSI target 使用用户态的 iSCSI 栈，比如
TGT。）

❑ SPDK 中的 iSCSI target 使用的是：用户态的 iSCSI 协议栈 +TCP/IP 协议栈 +DPDK 用
户态的 polling model 驱动。

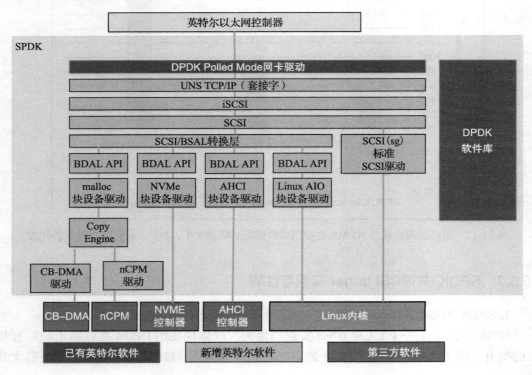

图 15-14　SPDK 中 iSCSI target 端实现架构图

这样的好处在于，减少了用户态和内核态之间数据交换的代价。如果后台的驱动是用户
态的，就可以减少两次可能的数据拷贝：第一次，发生在发送或者接收网络数据的时候；第
二次，发生在读写存储设备的时候。

我们知道，无论使用用户态还是内核态的驱动都不可能超过存储设备物理上的读写速
度。但是，通过软件优化的方案，我们可以减少相应的 CPU 的消耗。而基于 SPDK 的 iSCSI
target 的加速方案，毫无疑问地减少了 CPU 的消耗。这样的话，和传统的 iSCSI 解决方案相
比，SPDK 的 iSCSI target 解决方案在达到同样服务质量的时候使用了更少的 CPU。

2. 基于 SPDK 的 iSCSI target 性能分析

为了更好地反映基于 SPDK 的 iSCSI target 的性能，我们根据以下配置做了相关的 iSCSI
的性能测试实验：

❑ iSCSI 服务器端：Intel 2P Xeon® E5-4650 2.7GHz（8 core），32GB RAM，Ubuntu（Linux）Server12.04 LTS，2x Intel® 82599 EB 10 GbE Controller。

❑ iSCSI 客户端：Intel I7-3960X 3.3GHz（6 core），8GB RAM，Windows Server 2008R2，2x Intel® 82599 EB 10 GbE Controller。

❑ 客户端和服务器端的网络连接：不使用交换机，点对点连接。

❑ iSCSI 负载配置：每个 iSCSI 发起者使用两个连接，每个连接分配两个 LUN，每个 LUN 上运行一个 IOMETER。

❑ IOMETER 配置：4 个工作者分别绑定在 core 0 到 3 上，读写大小 4KB，I/O depth 1 到 32。

图 15-15 和图 15-16 给出了基于 SPDK 的 iSCSI 和 LIO 的 iSCSI 的性能比较，我们分别测试了随机读和随机写在队列长度为 1、2、4、8、16、32 情况下的 IOPS、时延、CPU 核的使用率。从图中我们可以看到，SPDK 的 iSCSI 能够达到和 LIO 相同的性能，但是使用的 CPU 要远远少于 LIO；并且在时延方面，SPDK 也要优于 LIO。

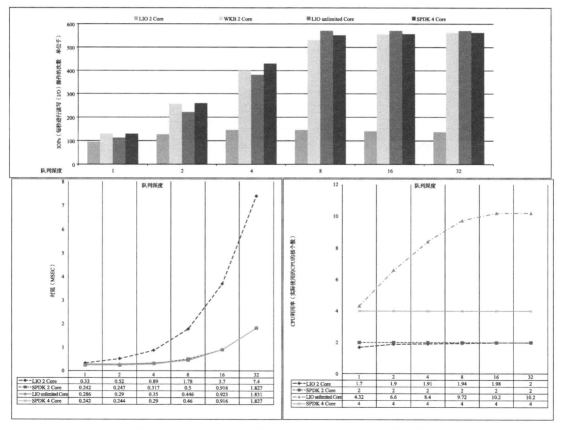

图 15-15　ISCSI 4KB 随机读：SPDK 和 LIO 的性能比较

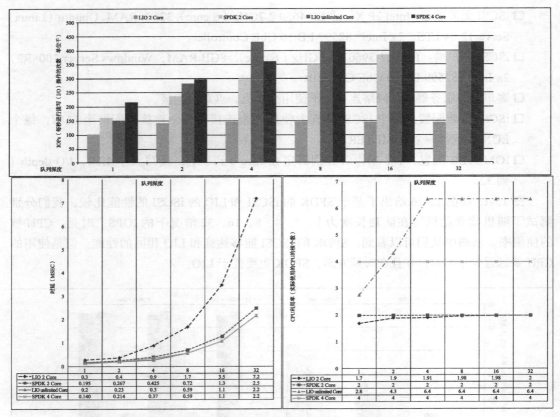

图 15-16 ISCSI 4KB 随机写：SPDK 和 LIO 的性能比较

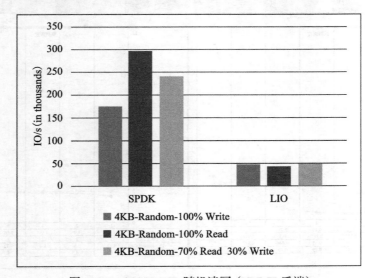

图 15-17 iSCSI 4KB 随机读写（NVME 后端）

为了更好地说明 SDPK 的 iSCSI 对于 CPU 利用率的提高，我们给出了以下的性能比较。在服务器端，我们部署基于 NVME 协议的 SSD，采用同样的方法进行测试，但仅比较服务器端单核的性能。从图 15-17 我们可以看到，基于 SPDK 的 iSCSI 单核性能要远远优于 LIO 的 iSCSI，其中读性能最高，可以达到 LIO 的 7 倍，即有 650% 的增长。并且我们可以看到随着服务器端 CPU 核配置的增加，SPDK 几乎可以到达线性增长。

15.4　小结

本章介绍了 DPDK 技术在存储系统中的应用。DPDK 最初的设计目的是加速网络报文处理，并提供了一套完整的内存管理机制、用户态 CPU 调度机制、用户态设备管理等机制。但是，在实践中我们发现 DPDK 的这些机制也可以应用到存储系统中，用于改善网络存储系统中的网络和存储设备的性能。当我们解决了应用 DPDK 技术的相关挑战后，尤其是成功实现用户态的 TCP/UDP/IP 栈和提供用户态的存储驱动后，我们惊喜地发现 DPDK 技术确实可以有效地提高存储网络的性能。

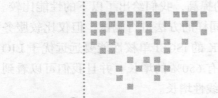

Appendix A 附录 A

缩 略 词

缩略词	说　明
3GPP	3rd Generation Partnership Project 第三代伙伴计划协议主要是制订以 GSM 核心网为基础、TD-CDMA 技术为无线接口的第三代技术规范
ACL	Access Control List 访问控制列表
ASIC	Application-specific Integrated Circuit 专用集成电路
atomic operation	原子操作——不可被中断的一个或一系列操作
bps	bit per second 比特率
Cache Miss	缓存失效未命中，需要从内存加载到缓存
Cache Write Back	将缓存数据回写到内存中
Cgroup	control group Linux 内核提供的一种可以限制、记录、隔离进程组所使用的物理资源（如：cpu、memory、IO 等）的机制
Coherency	一致性
Core affinity	内核亲和性
CT	Communication techonology 通讯技术产业
DDIO	Data Direct I/O 数据直连技术
DPDK	Data Plane Development Kit 数据面开发套件
EPC	Evolved Packet Core 演进分组核心网，4G 核心网络
ETSI	European telecommunications Standards Institute 欧洲电信标准化协会
Exact Match	Exact Match 精确匹配
FPGA	Field-Programmable Gate Array 现场可编程门阵列
Freedom from Deadlock	无死锁
General Purpose	通用处理器

（续）

缩略词	说　明
ICT	信息、通信和技术三个英文单词的词头组，它是信息技术与通信技术相融合而形成的一个新的概念和新的技术领域
IOMETER	一个工作在单系统和集群系统上用来衡量和描述 I/O 子系统的工具
IOPS	Input/Output Operations Per Second 每秒进行读写（I/O）操作的次数
IP Fragmentation	IP 协议中报文分片，保证报文大小不超过最大传输单位（Maximum Transmission Unit, MTU）的情况
IP Reassembly	IP 虚拟分片重组，将分片的报文在到达后，重新组成完整报文
iSCSI	Internet Small Computer System InterfaceInternet 小型计算机系统接口
IVSHMEM	inter-VM share memory 虚拟机共享内存
KNI	Kernel Network Interface 内核网络接口
KVM	Kernel-based Virtual Machine 一个开源的系统虚拟化模块，使用 Linux 自身的调度器进行管理
LIBUNS	Intel 开发的用户态 TCP/IP 协议栈
Line Rate	线速是线缆中流过的帧数理论上支持最大帧数
LIO	Linux-IO Target，Linux SCSI target
LPM	Longest Prefix Matching，LPM 最长前缀匹配算法
LUN	Logical Unit Number，也就是逻辑单元号
LXC	Linux Container，Linux 容器
mbuf	数据结构体，其主要的用途是保存在进程和网络接口间互相传递的用户数据，也被用于保存其他各种数据：例如源与目标地址、插口选项等
Meter	限速
MME	Mobility Management Entity 网络管理实体 / 移动性管理实体，主要是处理 UE 的信令面消息
mTCP	一个用户级别的 TCP 协议栈，用于多核处理器的系统
NFV	Network Function Virtualization 网络功能虚拟化
NIC	Network Interface Card 网卡，也叫"网络适配器"
NPU/NP	Network Processor Unit/Network Processer 网络处理器单元 / 网络处理器
NUMA	Non-Uniform Memory Architecture 非一致性内存架构系统
NVMe	Non-Volatile Memory express 非易失性存储器标准
OpenDataPlane	An open-source, cross-platform set of application programming interfaces（APIs）for the networking data plane 面向 ARM 和 X86 处理器的跨平台开源数据面软件
OpenFastPath	an open source implementation of a high performance TCP/IP stack. 一个开源的高性能 TCP/IP 协议栈实现
OPNFV	Open Platform for Network Function Virtualization 网络功能虚拟化开放平台
OVS	Open vSwtich 开放式虚拟交换机
Pattern Matching	模式匹配
PGW	Packet Data Network Gateway 数据包网关
Pipeline	将一个功能（大于模块级的功能）分解成多个独立的阶段，不同阶段间通过队列传递产品
Polling Model Driver	轮询式驱动

（续）

缩略词	说　　明
QAT	Intel（Quick Assistant Technology）Intel 硬件加速卡，支持加解密 / 压缩
run to completion	运行至终结模式：一个程序中一般会分为几个不同的逻辑功能，但是这几个逻辑功能会在一个 CPU 的 core 上运行，我们可以进行水平扩展使得在 SMP 的系统中多个 core 上跑一样逻辑的程序，从而提高单位时间内事务处理的量
Sched	调度
SDN	Software Define Network 软件定义网络
SGW	Serving Gateway 服务网关
SoC	System on Chip 片上系统
Source/Sink	source 为水源，网络中常指获取数据的入口，sink 为水槽，用来接收传入的数据并将数据输出到指定地方
SPDK	Storage Performance Development Kit 基于 DPDK 框架的一套针对存储的在 IA 平台上的软件加速库和解决方案
SR-IOV	Single Root IO Virtualization 单根 IO 虚拟化
TLB	Translation Lookaside Buffer 传输后备缓冲器
UniProcessor	单处理器系统
User space Driver	用户态驱动
virtio	半虚拟化 hypervisor 中位于设备之上的抽象层
VMWARE	虚拟机软件，是全球桌面到数据中心虚拟化解决方案的领导厂商
vswitch	Virtual Switch 虚拟交换机
write-back	回写
write-through	直写
XEN	一个开放源代码虚拟机监视器，由剑桥大学开发
哈希表	Hash table，也叫散列表，根据关键码值（Key value）而直接进行访问的数据结构

推 荐 阅 读

编号	推荐阅读或链接
Ref1-1	DPDK 开源社区官网 www.dpdk.org
Ref1-2	开放式网络基金会介绍 OF-PI: A Protocol Independent Layer v1.1 September 5，2014
Ref1-3	Ezchip 方案介绍 http://www.ezchip.com/files/drim__NP-5_short_brief_Apr2015_7692.pdf
Ref1-4	Cavium OCTEON 方案介绍 http://www.cavium.com/OCTEON-III_CN7XXX.html http://www.cavium.com/pdfFiles/ThunderX_NT_PB_Rev1.pdf
Ref1-5	Speed Discussion in Dan Kegel's Web Hostel http://www.kegel.com/c10k.html
Ref2-1	英特尔 IA 架构优化用户手册 "Intel64 and IA-32 Architectures Optimization Reference Mannual, Chapter 2.1.5.1 Load and Store Operation Overview"
Ref2-2	MESI 一致性协议 https://en.wikipedia.org/wiki/MESI_protocol
Ref3-1	并行计算介绍 http://baike.baidu.com/link?url=mzJb8UtAhHDB_oHro7y85ZPwsZDVlHFbekoEXqbub5iDz1OAHAMU Gazmf4GSr4QDQL3FosUeH_2DLWD-nS8Tm_
Ref3-2	DPDK 多核多线程机制简析 http://www.tuicool.com/articles/7Nbamqi
Ref3-3	SSE 指令集介绍 http://baike.baidu.com/link?url=M9uscTGiOpzn1AEG1WAn7a6HYCmIhJ3ZC5jv7GzwfpS_8fkYi8FXd mnLg-ZiwNPUkFGcm-MLOCxw_kY3eli66a

（续）

编号	推荐阅读或链接
Ref4-1	DPDK 无锁 ring http://dpdk.org/doc/guides/prog_guide/ring_lib.html#ring-library
Ref4-2	Intel® 64 and IA-32 Architectures Software Developer's Manuals 英特尔 IA 架构软件开发者手册 http://www.intel.com/content/dam/www/public/us/en/documents/manuals/64-ia-32-architectures-software-developer-manual-325462.pdf
Ref4-3	英特尔 dpdk api ring 模块源码详解 http://blog.csdn.net/linzhaolover/article/details/9771329
Ref7-1	英特尔双路服务器资料 http://www.intel.com/content/dam/support/us/en/documents/motherboards/server/s2600co/sb/g42278004_s2600co_tps_rev171.pdf
Ref8-1	Forwarding Metamorphosis: Fast Programmable Match-Action Processing in Hardware for SDN. http://yuba.stanford.edu/~grg/docs/sdn-chip-sigcomm-2013.pdf
Ref8-2	英特尔高性能网卡用户手册 Intel® 82580EB/82580DB Gigabit Ethernet Controller Datasheet
Ref8-3	英特尔高性能网卡用户手册 Inte®l 82599 10 Gbe Controller Datasheet
Ref8-4	英特尔高性能网卡用户手册 Inte® X710 10Gbe/40 Gbe Controller Datasheet
Ref10-1	系统虚拟化：原理与实现英特尔开源软件中心
Ref10-2	英特尔 VT-d 用户手册：http://www.intel.cn/content/www/cn/zh/embedded/technology/virtualization/vt-directed-io-spec.html?wapkw=vt-d&_ga=1.72101139.1489207930.1383984005
Ref10-3	Input–output memory management unit https://en.wikipedia.org/wiki/Input%E2%80%93output_memory_management_unit#Virtualization
Ref11-1	Virtio PCI Card Specification v0.9.5 DRAFT http://ozlabs.org/~rusty/virtio-spec/virtio-0.9.5.pdf
Ref11-2	Virtual I/O Device (VIRTIO) Version 1.0 http://docs.oasis-open.org/virtio/virtio/v1.0/virtio-v1.0.pdf
Ref11-3	Linux Kernel v4.1.0 https://git.kernel.org/cgit/linux/kernel/git/stable/linux-stable.git/log/?id=refs/tags/v4.1.10
Ref11-4	DPDK v2.1 http://dpdk.org/browse/dpdk/tag/?h=releases&id=v2.1.0
Ref13-1	NFV 白皮书——2012 年 SDN 与 OpenFlow 世界大会 http://portal.etsi.org/NFV/NFV_White_Paper.pdf
Ref13-2	NFV 白皮书——2014 年 SDN 与 OpenFlow 世界大会 https://portal.etsi.org/nfv/nfv_white_paper2.pdf
Ref13-3	HP's 4 Stages of NFV http://community.hpe.com/t5/Telecom-IQ/HP-s-4-Stages-of-NFV/ba-p/6797122#.VkgiIXYrJD9
Ref13-4	Intel Netowrk Builder Solution 介绍 https://networkbuilders.intel.com/docs/Network_Builders_Solution_Brief_Brocade_Sept2014.pdf

（续）

编号	推荐阅读或链接
Ref13-5	ETSI NFV Architecture Framework http://www.etsi.org/deliver/etsi_gs/NFV/001_099/002/01.01.01_60/gs_NFV002v010101p.pdf
Ref13-6	ETSI NFV Performance & Portability Best Practices http://www.etsi.org/deliver/etsi_gs/NFV-PER/001_099/001/01.01.01_60/gs_NFV-PER001v010101p.pdf
Ref13-7	IVSHMEM 介绍 http://www.linux-kvm.org/images/e/e8/0.11.Nahanni-CamMacdonell.pdf
Ref13-8	Brocade vRouter5600 http://www.brocade.com/products/all/network-functions-virtualization/product-details/5600-vrouter/index.page
Ref13-9	Aspera WAN Acceleration http://www.intel.com/content/dam/www/public/us/en/documents/white-papers/big-data-xeon-processor-e5-ultra-high-speed-aspera-whitepaper.pdf
Ref13-10	Alcatel Lucent vSR http://www.gazettabyte.com/home/2014/11/20/alcatel-lucent-serves-up-x86-based-ip-edge-routing.html
Ref13-11	vBARS https://01.org/intel-data-plane-performance-demonstrators/downloads/bng-application-v013
Ref13-12	Network Function Virtualization: Virtualized BRAS with Linux* and Intel® Architecture https://networkbuilders.intel.com/docs/Network_Builders_RA_vBRAS_Final.pdf
Ref13-13	Intel® QuickAssist Technology for Storage, Server, Networking and Cloud-Based Deployment http://www.intel.com/content/www/us/en/embedded/technology/quickassist/overview.html
Ref14-1	Open vSwitch Enables SDN and NFV Transformation https://networkbuilders.intel.com/docs/open-vswitch-enables-sdn-and-nfv-transformation-paper.pdf
Ref15-1	mTCP 用户态下 TCP/IP 协议栈 https://github.com/eunyoung14/mtcp
Ref15-2	Libuinet 用户态下 FreeBSD TCP/IP 协议栈 https://github.com/pkelsey/libuinet
Ref15-3	Opendp 基于 DPDK 的用户态下 TCP/IP 协议栈 https://github.com/opendp/dpdk-odp
Ref15-4	OpenFastPath（OFP）基金会 http://www.openfastpath.org/
Ref15-5	Storage Performance Development Kit——英特尔开发的存储高性能开发包 https://github.com/spdk/spdk
Ref15-6	mTCP: a Highly Scalable User-level TCP Stack for Multicore Systems https://www.usenix.org/conference/nsdi14/technical-sessions/presentation/jeong
Ref15-7	OpenDataplane http://www.opendataplane.org/

推荐阅读

深入理解大数据：大数据处理与编程实践

作者：黄宜华 等 ISBN：978-7-111-47325-1 定价：79.00元

　　本书在总结多年来MapReduce并行处理技术课程教学经验和成果的基础上，与业界著名企业Intel公司的大数据技术和产品开发团队和资深工程师联合，以学术界的教学成果与业界高水平系统研发经验完美结合，在理论联系实际的基础上，在基础理论原理、实际算法设计方法以及业界深度技术三个层面上，精心组织材料编写而成。

　　作为国内第一本经过多年课堂教学实践总结而成的大数据并行处理和编程技术书籍，本书全面地介绍了大数据处理相关的基本概念和原理，着重讲述了Hadoop MapReduce大数据处理系统的组成结构、工作原理和编程模型，分析了基于MapReduce的各种大数据并行处理算法和程序设计的思想方法。适合高等院校作为MapReduce大数据并行处理技术课程的教材，同时也很适合作为大数据处理应用开发和编程专业技术人员的参考手册。

—— 中国工程院院士、中国计算机学会大数据专家委员会主任　李国杰

软件定义数据中心——技术与实践

作者：陈熹 孙宇熙 ISBN：978-7-111-48317-5 定价：69.00元

国内首部系统介绍软件定义数据中心的专业书籍。
众多业界专家倾力奉献，揭秘如何实现软件定义数据中心。
理论与企业案例完美融合，呈现云计算时代的数据中心最佳解决方案。

　　有了以软件定义数据中心为基础的混合云，企业就可以进退有度，游刃有余，加上成功管理新的移动终端技术，可轻松进入"云移动"时代！这也是为什么软件定义数据中心最近获得大家注意的根本原因。EMC中国研究院编著的这本《软件定义数据中心：技术与实践》恰逢其时，它会给读者详细解说怎么实现软件定义数据中心。

—— VMware高级副总裁，EMC中国卓越研发集团创始人 Charles Fan

推荐阅读

大数据学习路线图：数据分析与挖掘

Hadoop大数据分析
与挖掘实战

Spark大数据分析实战

Splunk大数据分析

R与Hadoop大数据
分析实战

Python数据分析
与挖掘实战

大数据挖掘
系统方法与实例分析

MATLAB数据分析
与挖掘实战

R语言数据分析
与挖掘实战

R数据分析秘笈

推荐阅读

图分析与可视化：在关联数据中发现商业机会

作者：理查德·布莱斯 ISBN：978-7-111-52692-6 定价：119.00元

本书将图与网络理论从实验室带到真实的世界中，深入探讨如何应用图和网络分析技术发现新业务和商业机会，并介绍了各种实用的方法和工具。作者Richard Brath和David Jonker运用高级专业知识，从真正的分析人员视角出发，通过体育、金融、营销、安全和社交媒体等领域的引人入胜的真实案例，全面讲解创建强大的可视化的过程。

基于R语言的自动数据收集：网络抓取和文本挖掘实用指南

作者：西蒙·蒙策尔特 等 ISBN：978-7-111-52750-3 定价：99.00元

本书由资深社会科学家撰写，从社会科学研究角度系统且深入阐释利用R语言进行自动化数据抓取和分析的工具、方法、原则和最佳实践。作者深入剖析自动化数据抓取和分析各个层面的问题，从网络和数据技术到网络抓取和文本挖掘的实用工具箱，重点阐释利用R语言进行自动化数据抓取和分析，能为社会科学研究者与开发人员设计、开发、维护和优化自动化数据抓取和分析提供有效指导。

数据科学：理论、方法与R语言实践

作者：尼娜·朱梅尔 等 ISBN：978-7-111-52926-2 定价：69.00元

本书讨论如何应用R程序设计语言和有用的统计技术处理日常的业务情况，并通过市场营销、商务智能和决策支持领域的示例，阐述了如何设计实验（比如A/B检验）、如何建立预测模型以及如何向不同层次的受众展示结果。